21世纪高等学校规划教材 | 电子信息

电路分析教程

张卫钢　编著

清华大学出版社

北京

内 容 简 介

本教材全面介绍了电路分析的基础知识和基本技能,全书共分十章,内容包括电路的基本概念与理论、直流电路等效化简分析法、直流电路基本定律分析法、正弦稳态电路基本理论、正弦稳态电路分析法、三相交流电路分析法、动态电路分析法、电路方程的矩阵形式、双端口网络、电路及元器件的测量。同时,配有大量例题并附有大部分习题的参考答案。

本教材是专为普通高校"通信工程"、"电子信息工程"、"物联网工程"、"自动化控制"、"网络工程"、"机电一体化"等专业而编写的大学本科教材,参考学时为 50 左右。在编写方法上不但考虑到满足教学要求,而且也顾及到适合自学和实践应用,因此,本教材也可作为有志青年的自学教材和相关工程技术人员的参考书。

版权所有,侵权必究。侵权举报电话:010-62782989   13701121933

图书在版编目(CIP)数据

电路分析教程/张卫钢编著. --北京:清华大学出版社,2015(2020.8重印)
21 世纪高等学校规划教材·电子信息
ISBN 978-7-302-37774-0

Ⅰ. ①电… Ⅱ. ①张… Ⅲ. ①电路分析—高等学校—教材 Ⅳ. ①TM133

中国版本图书馆 CIP 数据核字(2014)第 190231 号

责任编辑:郑寅堃 薛 阳
封面设计:傅瑞学
责任校对:焦丽丽
责任印制:杨 艳

出版发行:清华大学出版社
   网   址:http://www.tup.com.cn, http://www.wqbook.com
   地   址:北京清华大学学研大厦 A 座   邮 编:100084
   社 总 机:010-62770175   邮 购:010-62786544
   投稿与读者服务:010-62776969, c-service@tup.tsinghua.edu.cn
   质量反馈:010-62772015, zhiliang@tup.tsinghua.edu.cn
   课件下载:http://www.tup.com.cn,010-83470236

印 装 者:北京九州迅驰传媒文化有限公司
经 销:全国新华书店
开 本:185mm×260mm 印 张:18.5   字 数:452 千字
版 次:2015 年 1 月第 1 版   印 次:2020 年 8 月第 5 次印刷
印 数:2651~2750
定 价:35.00 元

产品编号:057298-01

出 版 说 明

　　随着我国改革开放的进一步深化,高等教育也得到了快速发展,各地高校紧密结合地方经济建设发展需要,科学运用市场调节机制,加大了使用信息科学等现代科学技术提升、改造传统学科专业的投入力度,通过教育改革合理调整和配置了教育资源,优化了传统学科专业,积极为地方经济建设输送人才,为我国经济社会的快速、健康和可持续发展以及高等教育自身的改革发展做出了巨大贡献。但是,高等教育质量还需要进一步提高以适应经济社会发展的需要,不少高校的专业设置和结构不尽合理,教师队伍整体素质亟待提高,人才培养模式、教学内容和方法需要进一步转变,学生的实践能力和创新精神亟待加强。

　　教育部一直十分重视高等教育质量工作。2007 年 1 月,教育部下发了《关于实施高等学校本科教学质量与教学改革工程的意见》,计划实施"高等学校本科教学质量与教学改革工程"(简称"质量工程"),通过专业结构调整、课程教材建设、实践教学改革、教学团队建设等多项内容,进一步深化高等学校教学改革,提高人才培养的能力和水平,更好地满足经济社会发展对高素质人才的需要。在贯彻和落实教育部"质量工程"的过程中,各地高校发挥师资力量强、办学经验丰富、教学资源充裕等优势,对其特色专业及特色课程(群)加以规划、整理和总结,更新教学内容、改革课程体系,建设了一大批内容新、体系新、方法新、手段新的特色课程。在此基础上,经教育部相关教学指导委员会专家的指导和建议,清华大学出版社在多个领域精选各高校的特色课程,分别规划出版系列教材,以配合"质量工程"的实施,满足各高校教学质量和教学改革的需要。

　　为了深入贯彻落实教育部《关于加强高等学校本科教学工作,提高教学质量的若干意见》精神,紧密配合教育部已经启动的"高等学校教学质量与教学改革工程精品课程建设工作",在有关专家、教授的倡议和有关部门的大力支持下,我们组织并成立了"清华大学出版社教材编审委员会"(以下简称"编委会"),旨在配合教育部制定精品课程教材的出版规划,讨论并实施精品课程教材的编写与出版工作。"编委会"成员皆来自全国各类高等学校教学与科研第一线的骨干教师,其中许多教师为各校相关院、系主管教学的院长或系主任。

　　按照教育部的要求,"编委会"一致认为,精品课程的建设工作从开始就要坚持高标准、严要求,处于一个比较高的起点上。精品课程教材应该能够反映各高校教学改革与课程建设的需要,要有特色风格、有创新性(新体系、新内容、新手段、新思路,教材的内容体系有较高的科学创新、技术创新和理念创新的含量)、先进性(对原有的学科体系有实质性的改革和发展,顺应并符合 21 世纪教学发展的规律,代表并引领课程发展的趋势和方向)、示范性(教材所体现的课程体系具有较广泛的辐射性和示范性)和一定的前瞻性。教材由个人申报或各校推荐(通过所在高校的"编委会"成员推荐),经"编委会"认真评审,最后由清华大学出版社审定出版。

目前,针对计算机类和电子信息类相关专业成立了两个"编委会",即"清华大学出版社计算机教材编审委员会"和"清华大学出版社电子信息教材编审委员会"。推出的特色精品教材包括:

(1) 21 世纪高等学校规划教材·计算机应用——高等学校各类专业,特别是非计算机专业的计算机应用类教材。

(2) 21 世纪高等学校规划教材·计算机科学与技术——高等学校计算机相关专业的教材。

(3) 21 世纪高等学校规划教材·电子信息——高等学校电子信息相关专业的教材。

(4) 21 世纪高等学校规划教材·软件工程——高等学校软件工程相关专业的教材。

(5) 21 世纪高等学校规划教材·信息管理与信息系统。

(6) 21 世纪高等学校规划教材·财经管理与应用。

(7) 21 世纪高等学校规划教材·电子商务。

(8) 21 世纪高等学校规划教材·物联网。

清华大学出版社经过三十多年的努力,在教材尤其是计算机和电子信息类专业教材出版方面树立了权威品牌,为我国的高等教育事业做出了重要贡献。清华版教材形成了技术准确、内容严谨的独特风格,这种风格将延续并反映在特色精品教材的建设中。

清华大学出版社教材编审委员会

联系人:魏江江

E-mail:weijj@tup.tsinghua.edu.cn

在人类发展和社会演变的漫长历史进程中,伴随着许许多多灿若星辰的科学发现和技术发明,比如阿拉伯数字、杠杆原理、万有引力定律、能量转换与守恒定律、人工取火、指南针、造纸术、蒸汽机、晶体管、集成电路、计算机等。这些发现和发明不仅极大地推进了人类的进化和社会的发展,同时也对人类生活质量的提高起到了至关重要的作用。在这些林林总总的人类智慧结晶之中,与人类生活关系最密切的发现莫过于"电"。试想一下,如果没有了"电",我们的生活将是怎样的情景?

"电"是当今科技腾飞的翅膀,是经济发展的动力,是人类生活的必需。作为一个现代人,如果不掌握一点电和电路的基本知识与用"电"的基本技能,那么在生活和工作中将会遇到很多不便。而对于一个当代的大学生,如果对电没有一个比常人更全面更深入的了解和把握,将很难适应激烈的职场竞争和很多技术含量较高的工作,甚至在日常生活中也会遭遇尴尬和困惑。因此,在普通理工科高校相关专业开设"线性电路分析"、"电路"或"电路基础"等相关课程已成为众多高校的共识。

所谓"线性电路分析"(通常简称为"电路分析")是指对主要由电阻、电感、电容构成的满足齐次性、叠加性及响应分解性的电网络进行电压、电流、功率和元件参数等变量求解的过程。而各种求解方法的研究和应用就构成了该课程的主要内容。图 0-1 给出了该课程的主要内容结构。

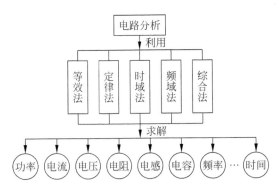

图 0-1　"电路分析"内容结构图

需要说明的是,从研究内容上看,该课程与后续的"信号与系统"课程很相似,见图 0-2。两门课程的核心内容都是"解方程"。"电路分析"主要是针对直流电(信号)的激励,利用代数方程(组)求解线性纯电阻电路的支路电流和电压响应,以及在交流电(信号)作用下,利用相量(代数)方程(组)求解线性 RLC 电路的支路电流和电压响应;而"信号与系统"则是针对任意信号(周期和非周期信号,连续和离散信号)的激励,主要利用微分方程(组)和差分方程(组)求解任意线性电路中支路的电流或电压响应。它们之间最大的差异就是激励信号的不同,从而导致求解方程(组)的方法也不尽相同。

"电路分析"可以认为是"信号与系统"课程的先导和基础,而"信号与系统"所讲的内容则是"电路分析"的深入和提高,是更高一级的分析技术。显然,两门课程有着密切的联系,了解它们的异同点对学习和掌握这两门课程大有裨益。

在"通信工程"、"电子信息工程"、"物联网工程"、"网络工程"、"机电一体化"和"自动化控制"等对电路知识要求较高的本科专业培养计划中,"电路分析"是非常重要的一门专业基础课,它不仅是"模拟电路"、"数字电路"、"高频电路"、"信号与系统"、"通信原理"和"自动控制原理"等课程的先导课程,更是一些相关专业的考研课程。另外,目前各高校的培养计划学时远远小于教学的实际需求,这就要求施教者动脑筋想办法,用尽量短的时间完成尽量多的知识传授,同时,还要加强对学生实践能力的培养。再者,目前市场上相关教材虽然很多且各有千秋,但普遍存在篇幅过大、缺少与相关课程的联系以及与实践结合不够紧密等问题。因此,编写一本既适合当前教学又能满足市场需求的教材就显得尤为重要。

鉴于此,在总结多年教学、科研以及指导学生参加各种大赛经验的基础上,我们编写了这本适用于"通信工程"、"电子信息工程"、"物联网工程"、"网络工程"、"机电一体化"和"自动化控制"等本科专业的基础课教材《电路分析教程》。该教材对传统内容进行了重新梳理和编排,形成了"以等效分析法和定律分析法为主线的十章结构体系",使得内容既全面又精炼,知识脉络更清晰,逻辑关系更合理。通过文字加黑、划线、图解概念以及形象比喻等手段,提高了对基础知识描述和诠释的细腻及易懂程度;通过精心挑选和编写,将不少国内外经典教材的例题、习题与名校的考研试题安排在教材中作为例题和习题,既加强了基本解题方法与技巧的训练,同时也拓展了解题思路和知识的应用面;另外,特别增加了一章"电路及元器件的测量",既加强了理论与实践的联系,也将实践技能融入日常的教学之中,以期提高学生的实践动手能力。

本教材以"强调基础理论,注重基本方法,提高基本技能"为宗旨,以"应用为主,考研为辅"为指导思想,参考、融合了多本国内外知名教材的内容和写作风格以及国内多所高校的考研要求,具有内容全面精炼、概念清晰明了、观点鲜明独特、语言通俗易懂、理论联系实际、程度深浅得当、例题丰富实用、页面美观新颖、学习考研兼顾等特点,再辅以实用性极强的"小知识",使得本教材更生动、更全面、更实用。

本教材可与《信号与系统教程》(张卫钢,张维峰编著,清华大学出版社 2012.9)、《通信原理与技术简明教程》(张卫钢,张维峰编著,清华大学出版社 2013.8)、《通信原理与通信技术(第三版)》(张卫钢主编,西安电子科技大学出版社 2012.4)和《通信原理大学教程》(曹丽娜,张卫钢编著,电子工业出版社 2012.5)以及其他作者的相关教材配套使用。

本教材的参考学时为50,其中星号(＊)表示选学内容,不作要求,供有兴趣的同学参考。章后习题的简明答案用习题后括号括起的形式表示。具体安排见表 0-1。

表 0-1　学时安排表

章　　节	学时	章　　节	学时
第 1 章　电路的基本概念与理论	6	第 6 章　三相交流电路分析法	2
第 2 章　直流电路等效化简分析法	6	第 7 章　动态电路分析法	6
第 3 章　直流电路基本定律分析法	6	第 8 章　电路方程的矩阵形式	4
第 4 章　正弦稳态电路基本理论	6	第 9 章　双端口网络	6
第 5 章　正弦交流电路分析法	6	第 10 章　电路及元器件的测量	2

　　本教材由长安大学张卫钢教授编著。邱瑞、任帅和张弢博士编写了例题、练习题和参考答案。侯俊博士、郑丹云、董成成、赵劼旭、席文强、潘玲也都为本教材的出版做出了贡献,在此,对他们表示衷心感谢。同时,对参考文献的编、著、译者致以崇高的敬意。

　　希望广大读者不吝赐教,批评指正。

　　作者信箱：wgzhang@chd.edu.cn。

张卫钢

2014 年 5 月于西安

目 录

第1章 电路的基本概念与理论 …………………………………………………… 1

1.1 电路 …………………………………………………………………… 1

    1.1.1 电路的概念 …………………………………………………… 1

    1.1.2 电路的分类 …………………………………………………… 2

    1.1.3 线性电路 ……………………………………………………… 3

1.2 电流、电位和电压 ……………………………………………………… 4

    1.2.1 电流 …………………………………………………………… 4

    1.2.2 电位与电压 …………………………………………………… 5

    1.2.3 电压与电流的关系 …………………………………………… 6

1.3 直流电和交流电 ………………………………………………………… 7

    1.3.1 直流电 ………………………………………………………… 7

    1.3.2 交流电 ………………………………………………………… 7

    1.3.3 直流电路和交流电路 ………………………………………… 9

1.4 电阻、电感、电容及其模型 ……………………………………………… 9

    1.4.1 电阻器及其模型 ……………………………………………… 9

    1.4.2 电感器及其模型 ……………………………………………… 11

    1.4.3 电容器及其模型 ……………………………………………… 13

1.5 电源及其模型 …………………………………………………………… 16

    1.5.1 电源的概念与分类 …………………………………………… 16

    1.5.2 直流电源与交流电源 ………………………………………… 16

    1.5.3 理想电压源与实际电压源 …………………………………… 18

    1.5.4 理想电流源与实际电流源 …………………………………… 19

    1.5.5 受控电源与独立电源 ………………………………………… 20

1.6 电路模型 ………………………………………………………………… 22

1.7 电路的图 ………………………………………………………………… 22

1.8 电路基本定律 …………………………………………………………… 25

    1.8.1 基尔霍夫电流定律 …………………………………………… 25

    1.8.2 基尔霍夫电压定律 …………………………………………… 25

1.9 电路分析的基本概念 …………………………………………………… 26

1.10 小知识——"接地" ……………………………………………………… 27

1.11 习题 …………………………………………………………………… 28

第 2 章 直流电路等效化简分析法 ·· 33

2.1 等效化简分析法 ·· 33

2.2 电阻网络的等效分析 ·· 34

　　2.2.1 电阻的串联分析 ·· 34

　　2.2.2 电阻的并联分析 ·· 36

　　2.2.3 电阻的混联分析 ·· 38

　　2.2.4 三角形与星形分析 ·· 40

2.3 电阻的功率分析 ·· 42

　　2.3.1 功率与能量 ·· 42

　　2.3.2 功率平衡 ·· 43

　　2.3.3 负载获得最大功率的条件 ·· 44

2.4 独立电源电路的等效分析 ·· 44

　　2.4.1 电源的串联与并联 ·· 44

　　2.4.2 有伴电源的相互等效 ·· 46

　　2.4.3 理想电源与任意元件连接的等效 ·································· 47

2.5 受控电源电路的等效分析 ·· 47

2.6 线性定理 ·· 50

2.7 替代定理 ·· 53

2.8 等效电源定理 ·· 54

　　2.8.1 戴维南定理 ·· 54

　　2.8.2 诺顿定理 ·· 57

2.9 特勒根定理 ·· 59

2.10 互易定理 ··· 62

2.11 置换定理 ··· 64

2.12 对偶原理 ··· 66

2.13 小知识——稳压电源的挑选 ·· 67

2.14 习题 ·· 68

第 3 章 直流电路基本定律分析法 ·· 75

3.1 2b 分析法 ··· 75

3.2 支路电流法 ·· 76

3.3 网络的独立变量 ·· 77

3.4 节点电压法 ·· 78

　　3.4.1 节点电压法概述 ·· 78

　　3.4.2 特殊情况的处理 ·· 81

3.5 网孔电流法 ·· 83

　　3.5.1 网孔电流法概述 ·· 83

　　3.5.2 特殊情况的处理 ·· 85

3.6　回路电流法 ··· 88

3.7　小知识——日光灯的工作原理 ···································· 91

3.8　习题 ··· 92

第4章　正弦稳态电路基本理论 ·· 96

4.1　研究交流电路的意义 ··· 96

4.2　直流电路和交流电路分析的主要差异 ·························· 96

4.3　相量与复数的基本概念 ·· 97

4.3.1　相量及相量分析法 ·· 97

4.3.2　复数 ··· 97

4.3.3　复数的运算 ··· 98

4.4　正弦量的相量表示法 ··· 100

4.5　相量的运算特性 ··· 102

4.6　电路定律的相量形式 ··· 103

4.6.1　基尔霍夫定律的相量形式 ······························ 103

4.6.2　电路元件的相量模型 ····································· 104

4.6.3　复数阻抗 ··· 108

4.6.4　复数导纳 ··· 110

4.7　正弦稳态电路的功率 ··· 114

4.7.1　瞬时功率和有功功率 ····································· 114

4.7.2　视在功率和无功功率 ····································· 116

4.7.3　复功率 ·· 122

4.7.4　最大功率传输 ·· 122

4.8　电路的谐振 ··· 124

4.8.1　RLC 串联电路的谐振 ··································· 124

4.8.2　RLC 并联电路的谐振 ··································· 129

4.9　互感电路 ··· 132

4.9.1　互感的基本概念 ··· 132

4.9.2　互感元件的相量模型 ····································· 134

4.9.3　互感的去耦等效 ··· 135

4.10　空心变压器 ·· 137

4.11　理想变压器 ·· 140

4.12　小知识——组合音箱 ·· 141

4.13　习题 ··· 143

第5章　正弦交流电路分析法 ·· 148

5.1　阻抗网络的等效分析 ··· 148

5.1.1　纯电感网络的等效 ·· 149

5.1.2　纯电容网络的等效 ·· 150

5.1.3　阻抗的串联分析　······················151
5.1.4　阻抗的并联分析　······················151
5.1.5　滤波和移相　··························152
5.2　独立电源电路的等效分析　·····················156
5.2.1　电源的串联与并联　······················156
5.2.2　有伴电源的相互等效　·····················157
5.2.3　理想电源与任意元件的连接等效　··············158
5.3　受控电源电路的等效分析　······················159
5.4　叠加定理和齐次定理　························160
5.5　替代定理　·····························160
5.6　戴维南定理和诺顿定理　·······················161
5.7　其他定理　·····························162
5.8　基本定律分析法　·························163
5.9　综合练习　·····························165
5.10　小知识——触电　·························172
5.11　习题　······························173

第6章　三相交流电路分析法　····················178
6.1　三相交流电的概念　························178
6.2　三相电源的连接　·························179
6.2.1　星形连接　····························179
6.2.2　三角形连接　··························180
6.3　三相负载的连接　·························181
6.3.1　星形连接　····························181
6.3.2　三角形连接　··························183
*6.4　不对称三相电路　·························185
6.5　小知识——跨步电压　·······················188
6.6　习题　······························188

第7章　动态电路分析法　······················190
7.1　动态电路及相关概念　·······················190
7.2　电路的状态与响应　························192
7.3　一阶动态电路分析　························195
7.3.1　一阶动态电路的零输入响应　················195
7.3.2　一阶动态电路的零状态响应　················200
7.3.3　一阶动态电路的全响应　··················202
7.4　二阶动态电路分析　························205
7.4.1　二阶动态电路的零输入响应　················205
7.4.2　二阶动态电路的零状态响应和全响应　············211

7.5　小知识——高压输电 ·· 214

7.6　习题 ··· 215

第8章　电路方程的矩阵形式 ····································· 220

8.1　电路的基本矩阵 ·· 220

8.1.1　关联矩阵 ··· 220

8.1.2　回路矩阵 ··· 222

8.1.3　割集矩阵 ··· 225

8.2　回路电流方程的矩阵形式 ·································· 227

8.3　节点电压方程的矩阵形式 ·································· 230

8.4　割集电压方程的矩阵形式 ·································· 231

8.5　小知识——汽车中的"电" ·································· 233

8.6　习题 ··· 234

第9章　双端口网络 ··· 238

9.1　双端口网络的概念 ·· 238

9.1.1　双端口网络概述 ··································· 238

9.1.2　研究双端口网络的意义 ····························· 239

9.1.3　研究双端口网络的方法 ····························· 240

9.2　双端口网络的方程与参数 ·································· 241

9.2.1　Z 方程与 Z 参数 ································· 241

9.2.2　Y 方程与 Y 参数 ································· 244

9.2.3　A 方程与 A 参数 ································· 247

9.2.4　H 方程与 H 参数 ································· 249

9.2.5　A' 方程与 G 方程 ······························ 251

9.3　双端口网络的网络函数 ···································· 252

9.3.1　策动函数 ··· 252

9.3.2　传输函数 ··· 254

9.4　双端口网络的等效 ·· 257

9.4.1　Z 参数等效电路 ·································· 258

9.4.2　Y 参数等效电路 ·································· 260

9.5　双端口网络的连接 ·· 261

9.5.1　双端口网络的串联 ································· 261

9.5.2　双端口网络的并联 ································· 262

9.5.3　双端口网络的级联 ································· 263

9.6　小知识——保险丝 ·· 265

9.7　习题 ··· 266

第 10 章　电路及元器件的测量 ······························· 270

　　10.1　万用表 ·· 270

　　10.2　模拟万用表原理 ·· 271

　　　　　10.2.1　动圈式表头 ··· 271

　　　　　10.2.2　电流测量原理 ····································· 272

　　　　　10.2.3　电压测量原理 ····································· 273

　　　　　10.2.4　电阻测量原理 ····································· 274

　　10.3　电路电流的测量方法 ······································· 275

　　10.4　电路电压的测量方法 ······································· 275

　　10.5　元器件的测量方法 ··· 276

　　　　　10.5.1　电阻的测量 ··· 276

　　　　　10.5.2　电感和电容的测量 ····························· 277

　　　　　10.5.3　二极管的测量 ····································· 278

　　　　　10.5.4　变压器的测量 ····································· 278

　　10.6　小知识——市电电压为什么是 220V ·············· 280

　　10.7　习题 ·· 280

参考文献 ··· 282

第 1 章

电路的基本概念与理论

　　"电路",是一个在人们生活和工作中出现频率很高的技术词汇,也是一个无处不在的物理系统。人们经常出入的卧室、教室、办公室、商城、酒店、体育馆、地铁站、火车站、飞机场等场所都需要照明电路;人们频繁使用的电视、空调、电话、冰箱、手机、计算机等电器设备都是由电路构成。因此,可以毫不夸张地说:电路与人们的生活息息相关。

　　那么,什么是"电路"? 与之相关的基本概念和理论有哪些?

1.1　电路

1.1.1　电路的概念

　　从字面上理解,可以认为电路就是为电流提供的通道,这与我们熟悉的"道路"是供车辆行驶的通道,"管路"是为水流或气流提供的通道在概念上类似。

　　从专业技术的角度上讲,我们认为:

　　电路是指由电源和电子设备或电子元器件通过导线按照一定规则互连而成具有特定功能的电流通路,如图 1-1 所示。

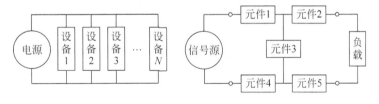

图 1-1　电路示意图

　　电子元器件是组成电路的最小(基本)单元。有人说元件也称为器件;还有人说元件指在生产加工时不改变分子成分的电子部件,如电阻器、电容器、电感器等,通常它们不需要电源就能工作;器件指在生产加工时改变了分子结构的电子部件,一般需要电源才能工作,例如晶体三极管、电子管、运算放大器和集成电路等。本教材不严格区分。

　　从宏观的角度上看,电路是一种可以完成特定任务或功能的系统;而从几何的角度上看,电路又可以看成是一个由线段和节点构成的网状图形或网络。因此,"电系统"、"电网络"是很常见的电路别称,希望读者能够认真体会其中的含义,为后续"信号与系统"等课程的学习奠定基础。

通常,电路主要完成三个任务或实现三个功能。

(1) 能量转换。电路可以将电能转换为机械能、热能等能量形式。比如由电源和电热丝构成的电路(电炉)可以把电能转换为热能,电源与电动机构成的电路可以把电能转换为机械能,电源与灯泡构成的电路可以把电能转换为光能等。

(2) 信号处理。此时,电路可以看作是一个"功能模块"或"变换系统",能够把一种信号(系统的输入)处理成另一种信号(系统的输出)。比如"放大器(电路)"可以把小信号变为大信号,"滤波器(电路)"可以把方波信号变为正弦波等。

(3) 数据存储与计算。比如计算机中的存储器和 CPU 等由电路构成的部件可实现对数据的存储和计算。

电路功能示意图如图 1-2 所示。

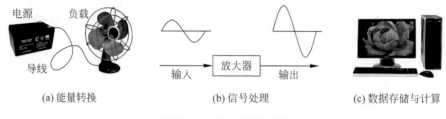

(a) 能量转换   (b) 信号处理   (c) 数据存储与计算

图 1-2　电路功能示意图

1.1.2　电路的分类

根据不同标准,电路有多种分类。

(1) 根据工作电流或电压的不同,分为直流电路和交流电路。以直流电压或电流工作的电路叫直流电路,以交流电压或电流工作的就是交流电路。

(2) 根据是否包含电源,分为含源电路和无源电路。包含电源的电路叫含源电路,没有电源的叫无源电路。注意,在模拟电路和数字电路中的"有源"电路是指含有晶体三极管、场效应管、电子管或运算放大器等一类需要电源才能工作的有源器件电路。

(3) 根据电路功能的不同,分为用电电路和处理电路。通常把以能量转换为目的的电路称为用电电路,比如照明电路、空调电路等;把用于信号处理的电路称为处理电路,比如放大电路、滤波电路、振荡电路、运算电路等。

通常,一个用电电路由供电和用电两大部分组成(如图 1-3(a)所示)。供电部分由能够提供电能的设备或元器件构成,并称为"电源",比如我们熟悉的干电池和 220V 市电;而用电部分一般由消耗电能(换能)的设备或元器件构成,并称为"负载"或"外电路",比如电饭煲、电炉、空调、洗衣机、照明设备和各种电阻元件等。处理电路包括供电电源、输入信号(信号源)、处理单元和负载四部分。在实际研究中,常常把处理单元部分等效为一个有特殊处理或变换功能的双口网络或系统,如图 1-3(b)所示。由于我们主要对处理电路的输入与输出感兴趣,默认电路处于正常工作状态,所以,一般不考虑供电电源。

(4) 根据电路中元器件的不同,分为电子管电路、晶体管电路、集成电路以及由基本电子元件电阻 R、电感 L 和电容 C 为主要部件构成的 RLC 电路或含有各种元器件的混合电路等。

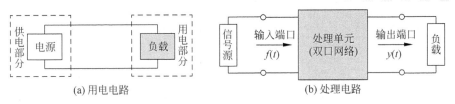

图 1-3　用电电路与处理电路示意图

　　(5) 根据电路工作(电流或电压)波长的不同,分为集中参数电路和分布参数电路。所谓集中参数电路是指由集中参数元件构成的电路。几何尺寸远远小于工作波长的元件就是集中参数元件,其特点是只用一个参数即可表征该元件,比如普通电阻、电感和电容。几何尺寸与工作波长可比拟(差不多)的元件就称为分布参数元件,这类元件必须用多个参数才能描述其特性,比如"传输线"就必须用分布电阻、分布电感和分布电容同时表征。人们平常接触的大多数电路是集中参数电路,因此,若不加说明,以后遇到的电路均是集中参数电路。

　　(6) 根据元件特性的不同,分为线性电路和非线性电路。由线性元器件构成的电路就是线性电路,比如普通的 RLC 电路;而包含非线性元器件的电路就是非线性电路,比如由二极管构成的整流电路。

　　由于对非线性电路的分析研究比较困难,所以,人们往往先对线性电路进行研究,然后对非线性电路进行适当的近似,并将线性电路的研究结果应用于非线性电路,从而完成对非线性电路的分析与研究工作。显然,线性电路分析是我们学习的基础和重点。

　　综上所述,尽管各种电路的构成不尽相同、功能千差万别,但有三个主要角色——电阻、电感和电容是每个电路不可或缺的组成部件。对由它们构成的电路的研究,是分析其他电路的前提和基础。因此,"电路分析"课程的主要内容就是介绍由基本电路元件电阻、电感和电容构成的线性电路的分析方法。

1.1.3　线性电路

　　如果把施加在电路上的电源(信号)叫做输入或激励,用 $f(t)$ 表示,而把电路中某一处由该电源(信号)引起的电压或电流叫做输出或响应,用 $y(t)$ 表示,则通常情况下,所谓的<u>线性电路就是激励与响应之间满足"齐次性"和"叠加性"的电路</u>。若需要讨论电路全响应的话,还需要电路满足"响应分解性",即全响应可以分解为零输入响应和零状态响应之和(详见第 7 章)。

　　齐次性：若激励 $f(t)$ 扩大或缩小 k 倍,则响应 $y(t)$ 也扩大或缩小 k 倍,如图 1-4(a)所示。

　　叠加性：若激励 $f_1(t)$ 引起响应 $y_1(t)$,而激励 $f_2(t)$ 引起响应 $y_2(t)$,则 $f_1(t)+f_2(t)$ 引起的响应为 $y_1(t)+y_2(t)$。叠加性也称可加性,如图 1-4(b)所示。

　　"齐次性"和"叠加性"统称为"线性",如图 1-4(c)所示。"线性"用数学形式可表达为

　　若

$$f(t) \rightarrow y(t)$$

则有

$$k_1 f_1(t) + k_2 f_2(t) \rightarrow k_1 y_1(t) + k_2 y_2(t)$$

　　需要说明的是,若从电路构成的角度上看,线性电路也可认为是由线性元器件构成的电路。所谓线性元器件指的是外特性满足线性关系的元器件,比如普通的电阻、电感和电容。

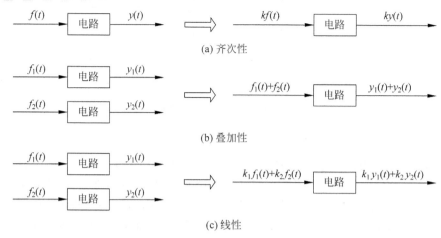

图 1-4   线性特性示意图

1.2   电流、电位和电压

1.2.1   电流

既然电路是电流的通路，那么什么是电流呢？

电荷是构成物质原子的一个电特性，是电学中的一个基本物理量。实验告诉我们：在电场力的作用下，电荷的定向移动就形成了电流。在金、银、铜、铝等金属导体中，只有自由电子可以移动，而在酸、碱、盐等水溶液导体中，可以移动的是正负离子，因此，把电荷(自由电子、正负离子等)的定向移动称为电流。这里，电子和正负离子相当于电荷的载体。生活中，管子里流动的水流、气流，马路上移动的车流或人流均与电流在概念上类似。

因为电子携带负电荷(一个电子携带的电荷量为 $e=-1.602\times10^{-19}$ C)，故电子的移动相当于负电荷的迁移。为了衡量电荷的迁移量，人们定义了"电流强度"这个物理量，简称"电流"。因此，术语"电流"既表示一种物理现象，也表示一个物理量。

电流强度是指在电场力的作用下，单位时间通过一导体任意一个横截面的电荷量，用公式表示为

$$i(t)=\frac{\mathrm{d}q(t)}{\mathrm{d}t} \tag{1-1}$$

式中，$i(t)$ 表示任意时刻的电流强度，单位是安(A)、毫安(mA)和微安(μA)，它们的关系为：$1\mathrm{A}=10^3\mathrm{mA}=10^6\mu\mathrm{A}$。单位安[培]是为了纪念法国数学家和物理学家安培(Andra-Marie Ampere)而命名，安培 1820 年定义了电流。$q(t)$ 是任意时刻的电荷量，单位是库(C)、毫库(mC)和微库(μC)，单位库是为纪念法国物理学家库仑而命名的，它们的关系为：$1\mathrm{C}=10^3\mathrm{mC}=10^6\mu\mathrm{C}$；$t$ 为时间，单位是秒(s)。若 $i(t)$ 为常数，则用大写字母 I 表示，并称之为"直流电流"。

若把电子比作汽车，电荷比作车中的乘客，则"电流强度"可以类比为一条道路某一断面单位时间通过的乘客数。

在一段导体中，电流可以向两个方向运动，为便于研究，人们规定：正电荷移动的方向为电流的方向(这个概念最初由本杰明·富兰克林(Benjamin Franklin)提出)。可见，电流

的方向与电子移动的方向相反。注意：实际中，只有电子可以移动，所谓正电荷的移动可以看成是相对于电子移动的反向移动。因此，"电流强度"虽然是一个标量，但有"方向"的正负之分。在对一个电路进行分析与研究之前，为方便计算，往往要先假设电路中的电流方向作为参考，这种假设的电流方向被称为电流的<u>正方向</u>。在电路分析与计算中，若按正方向计算得到的电流强度值为正，则认定实际电流方向与正方向一致；反之，若电流强度值为负，则认定实际电流方向与正方向相反。电流方向如图 1-5 所示。

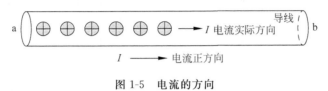

图 1-5　电流的方向

需要提醒大家的是：

(1) 自然界中，物质电子携带的电荷量都是 $e = -1.602 \times 10^{-19}$ C 的整数倍。

(2) 电荷满足"电荷守恒定律"，即电荷既不能创造，也不能消灭，只能迁移或转换。因此，一个系统或电路中电荷量的代数和是不变的。

1.2.2　电位与电压

对于一个电路(设备)，只有当电路中有电流时，电能才会做功，该电路才会发挥作用。而根据物理知识我们知道，电流的产生与电位、电压这两个物理量密切相关。

电位又称电势，是指单位电荷在静电场中的某一点所具有的电势能。<u>电位在数值上等于电场力将单位正电荷从电场中某一点移到参考点所做的功</u>。显然，电位值的大小与参考点有关，理论上参考点位于无穷远处，实际中，通常取地球表面作为参考点。

"电位"通常用符号 V 和 U 或者 v 和 u 表示。设电场移动电荷 q 库所做的功为 w 焦耳，则电位 u 可表示为

$$u = \frac{\mathrm{d}w}{\mathrm{d}q} \tag{1-2}$$

电位的单位是伏(V)、毫伏(mV)和微伏(μV)，关系为 $1V = 10^3\,\mathrm{mV} = 10^6\,\mu\mathrm{V}$。单位[伏]是为了纪念意大利物理学家伏特(Alessandro Antonio Volta)而命名。

根据电位概念可知，位于电场中较高电位处的正电荷，会在电场力的作用下向低电位处运动，从而形成电流。这与重力场中的位能(势能)概念相似，比如水塔中的水在重力的作用下流向低处的用户，如图 1-6 所示。

图 1-6　水流与电流的类比

电压,也称为电势差或电位差,是衡量单位电荷在静电场中由于电势不同所产生的能量差的物理量。其大小等于单位正电荷因受电场力作用从 a 点移动到 b 点所做的功,或者是 a 点与 b 点的电位差。电压的方向规定为从高电位指向低电位的方向(电压降),即有

$$u_{ab} = u_a - u_b = \frac{\mathrm{d}w_a}{\mathrm{d}q} - \frac{\mathrm{d}w_b}{\mathrm{d}q} \tag{1-3}$$

"电压"通常用符号 V_{ab} 和 U_{ab} 或者 v_{ab} 和 u_{ab} 表示,单位与电位相同。电压值也可以有正负之分。当 a 点电位高于 b 点时,$u_{ab} = u_a - u_b > 0$,为正值;反之,$u_{ab} = u_a - u_b < 0$,为负值。电压的概念与因水位高低不同造成的"水压"相似。显然,电压的大小与参考点无关。

若电压的大小与时间无关,是一个常量的话,则用大写字母 V_{ab} 或 U_{ab} 表示,并称之为直流电压。

在实际电路分析中,为便于计算,可以事先假定某两点之间的电压方向,并称之为"参考方向"或"正方向"。若按参考方向计算出的结果为正值,说明该参考方向与实际方向一致;反之,则表明该参考方向与实际方向相反。这个概念与电流方向类似。

1.2.3　电压与电流的关系

电位反映的是电荷在电场中某一点具有的做功能力大小,而电荷要想做功就必须在电场中移动,而电荷的移动就需要移动的源点和目标点之间有电位差(即电压),而不断移动的电荷就形成了电流。显然,电流产生的一个前提条件是电场中或电路中的两点间要有电压。

在电路中,要想形成电流,除了两点间要有电压之外,还必须要有由导线或导电元器件构成的通路。对于一个电源而言,必须为其提供一个从正极出发,然后能够回到负极的闭合路径(回路),才能在该回路中形成连续不断的电流,电源才能供出电能。换句话说,电路中,形成电流的另一个前提条件是要有供正电荷从电源正极流到负极的回路。

为了描述电流与电压的关系,人们规定电流的实际方向是从高电位点(用＋号表示)流向低电位点(用－号表示)。因此,在电路中,对于一个用电器(负载)或元件而言,把电压、电流参考方向满足这个规定的称为"关联方向"(电流方向与电压降方向一致),反之,就是"非关联方向"(电流方向与电压降方向不一致),如图 1-7 所示。

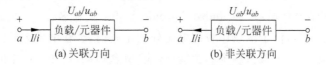

图 1-7　电压与电流的关联方向

记住:电流总是流经元器件的,而电压却是跨在元器件两端的(或电路两点之间的)。

规定电流和电压正方向、实际方向及关联方向的主要目的有二:一是可以确定元器件或电路的工作性质,即是耗能还是产能;二是便于利用基尔霍夫定律进行电路计算。

需要提醒读者注意的是,以后若不加说明,则:

(1) 大写字母 U 和 I 均表示直流电。

(2) 小写字母 u 和 i($u(t)$ 和 $i(t)$ 的简写)均表示交流电。

(3) 用小写字母 u 和 i 表示的公式可认为是一般式,同时适用于交、直流电路。

1.3　直流电和交流电

1.3.1　直流电

人类社会最早投入使用的是直流电。19 世纪末,爱迪生发明的直流电系统就在美国的纽约和新泽西投入照明运行。直流电的主要优点是电池组可以作为备用电源随时接入因直流发电机出现故障或电力供应不足的用电系统中。

因为电流或电压都可以有方向和大小的变化,所以,为便于研究,人们把方向和大小都不随时间变化的电流或电压称为"直流电",用字符 DC(Direct Current)表示。通常,直流电流用大写符号 I 表示,直流电压用大写符号 V 或 U 表示。

在实际研究与应用中,常常会遇到方向恒定但大小随时间变化的电流或电压。为了与直流电相区别,常称之为"脉动电"。注意:有时对两者不加区分,都称为"直流电"。直流电和脉动电的波形如图 1-8 所示。

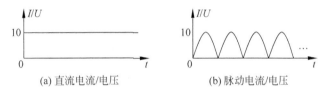

图 1-8　直流电与脉动电示意图

图 1-8(a)中的直流电流可写为

$$I = 10 \quad (\text{A}) \tag{1-4}$$

直流电压可写为

$$U = 10 \quad (\text{V}) \tag{1-5}$$

而图 1-8(b)是幅值为 10A 或 10V 的脉动电流或电压。

1.3.2　交流电

1891 年法兰克福博览会使用了交流电照明系统。1892 年,交流电系统得到了广泛认同。交流电最大的特点是具有较高的传输效率,即可以利用提高传输电压的方式来减小传输线路上的损耗。

通常把大小和方向随时间作周期性变化且一个周期内平均值为零的电流或电压叫做交流电。把大小和方向随时间按正弦规律变化的交流电称为正弦交流电。

由于我们生活和工作中遇到的交流电大都是正弦交流电,所以,把正弦交流电也简称为"交流电",用字符 AC(Alternating Current)表示。图 1-9 是交流电和正弦交流电示意图。

交流电瞬时值常用 $u(t)$ 或 $i(t)$ 表示,并简记为 u 或 i。对于图 1-9(b)的正弦波形而言,电流和电压的瞬时值可以用三角函数式分别表示为

$$i(t) = I_{\text{m}}\sin(\omega t + \varphi) \quad (\text{A}) \tag{1-6}$$

$$u(t) = U_{\text{m}}\sin(\omega t + \varphi) \quad (\text{V}) \tag{1-7}$$

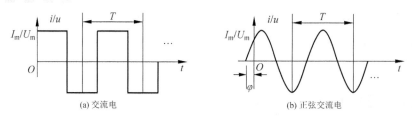

图 1-9　交流电示意图

式中，I_m/U_m 为电流或电压的振幅值，$\omega = \dfrac{2\pi}{T}$ 是角频率，φ 是初相位。

平常我们谈到交流电的大小，既不是瞬时值也不是幅值，而是"有效值"，比如常说的 220V 和 380V 交流电指的就是有效值为 220V 或 380V。有效值用大写字母 I 和 U 表示，其定义为：<u>有效值为 I 的周期电流 i，在一个周期 T 时间内，流过电阻 R 时所消耗的平均功率与一个值为 I 的直流电流通过该电阻时所消耗的功率相同。</u>

即满足

$$\frac{1}{T}\int_0^T Ri^2\,\mathrm{d}t = RI^2$$

也就是

$$I = \sqrt{\frac{1}{T}\int_0^T i^2\,\mathrm{d}t} \tag{1-8}$$

式(1-8)表明，电流 i 的有效值 I 在数值上等于其瞬时值的"方均根"值。所谓"方均根"是指"先平方，再积分求平均，最后开根号"。

将式(1-6)代入式(1-8)有

$$I = \sqrt{\frac{1}{T}\int_0^T I_m^2\sin^2(\omega t + \varphi)\,\mathrm{d}t} = \frac{I_m}{\sqrt{2}}$$

即有效值与幅值（最大值）的关系为

$$I = \frac{I_m}{\sqrt{2}},\quad U = \frac{U_m}{\sqrt{2}} \tag{1-9}$$

这样，式(1-6)和(1-7)就变为

$$i(t) = \sqrt{2}\,I\sin(\omega t + \varphi)\quad\text{(A)} \tag{1-10}$$

$$u(t) = \sqrt{2}\,U\sin(\omega t + \varphi)\quad\text{(V)} \tag{1-11}$$

因此，在研究交流电时，把<u>"有效值或振幅值"、"频率"和"初相"</u>称为交流电的"三要素"。用"有效值"表示交流电的主要目的是可以用"直流电"作参照物来衡量"交流电"的大小。

需要说明的是，正弦和余弦函数在电学领域常常被统称为"正弦型信号"，因此，正弦交流电也可用余弦形式表示。但因为正弦与余弦函数在相位上相差90°，所以，在交流电路中，若规定正弦形式为标准式，则用余弦形式表示的交流电要在原初相上减去90°，即 $\sin(\omega t + \varphi) = \cos(\omega t + \varphi - 90°)$；反之，若规定余弦形式为标准式，则用正弦形式表示的交流电要在原初相上加上90°，即 $\cos(\omega t + \varphi) = \sin(\omega t + \varphi + 90°)$。比如标准式(1-6)和式(1-7)用余弦形式表示的话，就变成

$$i(t) = I_m\cos[\omega t + (\varphi - 90°)]\quad\text{(A)} \tag{1-12}$$

$$u(t) = U_m\cos[\omega t + (\varphi - 90°)]\quad\text{(V)} \tag{1-13}$$

注意：正余弦形式相位关系的概念在"信号与系统"和"通信原理"等课程中绘制信号频谱(相频特性)时会用到。

目前，市面上有关"电路分析"的教材有的是以正弦函数形式为标准式，其主要好处是"名副其实"，便于理解；而有的是以余弦函数形式为标准式，其主要优点是与"通信原理"课程相统一，因为在通信原理课程中多采用余弦形式表示交流信号，比如载波信号。本教材采用正弦形式为标准式。

1.3.3 直流电路和交流电路

一般把工作电流或电压是直流电的电路叫做"直流电路"，把工作电流或电压是交流电的电路叫做"交流电路"。

由于组成电路的元件或设备对交/直流电呈现不同的特性，所以，对两种电路必须分别加以研究。

常见的用电电路不是直流电路就是交流电路，比如手电筒(直流)、电炉和照明电路(交流)等。而处理电路更多的是交直流混合电路，准确地说，是用直流供电完成对交(直)流信号处理的电路，比如放大器、有源滤波器、倍频器和运算放大器等，因此，对信号处理电路的分析，实际上就是对交(直)流电路的分析(通常可以不考虑直流供电电路，但有时要考虑偏置电路对信号处理的影响)。换句话说，交(直)流电路分析是信号处理课程的基础。

1.4 电阻、电感、电容及其模型

一个实际电路必须由具体的物理设备、元器件和导线构成，如果不对实际物理电路进行抽象概括，就很难在理论上进行电路的分析、研究、设计与计算。

由于构成电路的基本要素是电子元器件(设备也是由元器件构成的)和导线，所以，必须将常用的各种元器件和导线抽象为某种图形(也称其为模型)，并根据实际电路的连接方式，用线段(导线的模型)将电路中的元器件模型连接起来，从而构成虚拟的或理论上的电路图形，并称之为"电路模型"或"电路图"。这样，就可以"纸上谈兵"，大大降低了电路分析和研究的难度。

简言之，把可以标识元器件的图形称为元器件的电路模型，简称为模型。

1.4.1 电阻器及其模型

通常，物理材料都有阻止电荷流动(电流)的特性。这种阻止电流的能力被称为"电阻"。电阻器简称电阻，是一种专门用于对电流起阻碍作用的元件，通常用字母 R 或 r 表示。

在实践中，使用电阻主要需了解两个参数：阻值和功率。阻值是衡量电阻对电流阻碍作用大小的物理量，主要单位是欧(Ω)、千欧($k\Omega$)和兆欧($M\Omega$)。它们的关系是：$1M\Omega = 10^3 k\Omega = 10^6 \Omega$。通常，电阻的阻值用不同颜色的色环印制在电阻的表面上。功率表示电阻在电路中能够承受的最大电流值或电压值，常用的是 $\frac{1}{8}W$、$\frac{1}{4}W$、$\frac{1}{2}W$、$1W$ 电阻等。

根据不同标准，电阻有多种分类。

(1) 根据材质不同,可分为线绕电阻、水泥电阻、碳膜电阻和金属膜电阻等。目前常见的是碳膜和金属膜电阻。

(2) 根据阻值变化与否,可分为固定电阻和可变电阻。固定电阻为二端元件,而可变电阻一般是一个三端元件。

(3) 根据影响阻值的因素不同,可分为气敏电阻、光敏电阻、热敏电阻和压敏电阻等。实际上可当作传感器使用。

图 1-10 为常用电阻的实物及其模型。能用这些模型表示的电阻被称为"理想电阻"。

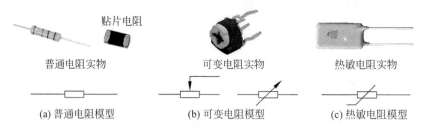

图 1-10　常用电阻及其模型图

在电路中,电阻器的端电压 $u_R(t)$、流过其本身的电流 $i_R(t)$ 与其本身的参数(阻值 R)三者在图 1-11(a)所示的关联方向下,满足欧姆定律:<u>电阻两端的电压与流过该电阻的电流成正比</u>。即有

$$u_R(t) = Ri_R(t) \tag{1-14}$$

如果 u_R 与 i_R 的参考方向为非关联,则式(1-14)变为

$$u_R(t) = -Ri_R(t) \tag{1-15}$$

欧姆定律说明,在电路中,一个电阻的端电压与流过它的电流满足线性关系,即一条过原点且位于 1、3 象限(不考虑非关联情况)的直线,直线斜率即为电阻的阻值,如图 1-11(b)所示。这种关系被称为电阻的外特性,也称为伏安特性,常用 VCR 或 VAR 表示。

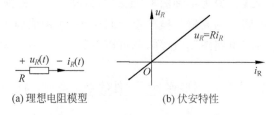

图 1-11　理想电阻模型及其伏安特性

欧姆定律由德国物理学家欧姆(Georg Simon Ohm)于 1826 年发现。

通常,把像式(1-14)这样能够反映元器件外部特性的数学表达式称为元器件的数学模型。

图 1-11(a)是理想电阻的电路模型,即只考虑电阻器的电阻值,而忽略其实际存在的电感和电容,这正是集中参数元件概念的体现。

在电路分析中,为方便理解和分析,把电阻的倒数定义为"电导",用字母 G 或 g 表示,即有

$$G = \frac{1}{R} \tag{1-16}$$

与"电阻"相反,"电导"表示物体对电流的导通能力(导电能力),其单位为西门子(S)或姆欧($\mho$)。

有了电导的概念,欧姆定律即可写为另一种形式

$$i_R(t) = Gu_R(t) \tag{1-17}$$

对于直流电路而言,电阻的端电压 $u_R(t)$ 与流过其本身的电流 $i_R(t)$ 均与时间无关,即 $u_R(t)=U_R$、$i_R(t)=I_R$,则式(1-14)变为

$$U_R = RI_R \tag{1-18}$$

式(1-17)变为

$$I_R = GU_R \tag{1-19}$$

因此,图 1-11 同样适合直流电路。换句话说,电阻的交直流电路模型是一样的。

根据欧姆定律可知,若给电阻通以电流,则其两端必然产生电压,或者说若给电阻两端施加电压,则必产生流过电阻的电流。因此,站在"系统"的角度看,在信号处理电路中,一个电阻可以认为是一个"输入电流而输出电压"的"电流/电压转换器",也可以是一个"输入电压而输出电流"的"电压/电流转换器",且具有当前"输出"仅决定于当前的"输入",而与以前或以后的输入无关的"即时"特性或叫做"无记忆"特性。鉴于此,电阻被称为是一种"即时"元件或"无记忆"元件。

<u>电阻在电路中主要用于降压、限流、分压、分流、阻抗变换、电流信号和电压信号的相互转换等</u>。比如电路中常见的"取样电阻"就是将某一电流信号转换为电压信号供后面的电路使用。

另外,无论是在直流电路还是交流电路中,当电流流过电阻时,电阻都会通过发热的形式消耗电能,因此,它也是一个耗能元件,我们熟悉的电炉、电热毯和电吹风都是根据这个原理工作的。

电阻在实际生活中有着广泛的应用,有资料表明,在一般的电子产品中,电阻占元器件总数的 40% 左右。

1.4.2　电感器及其模型

电感器简称电感,是由导线围绕磁芯(或空芯)绕制而成,通常也是一个二端元件,用字母 L 表示。其实物及其模型如图 1-12 所示。可用这些模型表示的电感被称为理想电感。

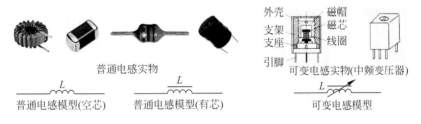

图 1-12　常用电感及其模型图

电感器的主要参数是用来衡量其储能或对交流电流阻碍作用大小的物理量——"电感量",用字母 L 表示,其单位是亨利(简称亨)、毫亨和微亨,分别用字母 H、mH、μH 表示,其关系为:$1H = 10^3 mH = 10^6 \mu H$。单位亨[利]是为了纪念美国物理学家亨利(Joseph Henry)而命名。

由于电感由导线绕制而成,其电感量不易改变,所以,实用中的电感多为固定电感。若想改变电感量,最简单的方法是改变电感磁芯的位置,如图 1-12 所示的中频变压器就是通过旋拧磁帽改变与线圈的相对位置,以达到改变电感量的目的。

由于电感的存在形式是线圈,当其通过电流时,线圈内部及其周围就会产生磁场并存储磁能量,所以,理想电感不消耗电能,而是将电能转化为磁能储存起来,也就是说,电感是一个储能元件。

若设电感的电感量为 L,穿过电感的磁通量为 $\Psi(t)$,流过电感的电流是 $i_L(t)$,则在满足关联方向的前提一下(如图 1-13(a)),三者具有如下关系

$$\Psi(t) = Li_L(t) \tag{1-20}$$

式中,磁通量 $\Psi(t)$ 的单位是韦(Wb),电感的单位是亨(H),电流的单位是安(A),因此,该式被称为韦安特性,是电感的一种外特性,见图 1-13(b)。

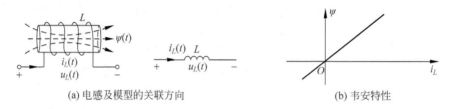

(a) 电感及模型的关联方向　　　　　　　　　　(b) 韦安特性

图 1-13　电感模型的关联方向及其韦安特性

根据电磁感应原理可知,变化的电流 $i_L(t)$ 会在线圈两端产生感应电压 $u_L(t)$,二者满足

$$u_L(t) = \frac{\mathrm{d}\Psi(t)}{\mathrm{d}t} = L\frac{\mathrm{d}i_L(t)}{\mathrm{d}t} \tag{1-21}$$

从式(1-21)可见,电感电压和电流的关系与电阻不同,任意时刻的电感电压不是像电阻一样只取决于该时刻的电流强度,而是由该时刻电流强度的变化率决定。这个特性被称为"动态特性",电感也因此被称为"动态元件"。同时,该式也说明电感的电流不能突变,因为若 $i_L(t)$ 突变,则其导数不存在,即电压 $u_L(t)$ 不存在。电流变化越快,感应电压越大。极限条件下,若电流不变化(直流状态),则感应电压 $u_L(t)=0$,此时,电感可等效于一根导线,处于"短路"状态。换句话说,电感具有"通直流"的特性。

式(1-21)被称为电感的伏安特性 VCR(即电感的数学模型),是常用的电感外特性。

将式(1-21)变形为

$$i_L(t) = \frac{1}{L}\int_{-\infty}^{t} u_L(\tau)\mathrm{d}\tau \tag{1-22}$$

可见,任意时刻 t 的电流 $i_L(t)$ 大小不但与该时刻的电压 $u_L(t)$ 有关,还与从 $-\infty \rightarrow t$ 时间内的所有 $u_L(t)$ 值有关,也就是说,$i_L(t)$ 与 $u_L(t)$ 的全部历史有关,说明电感具有记忆作用,电感也因此被称为"记忆元件"。

在图 1-13 的关联方向下,电感吸收的瞬时功率为

$$p_L(t) = u_L(t)i_L(t) \tag{1-23}$$

若 $p_L(t)>0$,表明电感从电路中吸收电能,并将其转化为磁能储存起来;若 $p_L(t)<0$,表明电感将储存的磁能再转化成电能并释放回电路。电感元件的"充磁"和"放磁"过程,就是与电路进行能量交换的过程。由于电感模型中没有电阻分量,所以电感本身并不耗能。

需要说明的是,电感磁能的得到和失去都是由电流完成的,但为了与电容的"充电"和"放电"相区别,这里用了术语"充磁"和"放磁"描述电感的磁能变化过程。

电感从初始时刻 t_0 到 t 时刻吸收的能量为

$$w_L(t) = \int_{t_0}^{t} p_L(\tau)\mathrm{d}\tau = \int_{t_0}^{t} u_L(\tau)i_L(\tau)\mathrm{d}\tau = \frac{1}{2}L\left[i_L^2(t) - i_L^2(t_0)\right] \qquad (1\text{-}24)$$

如果电感的初始电流 $i_L(t_0)=0$,则

$$w_L(t) = \frac{1}{2}Li_L^2(t) \qquad (1\text{-}25)$$

可见,电感储存的能量 $w_L(t)$ 恒大于等于零,且只与流过电感的电流有关而与其端电压无关,因此,式(1-25)说明了电感元件是一种储能元件。

综上所述,电感具有"动态"、"记忆"和"储能"三个特性。电感在电路中的作用主要有两个:一是储能,二是滤波。比如收音机的"调台"就是利用电感和电容的储能特性完成的。在直流电路中,理想电感相当于一根电阻为零的导线,因此,它更多地出现在交流电路中作为滤波和谐振元件使用。另外,其暂态特性(充放磁特性)在信号处理方面也很有用。

1.4.3　电容器及其模型

电容器简称电容,其基本结构是由两块平行金属板及其中间的绝缘介质构成,通常也是一个二端元件,用字母 C 表示。

电容器的主要参数"电容量"是一个用来衡量电容储能或对电流阻碍作用大小的物理量,也用字母 C 表示,其单位是法拉(简称法)、微法、纳法和皮法(微微法),分别用字母 F、μF、nF 和 pF 表示,其关系为:$1\mathrm{F} = 10^6\,\mu\mathrm{F} = 10^9\,\mathrm{nF} = 10^{12}\,\mathrm{pF}$。单位法[拉]是为了纪念英国科学家法拉第(Michael Faraday)而命名。

在实际中,我们关心的电容器另一个参数是表示电容能够承受最大直流电压大小的物理量——额定工作电压,简称"耐压值",其常用单位是伏(V)或千伏(kV)。通常,根据经验要保证选用电容的耐压值是其实际工作电压的两倍以上。

根据电介质材料的不同,电容通常可分为纸介电容、瓷片电容、云母电容、涤纶电容、聚丙烯电容等。

根据是否有极性,分为无极性普通电容和有极性的电解电容。普通电容包括固定电容、半可变电容和可变电容。

相对于电感器,电容器的容量改变比较容易,通常是通过改变两块平行金属板的重叠面积来实现。

常用的电容器实物及其符号如图 1-14 所示。可用这些符号表示的电容被称为理想电容。

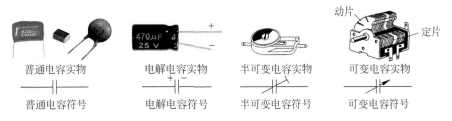

图 1-14　电容器实物及其符号

由于两个金属板之间是绝缘介质,所以,电流实际上是不能通过电容器的。当给电容器施加电压时,两个金属板会分别聚集等量的正、负电荷,从而在电容器内形成电场,这样,电容器就可以储存电场能量。显然,理想电容也不消耗电能,而是将电能储存起来,也就是说,电容也是一个储能元件。

若设电容的电容量为 C,施加在其两端的电压为 $u_C(t)$,聚集在两个金属板上的电荷分别为 $+q$ 和 $-q$,则在满足关联方向的前提下(见图 1-15(a)),三者具有如下关系

$$q(t) = Cu_C(t) \tag{1-26}$$

式中,电荷量 $q(t)$ 的单位是库,电感的单位是法,电压的单位是伏,因此,该式被称为库伏特性,是电容的一种外特性,如图 1-15(b)所示。

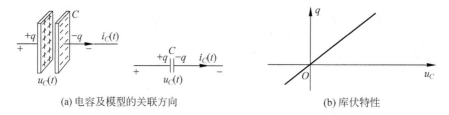

| (a) 电容及模型的关联方向 | (b) 库伏特性 |

图 1-15　电容模型的关联方向及其库伏特性

在实际电路分析中.我们更关心的是电容的伏安关系。若电容两端的电压 $u_C(t)$ 与通过的电流 $i_C(t)$ 满足图 1-15(a)的关联参考方向,则可得电容的伏安关系或数学模型为

$$i_C(t) = \frac{\mathrm{d}q(t)}{\mathrm{d}t} = C\frac{\mathrm{d}u_C(t)}{\mathrm{d}t} \tag{1-27}$$

从式(1-27)可见,电容上的电流与电压呈微分关系,即任一时刻电容上的电流取决于该时刻电压的变化率,而与该时刻电压大小无关。电压变化越快,电流也就越大,即使某时刻的电压为 0,也可能有电流。显然,与电感类似,电容也具有动态特性,因此,也被称为"动态元件"。同时,该式也说明电容的电压不能突变,因为若 $u_C(t)$ 突变,则其导数不存在,即电流 $i_C(t)$ 不存在。极限条件下,若电压不变化(直流状态),则电流 $i_C(t)=0$,此时,电容对电路无作用,处于"开路"状态,也就是说,电容具有"隔直流"的特性。

式(1-27)被称为电容的伏安特性 VCR(即电容的数学模型),是常用的电容外特性。

将式(1-27)变形为

$$u_C(t) = \frac{1}{C}\int_{-\infty}^{t} i_C(\tau)\mathrm{d}\tau \tag{1-28}$$

可见,任意时刻 t 的电压 $u_C(t)$ 大小不但与该时刻的电流 $i_C(t)$ 有关,还与从 $-\infty \to t$ 时间内的所有 $i_C(t)$ 值有关,也就是说,$u_C(t)$ 与 $i_C(t)$ 的全部历史有关,说明电容也具有记忆作用,因此,电容也被称为"记忆元件"。

式(1-28)可进一步写成

$$u_C(t) = \frac{1}{C}\int_{-\infty}^{0_-} i_C(\tau)\mathrm{d}\tau + \frac{1}{C}\int_{0_-}^{t} i_C(\tau)\mathrm{d}\tau = u_C(0_-) + \frac{1}{C}\int_{0_-}^{t} i_C(\tau)\mathrm{d}\tau \tag{1-29}$$

式中

$$u_C(0_-) = \frac{1}{C}\int_{-\infty}^{0_-} i_C(\tau)\mathrm{d}\tau \tag{1-30}$$

称为电容电压的起始值或起始状态。它反映了在 $t=0_-$ 时刻电容上已经积累电压的情况。

在图 1-15 的关联方向下，电容吸收的瞬时功率为

$$p_C(t) = u_C(t)i_C(t) \tag{1-31}$$

若 $p_C(t)>0$，表明电容从电路中吸收电能，并将其储存起来，电容处于"充电"状态；若 $p_C(t)<0$，表明电容将储存的电能释放给电路，电容处于"放电"状态。电容元件的充电和放电的过程，也是与电路进行能量交换的过程。由于电容模型中没有电阻分量，所以电容本身也不消耗能量。

电容从初始时刻 t_0 到 t 时刻吸收的电能量为

$$w_C(t) = \int_{t_0}^{t} p_C(\tau)d\tau = \int_{t_0}^{t} u_C(\tau)i_C(\tau)d\tau = \frac{1}{2}C[u_C^2(t) - u_C^2(t_0)] \tag{1-32}$$

如果电容的初始电压 $u_C(t_0)=0$，则

$$w_C(t) = \frac{1}{2}Cu_C^2(t) \tag{1-33}$$

可见，电容储存的能量 $w_C(t)$ 也恒大于等于零，且只与电容的端电压有关而与其电流无关，因此，证明了电容元件也是一种储能元件。

综上所述，电容同电感一样，也具有"动态"、"记忆"和"储能"三个特性。

电容在电路中的作用主要有三个：一是储能，二是滤波，三是耦合（隔直流通交流）。理想电容在直流稳态电路中相当于一根电阻为无穷大的开路线，因此，在直流稳态电路中，电容也没有实用价值。而在交流电路或交直流混合电路中，它主要用于滤波、谐振和耦合，比如收音机的调台功能就利用了可变电容及其储能特性。另外，和电感一样，电容的暂态特性（充放电特性）也常用于信号处理，相关内容详见第 7 章"动态电路分析法"。

需要说明的是，储能后的电容在放电时，可以类比为一个独立存在的电源，但当将储存的能量放完后，就无以为继了，因此，它不能像真正的电源那样持续供电。实际中，电容这个"短命电源"特性还是很有用的，比如在一些 IC 卡上就是利用电容作为"电源"为其短时间供电，而为其充电的是读卡器发出的外电场能量；利用超级电容作为电源的短途电动汽车（公交车）也是常见的实例。

通过上述分析不难发现，电感和电容的特性很类似，这种"相似性"被称为"对偶"，因此，电感和电容是一对"对偶"元件。

综上所述，把满足式(1-14)伏安特性、式(1-20)韦安特性和式(1-26)库伏特性的电阻、电感和电容分别称为"线性电阻"、"线性电感"和"线性电容"。

由于 RLC 元件的端电压与流过电流之间的关系即 VCR(Voltage Current Relation)约束了元件上的电压和电流行为，所以，式(1-14)、式(1-21)和式(1-27)这三个 VCR 是电路分析过程中必不可少的理论依据。

也许有人会问，电容器中间是绝缘的，模型中怎么会有电流 $i_C(t)$ 呢？这个问题我们在第 4 章"正弦交流电路基本理论"中再作回答。

1.5　电源及其模型

1.5.1　电源的概念与分类

电源就是能够产生并输出电能的装置或设备，在电路中可以认为是一种元器件。

依照不同的标准，电源有多种分类。

(1) 根据电流的变化特性，分为直流电源和交流电源。

(2) 根据是否含有内阻，分为理想电源和实际电源。

(3) 根据输出是电压还是电流，分为电流源和电压源。

(4) 根据输出是否被电路中的其他参数所控制，分为受控电源和独立电源。

当然，电源的种类不只这些，但上述各种电源都是本课程中会出现的常见电源，因此，下面分别予以介绍。

1.5.2　直流电源与交流电源

1. 直流电源

能够产生并输出直流电能(电流或电压)的装置或设备就叫直流电源。

我们常见的直流电源有两种，一种是各类电池装置，另一种是将市电(交流电)变换为直流电的"变换设备"，这种设备通常叫做"直流稳压电源"。

干电池是人们最熟悉的一种直流电源，因其内部电解质是一种不能流动的糊状物而得名。其输出电能的基本原理是：

(1) 电池内部的化学反应会在电池正极积聚大量的正电荷，在负极积聚与正电荷等量的负电荷，从而在正负极之间建立起电场，出现电位差(电压)。

(2) 当外电路把正负极连接起来时，聚集在正极的正电荷就会在电场力的作用下，沿着外电路"跑"到电池负极。

(3) 到达负极的正电荷又在化学力的作用下，在电池内部从负极返回正极。

这样，在电池与外电路构成的回路中就会有不断流动的正电荷，也就是电流。电流在外电路中会做功，电池就输出了电能。

在第 3 步中可以看到，为了使电路中的电流持续不断，在电池内部需要将从外电路流入负极的正电荷再搬移到正极。而这个任务必须由非电场力完成，也就是要由化学能完成。因此，电源将单位正电荷由负极搬移到正极所做的功被称为电源的电动势。

与电压概念类似，电动势表示外力(非电场力)将单位正电荷从电池负极搬移到正极所做的功。电动势一般用字母 E 表示，单位与电压相同，在数值上等于电池的开路端电压 U，但与端电压方向相反，端电压方向从正极指向负极，而电动势从负极指向正极(电位升)。

干电池工作原理如图 1-16(a)所示，这与水塔要保证用户不断用水就必须借助外力(比如水泵)将水从地下提升到水塔中的原理类似。

电池内部搬移电荷的能量(电动势)是有限的，该能量的衰竭，也就意味着电池寿命的终结。电池"没电"现象在内部主要体现在其内阻的增大上，也就是内部电荷移动的困难变大，

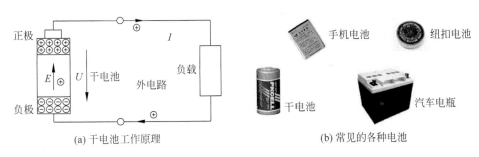

(a) 干电池工作原理　　　　　(b) 常见的各种电池

图 1-16　干电池工作原理示意图及常见的电池

显然,内阻越大,可输出的电流就越小。

人们生活与工作中常用的电池除干电池外,还有纽扣电池、手机电池、汽车电瓶(蓄电池)等(如图 1-16(b)所示),它们的工作原理与干电池类似,这里不再赘述。

在实际应用中,主要需要了解电池的"标称电压"和"电池容量"两个参数。"标称电压"就是电池的开路端电压,在数值上等于电动势。比如,常见的干电池是 1.5V,汽车电瓶是 12V 等。"电池容量"反映电池能够正常使用的时间,用安时(Ah)或毫安时(mAh)表示,比如一节干电池的容量为 500mAh,表示理论上电池以 500mA 的电流放电能够持续 1 小时,如果实际放电电流为 250mA,则理论上放电时间为 2 小时。

需要强调的是,废旧电池千万不能随意丢弃!因为废旧电池潜在的污染非常严重。如果随意丢弃,废旧电池内含有的大量废酸、废碱等电解质溶液和镉、铅、汞等重金属物质会破坏水源、侵蚀庄稼和土地,直接或间接威胁人类的健康与生存。

直流稳压电源的原理是这样的(如图 1-17 所示):

(1) 降压。通常我们需要的直流电源电压都小于市电电压 220V,因此,首先必须通过变压器将 220V 市电降到所需的电压附近,一般不能低于所需电压。

(2) 整流。变压器输出的低电压仍然是交流电压,因此,必须通过二极管构成的"整流"电路,变换为"脉动"直流电。

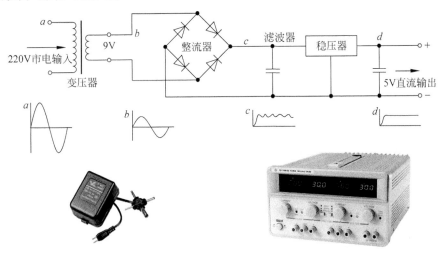

图 1-17　电流稳压电源及其原理图

（3）滤波。整流器输出的"脉动"直流电要通过主要由电容构成的滤波器变为大小基本"恒定"的直流电。

（4）稳压。由稳压管等元件构成的稳压器可将滤波器输出的直流电压稳定在某一个值上，进一步提高输出的直流电压质量。

2．交流电源

能够产生并输出交流电能（电流或电压）的装置或设备就叫交流电源。

在现实生活中，我们使用的交流电源主要有来自发电厂的 380V 工业用电和 220V 民用市电。而在信号处理电路中使用的交流信号源则是一种由电子元器件构成的"振荡电路"产生的波形或是将实际信号通过傅里叶级数或变换分解得到的正弦信号分量（详见"信号与系统"课程）。

1.5.3　理想电压源与实际电压源

为便于分析和研究电源特性，人们根据是否包含内阻，把电源分为理想电源和实际电源。

1．理想电压源

能够输出电压的无内阻电源就是理想电压源。它是一个二端元件，电路符号如图 1-18(a) 所示（注意：该符号既可表示交流电压源也可表示直流电压源），其输出电压为

$$u(t) = u_S(t) \tag{1-34}$$

该式表明，理想电压源的输出电压是一个时间的函数。

若在任意时刻 t_j 的输出电压为一常数，且不随电流的变化而变化，即 $u = u_S(t) = U_S$，其伏安特性（电源两端电压与流过电源电流的关系）如图 1-18(c) 所示，则这种电源就叫直流电压源或恒压源，其符号也可表示为图 1-18(b) 所示的样子。通常，干电池用这种符号表示。

若 $u_S(t)$ 为一交流电压源，其两端的"＋"、"－"号只能说明某一时段的电压符合这个极性，没有实际意义，可以认为是当前进行分析计算时假设的电源电压正方向。

理想电压源对外电路的供电连接如图 1-18(d) 所示。

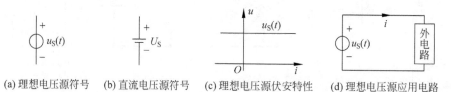

　　(a) 理想电压源符号　　(b) 直流电压源符号　　(c) 理想电压源伏安特性　　(d) 理想电压源应用电路

图 1-18　理想电压源及其特性与应用示意图

我们知道，一个二端元件消耗或释放功率 p 的大小由其端电压 u 和流过其电流 i 共同决定，即

$$p = ui \tag{1-35}$$

在 u 和 i 为关联方向的条件下，若 p 为正值，表示该元件是一个耗能元件，消耗或吸收功率；若 p 为负值，表示该元件是一个产能元件，输出或释放功率。在 u 和 i 为非关联方向

的条件下,若 p 为正值,表示该元件是一个产能元件,输出或释放功率;若 p 为负值,表示该元件是消耗或吸收功率。因此,在图 1-18(d)所示的电压源应用电路中,对电压源而言,由于 u 和 i 为非关联方向,其释放功率 p 为正值。若计算出 p 为负值,则表明电压源吸收功率,也就是外电路对电压源充电。

理论上讲,理想电压源在极端情况下可以放出或吸收无穷大的能量。

2. 实际电压源

能够输出电压的有内阻电源就是实际电压源。实际电压源(又称为有伴电压源)可以用一个理想电压源和一个电阻相串联来描述,如图 1-19(a)所示,其中 $u_S(t)$ 是理想电压源,R_0 可以认为是实际电压源的等效内阻,一般都比较小。

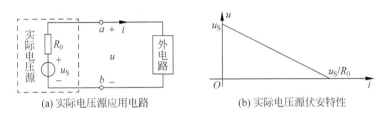

(a) 实际电压源应用电路　　　　　(b) 实际电压源伏安特性

图 1-19　实际电压源及其特性示意图

对于图 1-19(a)所示的应用电路,可得实际电压源的电压与电流的关系为

$$u = u_S - R_0 i \tag{1-36}$$

在图 1-19(a)中,当 $i=0$,即实际电压源两端开路时,有 $u=u_S$,这称为实际电压源的开路电压。当 $u=0$,即实际电压源两端短路时,$i=u_S/R_0$,这称为实际电压源的短路电流。这样就可以画出实际电压源的伏安特性,如图 1-19(b)所示。

显然,内阻 R_0 越小,图 1-19(b)所示的伏安特性越平坦,实际电压源的特性就越接近理想电压源。由于 R_0 一般都很小,在短路状态下,产生的短路电流 $i=u_S/R_0$ 会很大,在短时间内就可能烧坏电压源,所以实际使用时,千万不能将电压源短路。

另外,需要提醒大家注意的是,电源内阻通常可用 R_0、R_S 或 R_i 表示,本教材统一使用 R_0 表示。

1.5.4　理想电流源与实际电流源

1. 理想电流源

能够输出电流的无内阻电源就是理想电流源。它也是一个二端元件,电路符号如图 1-20(a)所示(注意:该符号既可表示交流电流源也可表示直流电流源),其输出电流为

$$i(t) = i_S(t) \tag{1-37}$$

该式表明,理想电流源的输出电流是一个时间的函数。

若在任意时刻 t_j 的输出电流为一常数,且不随其端电压的变化而变化,即 $i_S(t)=I_S$,其伏安特性(电源两端电压与电源输出电流的关系)如图 1-20(b)所示,则这种电源就叫直流电流源或恒流源,用 I_S 表示。

若 $i_S(t)$ 为交流电流源,表示其电流方向的"箭头"符号,也没有实际意义,可以认为是当

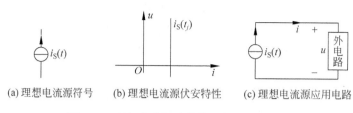

(a) 理想电流源符号　(b) 理想电流源伏安特性　(c) 理想电流源应用电路

图 1-20　理想电流源及其特性与应用示意图

前进行分析计算时假设的电源电流正方向。

理想电流源对外电路的供电连接如图 1-20(c) 所示。

类似电压源,在图 1-20(c) 所示的关联方向下,理想电流源释放的功率为

$$p = u i_S \tag{1-38}$$

此时,若 p 为正值,表示该电流源输出或释放功率;若 p 为负值,表示该电流源是吸收功率,也就是外电路对电流源充电。

同电压源一样,理论上理想电流源在极端情况下也可以放出或吸收无穷大的能量。

2. 实际电流源

能够输出电流的有内阻电源就是实际电流源。实际电流源(又称为有伴电流源)可以用一个理想电流源和一个电阻相并联来描述,如图 1-21(a) 所示,其中 $i_S(t)$ 是理想电流源,R_0 是实际电流源的等效内阻,一般都比较大。

对于图 1-21(a) 的应用电路,可得实际电流源的电压与电流的关系为

$$i = i_S - \frac{u}{R_0} \tag{1-39}$$

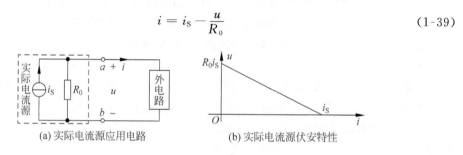

(a) 实际电流源应用电路　(b) 实际电流源伏安特性

图 1-21　实际电流源及其特性示意图

在图 1-21(a) 中,当 $i=0$,即实际电流源 ab 两端开路时,有 $u=R_0 i_S$,这称为实际电流源的开路电压。当 $u=0$,即实际电流源两端短路时,$i=i_S$,即为实际电流源的短路电流,这样即可以画出实际电流源的伏安特性,如图 1-21(b) 所示。

显然,内阻 R_0 越大,图 1-21(b) 所示的伏安特性就越陡直,越接近理想电流源特性。

1.5.5　受控电源与独立电源

前面介绍的电源均属独立电源,其特点是输出大小只决定于电源本身的特性,而与电路中其他地方的电压或电流无关。但在实际电路的设计与研究中,常常会遇到一种输出与电路中其他地方的电压或电流有关的电源,换句话说,就是电压源的输出电压或电流源的输出电流受电路中其他地方的电压或电流控制。我们把这种电源称为受控源。

受控源是一个四端元件,有两个控制端钮(又称输入端)和两个受控端钮(又称输出端)。因此,受控源可以看成为一个双口网络,而普通的二端元件可看成是一个单口网络。

根据控制量和受控量的不同,受控源可分为四种类型。

(1) 电压控制电压源(VCVS——Voltage Controlled Voltage Source)。其伏安特性为

$$u_2 = \mu u_1 \tag{1-40}$$

(2) 电压控制电流源(VCCS——Voltage Controlled Current Source)。其伏安特性为

$$i_2 = g u_1 \tag{1-41}$$

(3) 电流控制电压源(CCVS——Current Controlled Voltage Source)。其伏安特性为

$$u_2 = \gamma i_1 \tag{1-42}$$

(4) 电流控制电流源(CCCS——Current Controlled Current Source)。其伏安特性为

$$i_2 = \alpha i_1 \tag{1-43}$$

式(1-40)~式(1-43)中 μ、g、γ 和 α 统称为控制系数。μ 是一个无量纲的系数,称为电压控制电压源的转移电压比或称电压放大倍数;g 具有电导的量纲,称为电压控制电流源的转移电导;γ 具有电阻的量纲,称为电流控制电压源的转移电阻;α 是一个无量纲的系数,称为电流控制电流源的转移电流比或称电流放大倍数。

因为这 4 个系数都是常数,所以这四种受控源的控制端和受控端之间的关系都是线性的,即这四种元件都是线性元件。图 1-22(a)给出了四种受控源的电路模型。

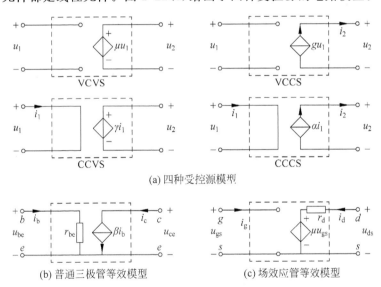

(a) 四种受控源模型

(b) 普通三极管等效模型

(c) 场效应管等效模型

图 1-22 四种受控源及晶体管电路模型

需要强调的是,受控源与独立电源不一样,它并不是一种真正的能量源,不能独立输出电能,而是为了更好地描述一些电子元件的性能提出来的一种虚拟模型,是一种借助图形反映元件内部参数之间相互关系的手段或方法,通常可以认为是一种信号变换电路。比如在晶体管放大电路中,普通晶体三极管就可等效为一个电流控制的电流源(如图 1-22(b)),场效应管可以等效为电压控制电流源或电压控制电压源(如图 1-22(c))等,而晶体管本身并不能输出电能量。这也说明了一个问题,即晶体管(包括电子管)并不是一个真正的可以将小信号放大的器件(这不符合能量守恒定律),其"放大"的实质是用小信号控制由电源提供的

大信号,类似于用一个小水流控制一个大水管的阀门,从而让大水管中的大水流随小水流的变化规律而变化。

1.6   电路模型

电路模型就是由各种电子元器件模型和线段按一定规则互连而成的可以描述或反映实际电路特性的图形。也称为"电路图"。其英文表述为 circuit。

显然,由上述电阻、电感、电容和导线及其他元件(电源、灯泡等)模型构成的图形就是一个电路模型或电路图。虽然这样的图是"虚拟"存在于纸面之上,但它是实际电路的概括和抽象,可以反映实际电路的特性,同时,这样的图形又便于进行理论分析,因此,本课程的所有研究与分析都是建立在"电路图"之上的,图1-23就是一个由电阻和电源构成的电路模型实例图。

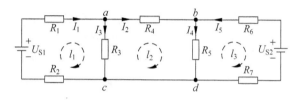

图 1-23   电阻电路模型

从"物理电系统"到"理论电路图"或到一个"数学表达式"是一个从具体到抽象、从实践到理论的演变过程,这个过程叫做"建模"。"建模"是我们从事科学研究的一种基本思路或方法,希望读者能够认真体会其中的"奥秘",增强自身的科研能力。比如把手电筒抽象为电路图,如图1-24所示。

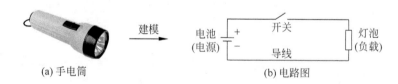

(a) 手电筒   (b) 电路图

图 1-24   手电筒及其电路图

1.7   电路的图

电路图的建立虽然给电路分析带来了极大的便利,但在实际中人们发现"电路图"在某些场合或应用中还不够简洁。比如在图1-23中,在R_3支路串接一个电压源U_{S3}后,电路特性就与原电路不一样了,但其结构却没有变化,这说明特性不一样的电路可以有相同的结构。显然,人们会问:对于结构相同但功能不同的电路,在分析研究时,是否可以不用分别对待?它们是否有共性存在?能否用一个普适的方法进行分析?答案是肯定的。

为此,我们首先必须"去掉"电路的物理特性,即忽略电路中元器件的作用,仅保留其连接属性,也就是要将电路图抽象为更简单的没有物理功能的"数学图"。比如在图 1-25 中,图 1-25(a)和图 1-25(b)是两个特性不同但结构相同的电路。为了便于分析,可将它们都简化为由"点"和"线"构成的"点线图",如图 1-25(c)所示。

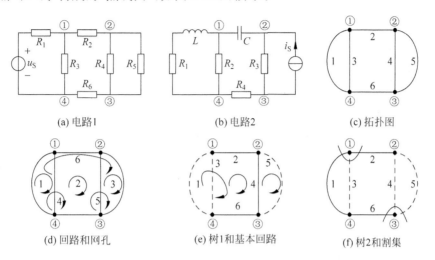

(a) 电路1　　　　　　　(b) 电路2　　　　　　　(c) 拓扑图

(d) 回路和网孔　　　　(e) 树1和基本回路　　　　(f) 树2和割集

图 1-25　图的概念

在图 1-25(c)中,原电路的节点依然是节点,而原电路由元器件构成的支路简化为线段。这种由点和线段构成的能够反映电路结构但又不涉及具体电路元器件的图形被称为电路的"拓扑图",简称"图",英文表述为 graph,简记为 G。注意:有的教材也称"拓扑图"为"线图"。

"拓扑"一词来源于英文单词 Topology。Topology 原意拓扑学,是几何学的一个分支。在这里我们简单地把"拓扑图"理解为由点和线构成的结构图形。之所以不说成"几何图",是因为"拓扑图"通常不在意线形或图的形状,它主要关心的是图中线和点的个数及其连接状态。比如在几何图中,两个点之间用直线或曲线相连其含义是不同的;而在拓扑图中,两个点之间用直线或曲线相连是无所谓的,它关心的是这两个点是否被线段相连。

注意电路的拓扑图与电路图的区别:"拓扑图"反映的是电路的结构特性,是点和线的集合;而"电路图"描述的是电路的构成及功能特性,是元器件和导线的集合。

显然,图 1-25(c)已经没有了电路属性,仅仅是一个数学概念上的"点线图"了,它对图 1-25(a)和图 1-25(b)的电路都适用,这就为我们研究不同特性但结构相同的电路奠定了理论基础。换句话说,研究电路的拓扑图是电路分析中的一个基础内容。

电路及其拓扑图术语如下。

(1) 支路——由一个二端元件或多个二端元件串联而成的图形,通常用字母 b 表示。支路的特点是没有分岔,所有元件流过同一电流。比如图 1-25 中的 R_2、R_3、R_4 等是单元件支路,而 R_1-u_S 和 R_1-L 就是多元件支路。在拓扑图中,支路是一个连接于两个节点的线段,比如图 1-25(c)中的线段 1,2,…,6。需要注意的是,在拓扑图中,受复合支路的制约(详见第 8 章),有可能会用几个节点把一个多元件电路支路分为多个拓扑支路。

在具体应用时,需要设置支路方向,通常支路方向选取与支路电流方向相一致。

(2) 节点——通常把三条或三条以上支路的连接点叫做节点,用字母 n 表示。比如图 1-25 中的点①、②、③和④。在拓扑图中,节点是一个"黑点"。注意,在拓扑图中,有可能一个节点只连接两个支路。有的教材把"节点"称为"结点"。

(3) 路径——从一个节点出发,沿着一些支路连续移动到达另一个节点所经过的支路集合。若起点和终点相同,则称为闭合路径。

(4) 连通图——任意两个节点之间至少有一条路径的图。

(5) 子图——从图中去掉某些支路或节点而剩余的支路和节点。

(6) 有向图——支路具有方向的图。

(7) 回路——电路中从一个节点出发,沿着一些支路连续移动又回到起点的闭合路径,且途中没有一个节点是再次相遇的,通常用字母 l 表示。回路通常由多条支路构成,其特点是回路上的元件可以通过同一电流也可以通过不同的电流,回路内可以包含支路也可以不包含支路。比如图 1-25(a)中的 R_2-R_4-R_6-R_3 和 R_1-R_2-R_4-R_6-u_S 等都是回路。在拓扑图中,回路是由若干黑点和线段构成的"线圈",如图 1-25(d)所示的 6 个回路。

(8) 网孔——在平面网络中,内部没有支路的回路。比如图 1-25(c)中的线段 1-3 构成的回路 1,线段 2-4-6-3 构成的回路 2 和线段 4-5 构成的回路 3 都是网孔。而回路 4-5-6 内部区域都内包含有支路,因此不是网孔。显然,网孔必是回路,而回路不一定是网孔,通常网孔个数小于回路个数。需要说明的是,一个电路的网孔组是唯一的。网孔与回路如图 1-25(d)所示。

这样,图 1-25(c)包括 6 条支路、6 个回路、3 个网孔和 4 个节点。

(9) 树——包含图中所有节点和部分支路但没有回路的连通子图,通常用字母 t 表示。构成树的支路叫树支,而不在树中的支路叫该树的连支。一个连通图可以有多个不同的树,比如图 1-25(e)中,节点①、②、③、④和线段 2-4-6 就构成一个树,线段 2-4-6 就是树支,其余的支路就是连支;而节点①、②、③、④和线段 1-6-5 也构成一个树,线段 2-1-6 也是树支,其余的支路就是连支,显然,树的选择不唯一,但树支的个数均为 $n-1$。

(10) 基本回路——对于一个选定的树,若加上一个连支,就可以与若干树支构成的回路。不同的树对应不同的基本回路。比如选支路 2、3、4 为树支,则基本回路就是网孔;若选支路 2、4、6 为树支,则基本回路如图 1-25(e)。显然,基本回路组不唯一,其个数等于连支数也等于网孔数。

(11) 割集——连通图中符合下列两个条件的支路集合:

① 用一个封闭面(高斯面)切割连通图,若将切割的支路集合去掉,则连通图将变成两个分离的部分;

② 但只要少去掉其中任何一条支路,则图仍是连通的。

割集通常用字母 q 表示。显然,每个割集至少包含一个树支,比如图 1-25(f)的支路 1-2-3,支路 4-5-6 都是割集。

应用割集时,通常需要设置割集方向,即"指向封闭面"方向或"离开封闭面"方向。

(12) 基本割集——只包含一个树支的支路集合。显然,因为树的选择不唯一,则基本割集组也不唯一,但其数目等于树支数。

请大家记住以下结论:

对于一个有 b 条支路、n 个节点的网络,其树支个数为 $n-1$,连支个数为 $b-n+1$,基本割集数为 $n-1$,基本回路或网孔个数为 $b-n+1$。

本节关于"图论"的基础知识是电路分析和电路方程矩阵表示的理论基础。

1.8 电路基本定律

能量既不会凭空产生，也不会凭空消失，它只能从一种形式转化为其他形式，或者从一个物体转移到另一个物体，在转化或转移的过程中，能量的总量不变。这就是我们熟悉的"能量守恒定律"。而搭建一个实际电路的目的，就是要利用电能为我们服务，因此，电能的利用也必须符合"能量守恒"定律。

所谓"定律"，通常认为是为实践和事实所证明，反映客观事物在一定条件下发展变化规律的陈述或论断。或者说是通过大量具体的客观事实归纳而成的结论，是描述客观世界变化规律的表达式或文字。

而常见的另一个相关概念是"定理"。所谓"定理"，通常是指通过逻辑证明为真的陈述或结论。

电路中的能量守恒定律由基尔霍夫定律保证，或者说，电路的工作要在基尔霍夫定律的约束下进行。

基尔霍夫定律同前面给出的二端元件 VCR 一样，是电路理论中最基本的定律，也是电路分析中其他一些定律的重要依据。它包括电流定律和电压定律两部分内容，描述了电路中所有元件上的电流、电压应遵循的约束关系。基尔霍夫定律是普适定律，既适用于线性和非线性电路，也适用于直流和交流电路。

1.8.1 基尔霍夫电流定律

德国物理学家基尔霍夫(Gustav Robert Kirchhoff)于 1847 年提出了著名的"基尔霍夫电流定律"和"基尔霍夫电压定律"。

基尔霍夫电流定律(Kirchhoff's Current Law, KCL)，也称为基尔霍夫第一定律，是描述电路中与节点相连的各支路电流之间的相互约束关系的定律，其基础是电荷守恒定律(一个系统内电荷的代数和不变)。具体内容表述如下：

任何一个电路中的任何一个节点，在任何一个时刻，流入该节点的电流之和恒等于流出该节点的电流之和。

用公式可表达为

$$\sum i_入 = \sum i_出 \tag{1-44}$$

若设流入节点的电流为正值，流出为负值，则式(1-44)可写为

$$\sum i = \sum i_入 - \sum i_出 = 0 \tag{1-45}$$

比如在图 1-23 中，对于节点 a 有 $I_1 = I_2 + I_3$ 或 $I_1 - I_2 - I_3 = 0$；对于节点 b 有 $I_2 + I_5 = I_4$ 或 $I_2 + I_5 - I_4 = 0$。

电流定律反映了电路中一个节点的电荷守恒特性，即流入节点的电荷量等于流出节点的电荷量。这个特性可以用生活中流入和流出一个三通接头的水流或气流来类比。

1.8.2 基尔霍夫电压定律

基尔霍夫电压定律(Kirchhoff's Voltage Law, KVL)，也称为基尔霍夫第二定律，是描

述电路中任一回路上各元件电压相互约束关系的定律,其基础是能量守恒定律。具体内容表述如下:

任何一个电路中的任何一个回路,在任何一个时刻,沿设定的回路方向走一圈,回路中所有非电源元件上电压(电位降)的代数和恒等于该回路所有电源电动势(电位升)的代数和。

用公式可表达为

$$\sum u_{降} = \sum u_{升} \tag{1-46}$$

因为电源的电动势与其端电压方向相反,所以,若考虑电源电压的话,电压定律可表示为:任何一个电路中的任何一个回路,在任何一个时刻,沿设定的回路方向走一圈,回路中所有元件上电压的代数和恒等于零。则式(1-46)可写为

$$\sum u = \sum u_{降} - \sum u_{升} = 0 \tag{1-47}$$

在应用电压定律时,要注意若元件的电压方向与设定的回路方向一致,则电压取正值,反之,取负值。对于电源,在式(1-46)中,电动势方向(由负到正)与回路方向一致时取正值,反之,取负值;在式(1-47)中,电源端电压方向(由正到负)与回路方向一致时取正值,反之,取负值。比如在图 1-23 中,对于回路 l_1 有 $U_{R_1} + U_{R_2} + U_{R_3} = U_{s_1}$ 或 $U_{R_1} + U_{R_2} + U_{R_3} - U_{s_1} = 0$;对于回路 l_2 有 $U_{R_4} + U_{R_5} - U_{R_3} = 0$;对于回路 l_3 有 $-U_{R_7} - U_{R_6} - U_{R_5} = -U_{s_2}$ 或 $U_{s_2} - U_{R_7} - U_{R_6} - U_{R_5} = 0$。

1.9　电路分析的基本概念

在了解了与电路相关的上述基本概念和理论后,下面介绍电路分析的相关概念。

1. 什么是电路变量

在电路中,某点的电位或某两点间的电压、某支路的电流是我们最关心的物理量,因此,常把电压和电流称为电路的基本变量,而把功率、效率、频率、相位、时间、电动势、元件参数等可以通过电压和电流计算得到物理量称为电路变量。

2. 什么是电路分析

"电路分析"课程中的电路分析指的是对由电阻、电感、电容、电源和导线等元件模型构成的电路模型,在直流稳态和暂态或交流稳态下,进行电路变量的求解以及根据这些物理量研究它们之间的相互关系及对电路性能影响的过程或方法。简言之,电路分析就是在交直流状态下,对由 RLC 构成的电路,求解以电流和电压为主要变量的电路方程。

这里的"电路方程"主要指基于电路基本定律和元器件伏安特性得到的各种关系式。

3. 学习电路分析的意义

(1) 作为一门现代生活常识课,有助于人们更好地生活和工作。

(2) 作为一门专业基础课,为后续的"模拟电路"、"数字电路"、"高频电路"、"信号与系统"和"通信原理"等专业课程打下基础。

收 36W)。

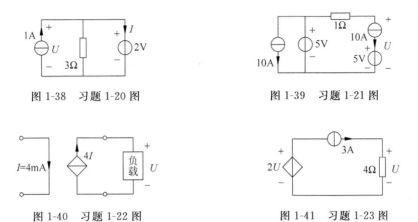

图 1-38 习题 1-20 图　　　　　　　图 1-39 习题 1-21 图

图 1-40 习题 1-22 图　　　　　　　图 1-41 习题 1-23 图

1-24　电路如图 1-42 所示,请问 U 和 I 各是多少?

(a) 8A/4V; (b) $-$10A/0V; (c) $-$2A/$-$4V; (d) 11A/10V; (e) 0A/$-$2V;
(f) 1.5A/$-$1V

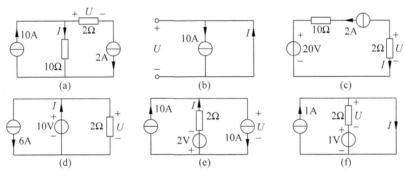

图 1-42 习题 1-24 图

1-25　电路如图 1-43 所示,已知 $i=2$A,$r=0.5\Omega$,求电流源电流 i_S。(7A)

1-26　电路如图 1-44 所示,求输出电压与输入电压之比 $\dfrac{u_O}{u_S}$。$\left(-\dfrac{gR_1R_L}{R_1+R_S}\right)$

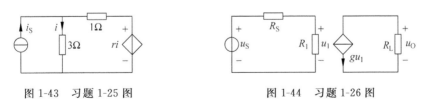

图 1-43 习题 1-25 图　　　　　　　图 1-44 习题 1-26 图

1-27　电路如图 1-45 所示,问电阻 R 为何值时,$I_1=I_2$? 并求此时 R 吸收的功率。
(0.25Ω,16W)

1-28　电路如图 1-46 所示,已知 $I_1=20$A,$I_2=15$A,$U_{S1}=230$V,$U_{S2}=260$V,求两个电源输出的功率。(5750W,5200W)

1-29　电路拓扑图如图 1-47 所示,请指出下列支路集合哪些是割集,哪些是树支?

$\{1,2,7,9,10\},\{3,5,6,8,9\},\{1,2,6\},\{1,3,5,6\},\{1,5,4,7,9\}$。

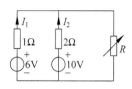

图 1-45　习题 1-27 图

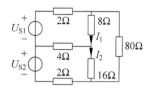

图 1-46　习题 1-28 图

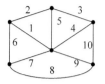

图 1-47　习题 1-29 图

(1 和 5 组是割集也可构成树；2 组是树，不是割集；3 和 4 组是割集，不是树)

1-30　电路拓扑图如图 1-48 所示，请选择 4 个不同的树和割集。

(a. 树(1,2,3,8)、(3,5,7,8)、(2,4,6,5)、(1,4,7,8)；割集(1,2,3)、(3,5,7)、(2,4,6,5)、(6,7,8)。b. 树(1,5,2,9,4)、(2,3,4,6,10)、(5,6,7,8,10)、(3,4,7,11,9)；割集(1,2,5,9)、(2,3,6,10)、(9,10,11)、(3,4,7,11))

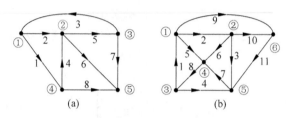

图 1-48　习题 1-30 图

1-31　拓扑图如图 1-49 所示，试判断下述支路集合是割集还是树支，或两者都不是。

$\{b,c,d,f,j\},\{b,c,d,f\},\{h,d,e,i,j\},\{a,c,g,j\},\{f,h,i,g,j\}$。

(1 和 4 是树支；2 是割集；3 和 5 两者都不是)

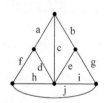

图 1-49　习题 1-31 图

第 **2** 章
直流电路等效化简分析法

直流电路(电阻电路)是"电路分析"课程的基础。本章介绍电阻电路在直流工作状态下基于等效概念的分析方法。

2.1 等效化简分析法

"等效"是电路理论中一个重要概念。电路的等效变换及化简是电路分析中经常使用的一种方法。

对一个电路(网络)进行分析时,如果只关心其中某两个节点(比如 a、b)上的电压或节点间的电流,而不关心电路中其他地方的电压或电流,那么就可以以节点 a、b 为界,把电路分解为两个部分,每个部分都用一个黑盒子封起来,分别用 N_1、N_2 表示,如图 2-1(a)所示。由于 N_1、N_2 都有两个端钮 a 和 b,所以都可称为二端网络。而两个端钮又形成一个端口,故又可称为单端口网络,简称单口网络。

如果二端网络内部含有电源,则称为含源二端网络,常用 N_S 表示;否则,则称为无源二端网络,用 N 表示。

图 2-1(a)中,端钮 a、b 处的电压 U_{ab} 和电流 I 分别称为二端网络的端电压和端电流。

所谓"等效"是指两个在其端钮处具有相同端电压、端电流及伏安关系(VCR)的网络在求解网络之外的电路参数时可以相互替换。

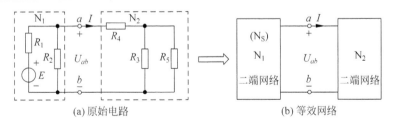

(a)原始电路　　　　　　　　　　　(b)等效网络

图 2-1　二端(单端口)网络等效示意图

比如在图 2-1 中,为了求解网络 N_2 外面的端电压和端电流,就可以用一个阻值等于 R_3、R_4 和 R_5 混联值的电阻代替 N_2,从而简化了电路。

显然,通过等效变换可以将电路进行化简,进而也简化了计算,这就为我们提供了一条分析电路的捷径。

所谓"等效化简分析法"就是:用等效电路去替换原电路的某一部分(替换后的电路端

电压和端电流是不变的),使得电路得到简化,然后对电路进行分析的一种方法。

用等效化简法分析电路的一般步骤如下:

第一步:在电路中某两个关心的节点处作分解,把电路分解成两个或多个部分。

第二步:分别对各部分进行等效化简,求出其简化的等效电路。

第三步:用简化的等效电路替代原电路需求解的部分,求出端电压或端电流。

第四步:若还需求电路中其他支路上的电压或电流,则应再回到原电路中,根据已求得的端电压或端电流进行计算。

对于某些特定结构的电路,可以利用等效方法求出其简化的等效电路。这些等效电路可以作为结论在以后的电路分析和计算中直接引用。

需要强调的是,等效分析法仅能用于对外电路的分析,对等效电路内部不适用。

2.2　电阻网络的等效分析

一个电阻电路在拓扑结构上可以认为是一个由多个电阻互连而成的网络。而电阻的互连有三种形式,即串联、并联和混联。因此,对电阻电路的分析,首先要了解电阻的连接特性。

2.2.1　电阻的串联分析

将 n 个电阻 R_1、R_2、$\cdots$、R_n 依次头尾相连,就构成了电阻的串联连接,或称为串联电阻网络,如图 2-2(a)所示。

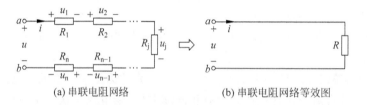

(a) 串联电阻网络　　　　　　　　　　(b) 串联电阻网络等效图

图 2-2　串联电阻网络及其等效图

显然,该网络由一个多元件支路构成,流过所有电阻的电流均为 i,若设各电阻的电压为 u_1、u_2、$\cdots$、u_n,则该电阻网络可等效为一个电阻 R(如图 2-2(b))

$$R = \frac{u}{i} = \frac{u_1 + u_2 + \cdots + u_n}{i} = \frac{u_1}{i} + \frac{u_2}{i} + \cdots + \frac{u_n}{i} = R_1 + R_2 + \cdots + R_n = \sum_{k=1}^{n} R_k$$

$$(2\text{-}1)$$

式(2-1)表明,一个串联电阻网络可用一个电阻表示,该电阻的大小等于所有串联电阻之和。可见,电阻串联可以增大阻值。另外,由于各串联电阻电压之和等于总电压,所以任意一个串联电阻 R_j 上的电压 u_j 与总电压 u 的关系为

$$u_j = R_j \times i = \frac{R_j}{\sum\limits_{k=1}^{n} R_k} u$$

$$(2\text{-}2)$$

式(2-2)称为串联电阻电路的分压公式。它表明,串联电阻阻值越大,其分得的电压也

越大。

若只有两个电阻 R_1、R_2 相串联,其各自的电压根据式(2-2)有

$$\begin{cases} u_1 = \dfrac{R_1}{R_1 + R_2} u \\[3mm] u_2 = \dfrac{R_2}{R_1 + R_2} u \end{cases} \tag{2-3}$$

式(2-3)是常用的分压公式,希望读者熟记。另外,从式(2-3)可见,两个电阻的电压比等于它们的阻值比,也就是大电阻分得大电压、小电阻分得小电压,即

$$\frac{u_1}{u_2} = \frac{R_1}{R_2} \tag{2-4}$$

综上所述,电阻串联主要有两个作用。

(1) 提高电阻阻值。在实际应用中,当一个电阻因阻值小而不能满足要求时,可采用多个电阻串联达到目的。

(2) 将高电压变为低电压。在实际应用中,经常会遇到需要将较高的电压信号变为较低的电压信号的情况,此时,利用串联电阻的分压特性可以解决问题。比如收音机的音量调节就是利用该原理实现的;万用表的测电压功能也是利用了电阻分压原理。

【例题 2-1】　图 2-3 电路是常见的输出电压调节电路。若输入电压 $U = 30\text{V}$,电位器(可变电阻)$R = 200\Omega$。已知不接负载 R_L 时的 $U_{ab} = 15\text{V}$。若输入电压 U 保持不变,

(1) 当接入负载 R_L 时(如图 2-3(b)),若测得 R_L 的电流为 100mA,求此时的 U_{ab} 是多少?

(2) 若需 R_L 的端电压 $U_{ab} = 15\text{V}$,电位器的滑动头 a 应在何处?

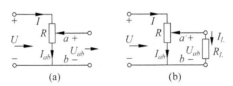

图 2-3　例题 2-1 图

解:这种电路实际上就是一个串联电阻分压电路,滑动头 a 把电阻 R 分为两个电阻相串联。

(1) 因为 $U_{ab} = 15\text{V}$,所以,此时滑动头 a 处于中间位置,$R_{ab} = 100\Omega$。接入 R_L 后,在图 2-3(b)中,根据 KCL 和 KVL 有

$$\begin{cases} U_{ab} = 100 I_{ab} \\[2mm] \dfrac{30 - U_{ab}}{100} = 0.1 + I_{ab} \end{cases}$$

联立解出 $U_{ab} = 10\text{V}$,$I_{ab} = 100\text{mA}$。则 $R_L = U_{ab}/0.1 = 100\Omega$。

(2) 因为 $U_{ab} = 15\text{V}$,$R_L = 100\Omega$,所以,$I_L = 150\text{mA}$。根据 KCL 有

$$\frac{30 - U_{ab}}{200 - R_{ab}} = \frac{U_{ab}}{R_{ab}} + 0.15$$

将该式整理得:$0.15 R_{ab}^2 = 3000$,解得:$R_{ab} = 141.4\Omega$。即 a 点要滑到 $R_{ab} = 141.4\Omega$ 的位置。

注意:收音机的音量调节电路就是图 2-3(b)的形式。

【例题 2-2】　在晶体管放大电路中,为了保证晶体管处于放大状态,需要利用偏置电阻给晶体管提供偏置电压和偏置电流。如图 2-4 是一个典型的晶体管共发射极放大电路的直流通路,其中 R_{B1} 和 R_{B2} 为偏置电阻。

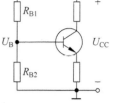

设 $U_{CC}=6V$, $R_{B2}=10\text{k}\Omega$,欲使基极偏置电压 $U_B=4V$,请确定 $R_{B1}=$?

解: 因为偏置电阻 R_{B1} 和 R_{B2} 构成分压关系,所以,利用式(2-4)可得

$$\frac{U_{CC}-U_B}{U_B}=\frac{R_{B1}}{R_{B2}} \quad \rightarrow \quad \frac{2}{4}=\frac{R_{B1}}{10} \quad \rightarrow R_{B1}=5\text{k}\Omega$$

图 2-4　例题 2-2 图

即为保证偏置电压 $U_B=4V$,需要 $R_{B1}=5\text{k}\Omega$。

需要说明的是,严格地讲,流过电阻 R_{B1} 和 R_{B2} 的电流并不相等,但由于它们差别不大,所以,在放大电路设计时,常常认为它们近似相等,即 R_{B1} 和 R_{B2} 近似满足分压公式。

2.2.2　电阻的并联分析

将 n 个电阻 R_1、R_2、$\cdots$、R_n 头与头、尾与尾相连,就构成了电阻的并联连接,或称为并联电阻网络,如图 2-5(a)所示。

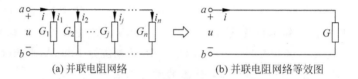

(a) 并联电阻网络　　　　　　　　　　(b) 并联电阻网络等效图

图 2-5　并联电阻网络及其等效图

显然,该网络由 n 个单元件支路构成,加在所有电阻上的电压相同,均为 u。若设各电阻的电流为 i_1、i_2、$\cdots$、i_n,则根据 KCL 可得该电阻网络可等效为一个电导 G(见图 2-5(b))

$$G=\frac{1}{R}=\frac{i}{u}=\frac{i_1+i_2+\cdots+i_n}{u}=\frac{i_1}{u}+\frac{i_2}{u}+\cdots+\frac{i_n}{u}=G_1+G_2+\cdots+G_n=\sum_{k=1}^{n}G_k$$

$$(2-5)$$

或

$$\frac{1}{R}=\sum_{k=1}^{n}\frac{1}{R_k} \tag{2-6}$$

式(2-5)和式(2-6)表明,一个并联电阻网络可用一个电导表示,该电导的大小等于所有并联电导之和。可见,电阻并联可以增大电导值,也就是减小电阻值。

若只有两个电阻 R_1、R_2 相并联,根据式(2-6)可得等效总电阻为

$$R=R_1//R_2=\frac{R_1R_2}{R_1+R_2} \tag{2-7}$$

式(2-7)是常用的并联电阻计算公式,请读者熟记。

由于各并联电阻电流之和等于总电流,所以任一个并联电阻 R_j 或电导 G_j 上的电流 i_j 与总电流 i 的关系为

$$i_j=G_j\times u=\frac{G_j}{\sum\limits_{k=1}^{n}G_k}i \tag{2-8}$$

式(2-8)称为并联电阻电路的分流公式。它表明,并联的电导越大,其分得的电流也越大。换句话说,就是并联电阻的阻值越小,其分得的电流越大。

若只有两个电阻并联,则其各自的电流根据式(2-8)有

$$\begin{cases} i_1 = \dfrac{R_2}{R_1 + R_2} i \\[2mm] i_2 = \dfrac{R_1}{R_1 + R_2} i \end{cases} \tag{2-9}$$

式(2-9)是常用的分流公式,希望读者熟记。另外,从式(2-9)可见,两个电阻的电流比与它们的阻值比成反比,也就是大电阻分得小电流,而小电阻却分得大电流,即

$$\frac{i_1}{i_2} = \frac{R_2}{R_1} \tag{2-10}$$

通常,为方便计,两个电阻的并联可以表示为:$R_1 // R_2$。

综上所述,电阻并联主要有两个作用。

(1) 减小电阻的阻值。在实际应用中,当一个电阻因阻值大而不能满足要求时,可采用多个电阻并联达到目的,且并联后的总电阻小于最小的分电阻。特殊情况,n 个相同的电阻 R 并联,其总电阻 R_B 为

$$R_B = \frac{R}{n} \tag{2-11}$$

(2) 将大电流分为小电流。在实际应用中,有时会遇到需要将较大的电流信号变为较小的电流信号的情况,此时,利用并联电阻的分流特性可以解决问题,比如万用表的测电流功能就是利用电阻分流原理实现的。

【例题 2-3】 张同学在实验室做电路试验时,需要测量一个估计大小为 100mA 左右的直流电流。但他只有一个满量程为 $200\mu\text{A}$ 内阻为 $2\text{k}\Omega$ 的直流电流表头和一些电阻及电线,请问他怎样才能完成测量?

解: 因为表头的最大测量值是 $200\mu\text{A}$,远小于待测电流,所以,不能直接用该表头测量。张同学可采用并联电阻的方法完成任务。测量电路如图 2-6 所示。

设待测电流为 I_x,表头流过的电流为 I_0,表头内阻为 R_0,并联电阻 R_1 流过的电流为 I_1,并联电阻后的表头最大测量值为 $I_{x\max} = 200\text{mA}$。

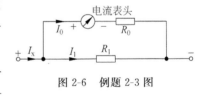

图 2-6 例题 2-3 图

当 $I_x = I_{x\max} = 200\text{mA}$ 时,需要表头达到满刻度,即表头流过的电流为

$$I_0 = I_{0\max} = 200\mu\text{A} = 0.2\text{mA}$$

则分流电阻 R_1 的电流应该为 $I_{1\max} = I_{x\max} - I_{0\max} = 200 - 0.2 = 199.8\text{mA}$,则根据式(2-10)可得并联电阻 R_1 为

$$R_1 = \frac{0.2\text{mA}}{199.8\text{mA}} 2\text{k}\Omega = 0.002\text{k}\Omega = 2\Omega$$

也就是说,给电流表头并联一个 2Ω 的电阻,即可将最大测量电流从 $200\mu\text{A}$ 扩展为 200mA。这样,张同学用图 2-6 电路即可完成 200mA 以下的电流测量任务。

需要说明的是,无论采用串联还是并联,都可提高总电阻的功率。另外,上述内容对直流和交流电路均适用,因此,直接采用了交流电的符号 u 和 i,若换做 U 和 I 也行。

2.2.3　电阻的混联分析

既有串联又有并联的电阻网络称为混联电阻网络。

对于单口(二端)混联电阻网络的等效,通常是从距端口最远的末端出发,逐个对元件进行分析,分清与相邻元件的结构是串联还是并联,再利用串联和并联等效公式,从后向前逐步合并等效,最终求得该混联网络的等效电阻。

下面通过例题说明如何求解混联电阻网络。

【例题 2-4】　求解如图 2-7 所示电路的等效电阻 R_{ab}。

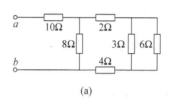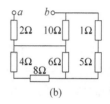

图 2-7　例题 2-4 图

解：对于图 2-7(a),从最末端(右端)开始,3Ω 与 6Ω 并联,再与 2Ω 和 4Ω 串联,然后再与 8Ω 并联,最后与 10Ω 串联。即有

$$R_{ab} = (3//6+2+4)//8+10 = (2+2+4)//8+10 = 4+10 = 14\Omega$$

对于图 2-7(b),从最末端(下端)开始,4Ω 与 8Ω 串联,再与 6Ω 并联,然后再与 1Ω 和 5Ω 串联,再与 10Ω 并联,最后与 2Ω 串联。即有

$$R_{ab} = ((4+8)//6+1+5)//10+2 = (4+1+5)//10+2 = 5+2 = 7\Omega$$

在一些电路中,由于电路具有的特殊结构和元件参数的特别取值,会造成电路中某些点的电位相等或某些支路的电流为零。根据电路基本原理,对这两种情况可以进行两种处理,从而达到简化电路分析和计算的目的。这两种处理方法就是：

(1) 等电位的点可以连接起来。

(2) 电流为零的支路可以断开。

应用了这两个等效处理方法,对电路的其他部分没有影响。

【例题 2-5】　如图 2-8(a)电路,若 $R_1 = R_2 = R_3 = R_4 = R$,求等效电阻 R_{ab}。

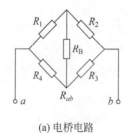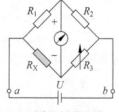

(a) 电桥电路　　　　　(b) 电桥测电阻电路

图 2-8　例题 2-5 图

解：这种电路被称为"电桥"电路,中间的电阻 R_B 被称为"桥电阻"。4 个电阻 R_1、R_2、R_3 和 R_4 被称为"桥臂"。"电桥"常被用来测量未知电阻的阻值。比如在图 2-8(b)中,R_X

为未知电阻,桥上接一个电流表,R_1、R_2 为已知电阻,调节 R_3,可使得桥支路上的电流表示数为 0,此时,4 个电阻 R_1、R_2、R_3 和 R_X 满足公式

$$R_1 R_3 = R_2 R_X \tag{2-12}$$

即对臂电阻之积相等。式(2-12)也叫桥平衡条件。由于 R_3 的变化可以通过刻度盘示出,所以,利用桥平衡条件可以解出未知电阻 R_X 的值。

图 2-8(a)显然满足桥平衡条件,因此,R_B 上无电流,该电阻可以去掉(也可短路),则等效电阻 R_{ab} 为

$$R_{ab} = (R_1 + R_2) // (R_3 + R_4) = 2R // 2R = R$$

【例题 2-6】 如图 2-9 所示求电路的等效电阻 R_{ab}。

解:仔细观察电路可以发现,右边的 4 个电阻可等效为一个桥电阻,中间的 4 个电阻为桥臂,左边的 1 个电阻与桥电路并联。显然,桥为平衡桥,根据例题 2-3 可知桥的等效电阻为 R,则该电路的等效电阻 $R_{ab} = \dfrac{R}{2}$。

【例题 2-7】 如图 2-10 所示求由 12 个阻值为 r 的电阻构成的立体电阻网络的等效电阻 R_{ab}。

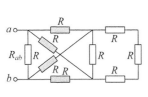

图 2-9 例题 2-6 图

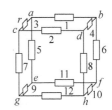

图 2-10 例题 2-7 图

解:该题用串并联关系无法解出,若用 △-丫形网络等效法也很麻烦。可用"等电位的点可以连接"的原理解题。

从 a、b 两点看进去,因为所有电阻相同且网络对称,所以,若电流从 a 点流入从 b 点流出,则 d、f 两点等电位,c、e 两点等电位,因此,可将 d、f 和 c、e 分别相连得到图 2-11,其串/并联关系是

$$R_{ab} = R_1 // [R_3 // R_5 + (R_2 // R_{11}) // (R_7 // R_9 + R_{12} + R_8 // R_{10}) + R_4 // R_6] = \frac{7}{12} r$$

这类题的关键之处在于利用电路对称特性找到等电位的点,然后将等电位的点连接起来,即可简化串并联关系,请读者仔细研究,掌握解题技巧,可以尝试求出 R_{ad} 和 R_{ah}。

【例题 2-8】 如图 2-12 电路。(1)若 $U = 6V$,求电流 $I = ?$ (2)若 $I = 1A$,求 $U = ?$

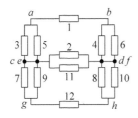

图 2-11 例题 2-7 解题图

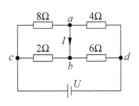

图 2-12 例题 2-8 图

解：此题的关键是利用 KCL 求 a 点或 b 点的电流。

(1) 先利用分压公式求出电阻上的电压 U_{ca} 和 U_{ad}

$$U_{ca} = \frac{8/5}{8/5 + 12/5} \times 6 = \frac{12}{5}\text{V}, \quad U_{ad} = 6 - \frac{12}{5} = \frac{18}{5}\text{V}$$

则 8Ω 电阻和 4Ω 电阻上的电流分别为

$$I_{ca} = \frac{U_{ca}}{8} = \frac{3}{10}\text{A}, \quad I_{ad} = \frac{U_{ad}}{4} = \frac{9}{10}\text{A}$$

根据 KCL，对于节点 a 有 $I_{ca} = I_{ad} + I$，则

$$I = I_{ca} - I_{ad} = \frac{3}{10} - \frac{9}{10} = -\frac{3}{5}\text{A}$$

(2) 根据 KCL 和 KVL 有

$$I_{ca} = I_{ad} + 1, \quad 即 \quad \frac{U_{ca}}{8} = \frac{U_{ad}}{4} + 1 = \frac{U - U_{ca}}{4} + 1 \rightarrow 3U_{ca} - 2U - 8 = 0$$

和

$$\frac{U}{8/5 + 12/5} = I_{ca} + I_{cb} = \frac{U_{ca}}{8} + \frac{U_{ca}}{2} = \frac{5}{8}U_{ca} \rightarrow 2U = 5U_{ca}$$

化简可得：$\begin{cases} 3U_{ca} = 2U + 8 \\ 2U = 5U_{ca} \end{cases}$ 解得：$U = -10\text{V}$。答案说明电池必须反向连接。

2.2.4 三角形与星形分析

在实际应用中，经常会遇到电阻的星形（丫形）和三角形（△形）连接网络，如图 2-13 所示。仔细观察可以发现，它们分别由三个电阻构成，但电阻之间的关系既不是串联也不是并联关系。由于它们都有三个端钮，所以可称为三端电阻网络。注意，有些教材把星形和三角形网络分别称为 T 形和 π(Ⅱ)形网络。

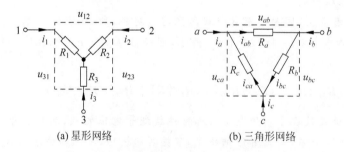

(a) 星形网络　　　　　(b) 三角形网络

图 2-13　星形三角形网络等效示意图

在电路分析中，常需要将星形电阻网络和三角形电阻网络作等效变换。以方便电路的分析和计算。

显然，要想使两个网络等效，就需要两个网络的端电压和端电流相等，即需要

$$\begin{cases} u_{12} = u_{ab} \\ u_{23} = u_{bc} \\ u_{31} = u_{ca} \end{cases} \quad 和 \quad \begin{cases} i_1 = i_a \\ i_2 = i_b \\ i_3 = i_c \end{cases} \tag{2-13}$$

1. 星形-三角形变换

如果把丫形电阻网络等效变换成△形电阻网络,也就是已知丫形网络的三个电阻 R_1、R_2 和 R_3,通过等效变换求得对应的△形网络中的三个电阻 R_a、R_b 和 R_c。

在图 2-13(b)中,有

$$\begin{cases} i_1 = i_a = i_{ab} - i_{ca} = \dfrac{u_{ab}}{R_a} - \dfrac{u_{ca}}{R_c} \\[2mm] i_2 = i_b = i_{bc} - i_{ab} = \dfrac{u_{bc}}{R_b} - \dfrac{u_{ab}}{R_a} \\[2mm] i_3 = i_c = i_{ca} - i_{bc} = \dfrac{u_{ca}}{R_c} - \dfrac{u_{bc}}{R_b} \end{cases} \tag{2-14}$$

在图 2-13(a)中,有

$$\begin{cases} u_{12} = R_1 i_1 - R_2 i_2 \\ u_{23} = R_2 i_2 - R_3 i_3 \\ i_1 + i_2 + i_3 = 0 \end{cases} \tag{2-15}$$

从式(2-15)中解出 i_1、i_2 和 i_3,即有

$$\begin{cases} i_1 = \dfrac{R_3 u_{12}}{R_1 R_2 + R_2 R_3 + R_3 R_1} - \dfrac{R_2 u_{31}}{R_1 R_2 + R_2 R_3 + R_3 R_1} \\[2mm] i_2 = \dfrac{R_1 u_{23}}{R_1 R_2 + R_2 R_3 + R_3 R_1} - \dfrac{R_3 u_{12}}{R_1 R_2 + R_2 R_3 + R_3 R_1} \\[2mm] i_3 = \dfrac{R_2 u_{31}}{R_1 R_2 + R_2 R_3 + R_3 R_1} - \dfrac{R_1 u_{23}}{R_1 R_2 + R_2 R_3 + R_3 R_1} \end{cases} \tag{2-16}$$

可见,要想两个图等效,需要式(2-14)和式(2-16)相等,再考虑式(2-13),可得

$$\begin{cases} R_a = \dfrac{R_1 R_2 + R_2 R_3 + R_3 R_1}{R_3} \\[2mm] R_b = \dfrac{R_1 R_2 + R_2 R_3 + R_3 R_1}{R_1} \\[2mm] R_c = \dfrac{R_1 R_2 + R_2 R_3 + R_3 R_1}{R_2} \end{cases} \tag{2-17}$$

若将式(2-17)写为电导形式,则有

$$\begin{cases} G_a = \dfrac{G_1 G_2}{G_1 + G_2 + G_3} \\[2mm] G_b = \dfrac{G_2 G_3}{G_1 + G_2 + G_3} \\[2mm] G_c = \dfrac{G_3 G_1}{G_1 + G_2 + G_3} \end{cases} \tag{2-18}$$

特别地,若星形网络三个电阻都相等,即 $R_1 = R_2 = R_2 = R_丫$,则三角形三个电阻也相等,即有 $R_a = R_b = R_c = R_\triangle$,其中 $R_\triangle$ 为

$$R_\triangle = 3R_丫 \tag{2-19}$$

为便于记忆,可将式(2-18)写成

$$\triangle 电导 = \frac{丫形相邻电导之积}{丫形电导之和} \tag{2-20}$$

2. 三角形-星形变换

如果把△形电阻网络等效变换成丫形电阻网络,那就是已知△形电阻网络的三个电阻 R_a、R_b 和 R_c 通过等效变换,求得对应的丫形电阻网络中的三个电阻 R_1、R_2 和 R_3。

这时,只需将式(2-17)变换即可,可得

$$\begin{cases} R_1 = \dfrac{R_a R_c}{R_a + R_b + R_c} \\[2mm] R_2 = \dfrac{R_a R_b}{R_a + R_b + R_c} \\[2mm] R_3 = \dfrac{R_b R_c}{R_a + R_b + R_c} \end{cases} \tag{2-21}$$

特别地,若三角形三个电阻都相等,即有 $R_a = R_b = R_c = R_\triangle$,则星形网络三个电阻也都相等,即 $R_1 = R_2 = R_3 = R_丫$,其中 $R_丫$ 为

$$R_丫 = \frac{1}{3} R_\triangle \tag{2-22}$$

为便于记忆,可将式(2-21)写成

$$丫电阻 = \frac{\triangle 形相邻电导之积}{\triangle 形电导之和} \tag{2-23}$$

【例题 2-9】 如图 2-14(a)电路,求该电路的等效电阻 R_{ab}。

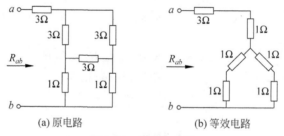

(a) 原电路　　　　　　　(b) 等效电路

图 2-14　例题 2-9 图

解:显然,该电路无法直接用串、并联关系求解,必须先进行△-丫等效变换,如图 2-14(b)所示。根据式(2-22)有

$$R_丫 = \frac{1}{3} R_\triangle = \frac{3}{3} = 1\Omega$$

再根据串并联关系得

$$R_{ab} = 3 + 1 + (1+1) // (1+1) = 5\Omega$$

2.3　电阻的功率分析

2.3.1　功率与能量

电阻电路的一个重要特性是消耗能量。实际中常用单位时间电路消耗能量的大小即功率对电路的耗能情况进行描述与分析。下面通过图 2-15 对电阻电路的功率问题进行研究。

在图 2-15(a)中,设电路消耗的能量为 $w(t)$,功率为 $p(t)$,则有

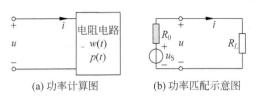

(a) 功率计算图　　　　(b) 功率匹配示意图

图 2-15　电阻电路功率研究示意图

$$p(t) = \frac{\mathrm{d}w(t)}{\mathrm{d}t} \tag{2-24}$$

将式(1-1)和式(1-4)代入可得

$$p(t) = \frac{\mathrm{d}w(t)}{\mathrm{d}t} = \frac{\mathrm{d}w(t)}{\mathrm{d}q(t)}\frac{\mathrm{d}q(t)}{\mathrm{d}t} = u(t)i(t) \tag{2-25}$$

式(2-25)表明，一个电阻网络消耗的功率 $p(t)$ 等于网络的端电压 $u(t)$ 和流过网络的电流 $i(t)$ 之积。功率 $p(t)$ 常用的单位是毫瓦(mW)、瓦(W)和千瓦(kW)，其关系为：$1\mathrm{kW}=10^3\mathrm{W}=10^6\mathrm{mW}$。若在图 2-15(a)的关联方向下 $p(t)$ 计算为负值，则表明该网络不是消耗能量，而是释放能量，也就是说，该网络是一个含源网络。

能量 $w(t)$ 的单位是焦耳(J)。但实际中多用千瓦·小时，也就是我们常说的度，表示一个 1kW 的用电器在 1 小时内消耗的电能多少。比如家里买了个电热淋浴器半个小时消耗了 1.5 度电，则该淋浴器的功率为 3000W。这给我们提供了一种估算用电器功率的方法：让用电器单独工作，观察电度表的读数变化并开始计算时间，比如 10 分钟(1/6 小时)后得到读数变化 1 度，则用电器功率为 6000W。

在给定的时间段 $[t_0, t]$ 内，电阻网络消耗的能量 $w(t)$ 可表示为

$$w(t) = \int_{t_0}^{t} p(t)\,\mathrm{d}t = \int_{t_0}^{t} u(t)i(t)\,\mathrm{d}t \tag{2-26}$$

特殊地，若在直流状态下，有

$$W = UI(t - t_0) \tag{2-27}$$

式(2-27)也适合交流稳态电路，只不过 U 和 I 表示交流电的有效值。

2.3.2　功率平衡

把一个实际电压源施加到一个电阻上(如图 2-15(b))，从物理的观点看，就是通过导线将电源的能量传输给电阻(负载)。在这个能量传输过程中，负载 R_L 所获得功率的大小与电源产生的功率有何关系呢？

根据 KVL 有

$$u_{\mathrm{S}} = R_0 i + R_L i \tag{2-28}$$

式(2-28)两边同乘以 i，移项后可得

$$u_{\mathrm{S}} i - R_0 i^2 = R_L i^2 \tag{2-29}$$

式(2-29)中左边第一项 $u_{\mathrm{S}} i$ 是电源的产生或释放功率，第二项 $R_0 i^2$ 是电源内阻消耗的功率，左边 $u_{\mathrm{S}} i - R_0 i^2$ 表示电源输出功率；右边 $R_L i^2 = ui$ 是负载消耗或吸收的功率。因此，可以得出如下结论：

在如图 2-15(b)所示的电阻应用电路中，电源输出功率等于负载消耗功率，还等于电源产生功率减去电源内阻消耗功率。这就是电路中功率平衡的概念，也是能量守恒定律在电

路中的具体体现。

通常,将电源输出功率与产生功率之比定义为电源效率,用 η 表示,则有

$$\eta = \frac{ui}{u_S i} = \frac{R_L i^2}{R_0 i^2 + R_L i^2} = \frac{R_L}{R_0 + R_L} \qquad (2-30)$$

显然,电路的效率与电源内阻有关,若内阻为零,则效率为百分之百。

2.3.3 负载获得最大功率的条件

根据式(2-29)可知,负载获得功率的大小与内阻消耗功率的大小有直接关系。那么,当给定一个实际电压源(即电压电动势和内阻给定),如何选择负载电阻的大小可以使之获得最大功率呢?

在图 2-15(b)中,$i = \dfrac{u_S}{R_0 + R_L}$,则负载电阻 R_L 消耗的功率 p_{R_L} 为

$$p_{R_L} = R_L i^2 = \frac{u_S^2}{(R_0 + R_L)^2} R_L \qquad (2-31)$$

从式(2-31)可见,p_{R_L} 与负载电阻 R_L 不是直线关系而是曲线关系。根据高等数学概念可知,曲线可能存在极值问题。因此,对 p_{R_L} 求极值,即有

$$\frac{\mathrm{d}p_{R_L}}{\mathrm{d}R_L} = \frac{(R_L + R_0)^2 - 2R_L(R_L + R_0)}{(R_L + R_0)^4} u_S^2 = 0 \qquad (2-32)$$

从式(2-32)中解出当 $R_L = R_0$ 时,式(2-32)成立。也就是说,当负载电阻等于电源内阻时,负载电阻获得极大值功率,容易验证该极大值也是最大值,其大小为

$$p_{R_L \max} = p_{R_L} \big|_{R_L = R_0} = \frac{u_S^2}{4R_0} \qquad (2-33)$$

可见,负载电阻获得最大功率的条件是负载电阻的大小等于电源内阻大小。这种电路工作状态称为负载与电源相匹配。

由式(2-30)可见,当 $R_L = R_0$ 时,即负载与电源相匹配时,电源效率 $\eta = 50\%$。

需要指出的是,生活中绝大多数用电器需要在一个给定的工作电压下才能正常工作,而这个电压值通常与电源输出电压相等,比如市电 220V。若改变电源内阻,使电路满足最大功率传输条件,此时,理论上用电器将获得最大功率,但实际上用电器(负载)得到的电压只有正常工作电压的一半,用电器不能正常工作,研究其最大功率也就没有实际意义。另外,在很多实际应用中,电路效率比获得最大功率更重要,可见,最大功率传输条件只适用于负载对工作电压或对效率没有要求的环境中。最大功率传输状态多出现在信号处理电路中。

2.4 独立电源电路的等效分析

2.4.1 电源的串联与并联

前面讲过,对于独立电源而言,其标称电压或电流以及容量是我们在实际中需要考虑的重要参数。由于一个电池的标称值和容量有限,难以满足一些实际应用的需求,比如一节干电池的标称电压为 1.5V,而收音机一般需要 6V 供电,所以,需要考虑用多块电池进行组合,这就引出了本节的内容——电源的串联与并联。

1．理想电源的串/并联

多个理想电压源可以串联使用，串联后总电源的标称电压是各子电源标称电压之和。串联电压源允许各子电源的标称电压不一样。因此，在需要高电压供电的场合，可以考虑电压源串联。

虽然多个电压值和极性相同的理想电压源可以并联，并等效于一个电压值和极性不变的电压源，但没有实际意义，因为理想电压源的输出电流可以无穷大，因此，理想电压源不需要并联使用。

多个理想电流源可以并联使用，并联后总电源的标称电流是各子电源标称电流之和。并联电流源允许各子电源的标称电流不一样。因此，在需要大电流输出的场合，可以考虑电流源并联。

虽然多个电流值和极性相同的理想电流源可以串联，并等效于一个电流值和极性不变的电流源，但没有实际意义，因此，理想电流源不需要串联使用。

注意：电压/电流值或极性不同的理想电压/流源不可以并/串联，因为会违背基尔霍夫定律。

2．实际电源的串/并联

实际电压源可以串联，串联后总电源的标称电压和总内阻分别是各子电源标称电压及内阻之和。串联电压源允许各子电源的标称电压、内阻和容量不一样，其总容量以子电源中的最小容量为准。现实生活中，电压源串联应用的例子很多，比如电视和空调的遥控器、收音机、门铃等都是用两节或四节干电池串联供电。

需要注意的是，千万不要新旧电池混用。混用不仅达不到节省的目的，反而会加剧电池的老化，得不偿失。

通常，电压源不能并联使用。但在一些需要电源在一定的电压下提供大电流，而一个实际电压源的供电能力有限的特殊情况下，可以考虑电压源的并联使用。不过要注意每个并联子电源的标称电压要一致，内阻要一致，否则会在并联电源组内部形成回流，不但影响对外供电，还可能出现事故。比如电动汽车的电池组常常会采用串联加并联的混合模式供电，但需要严格检查和控制每个电池的内阻和端电压。电压源的并联使用一定要慎重！

实际电流源可以并联，并联后总电源的标称电流和内电导分别是各子电源标称电流和内电导之和。并联电流源允许各子电源的标称电流和内电导不一样。通常，实际电流源不能串联使用。

图 2-16 给出了电源串/并联示意图。

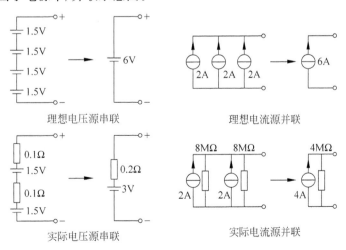

图 2-16　电源串/并联示意图

2.4.2 有伴电源的相互等效

前面已经讲过,具有串联电阻的理想电压源称为有伴电压源,具有并联电阻的理想电流源称为有伴电流源。图 2-17(a)、图 2-17(b)所示的电路分别是有伴电压源和有伴电流源。实际应用中的电压源和电流源均为有伴电源,换句话说,有伴电源也就是实际电源的模型。

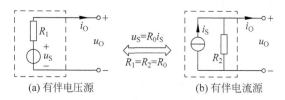

图 2-17　有伴电源转换示意图

在电路分析中,为方便计,常常需要将有伴电压源转换为有伴电流源或相反。而这种转换必须保证对外电路(负载)没有影响,即转换前后的电路是等效的。所谓等效,就是端钮处的电压和电流相等或具有相同的伏安关系。对于图 2-17(a)所示的有伴电压源,端钮处的伏安关系为

$$u_O = u_S - R_1 i_O \tag{2-34}$$

对于图 2-17(b)所示的有伴电流源,端钮处的伏安关系为

$$i_O = i_S - \frac{u_O}{R_2} \quad 即 \quad u_O = R_2 i_S - R_2 i_O \tag{2-35}$$

比较式(2-34)和式(2-35),若要两式的 u_O 或 i_O 相等,则需 $u_S = R_2 i_S$ 和 $R_1 = R_2$。

显然,有伴电压源和有伴电流源可以相互等效,其等效的条件是:电压源的电压值等于电流源的电流值乘以电阻或电流源的电流值等于电压源的电压值除以电阻,而两者的电阻(内阻)相等并设为 R_0,即

$$\begin{cases} u_S = R_0 i_S, \quad i_S = \dfrac{u_S}{R_0} \\ R_1 = R_2 = R_0 \end{cases} \tag{2-36}$$

【例题 2-10】　求图 2-18(a)电路中的电流 I。

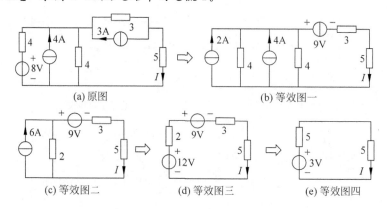

图 2-18　例题 2-10 图

解：利用有伴电压源和有伴电流源的等效变换及理想电压源和理想电流源的串、并联之间的关系，将图 2-18(a)依次变换为图 2-18(b)、(c)、(d)、(e)所示。

最终得到电流

$$I = \frac{3}{5+5} = 0.3\text{A}$$

2.4.3　理想电源与任意元件连接的等效

在理论分析中，存在理想电压源与任意元件的并联和理想电流源与任意元件的串联两种特殊情况。图 2-19 给出了两种情况下的等效电路。

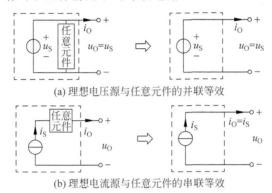

(a) 理想电压源与任意元件的并联等效

(b) 理想电流源与任意元件的串联等效

图 2-19　理想电源与任意元件的连接等效图

对于外电路(端钮右端)而言，任意元件与理想电压源并联并不改变端钮处的电流和电压，同样，任意元件与理想电流源串联也不改变端钮处的电流和电压，因此，该元件的并入或串入没有实际意义，可以认为不存在。显然，在上述两种情况下，接入的元件可以去掉。

【例题 2-11】 求图 2-20(a)中的电流 I。

解：因为6A电流源和30Ω电阻与9V电压源是并联关系，对于求未知量 I 而言，没有意义，所以可以拿掉。这样图 2-20(a)即等效为图 2-20(b)。显然，有

$$I = \frac{9}{4+5} = 1\text{A}$$

需要说明的是，因为理想电压源的内阻为零，所以并联的理想电流源电流不会流到外电路，而是直接被理想电压源短路。

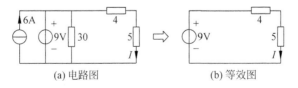

(a) 电路图　　　　　(b) 等效图

图 2-20　例题 2-11 图

2.5　受控电源电路的等效分析

当电路中含有受控源时，可按下列步骤进行等效分析。

第一步：将受控源当作独立源看待，列写其伏安表达式。

第二步：补充列写一个受控源的受控关系表达式。

第三步：联立求解上述两个方程式，得到最简的端钮伏安关系表达式。

第四步：依据第三步的伏安表达式画出该受控源的最简等效电路。

图 2-21(a)、(b)是一个含受控电压源和电阻的二端网络等效图。端钮 ab 处的电压为

$$u = Ri + ri = (R+r)i \tag{2-37}$$

式中，r 是受控电压源的控制系数。若令 $R_{eq}=R+r$，则上式可写成 $u=R_{eq}i$。因此，图 2-21(a)可等效为图 2-21(b)。

从上面的分析可知，受控源可以等效为电阻，这个电阻可为正、也可为负。这里需要注意的是，对于含受控源的二端网络，其输入电阻或等效电阻的求解，不能用电阻串/并联方法，只能根据输入电阻的定义去求解，即用二端网络的端电压除以端电流。

【例题 2-12】 求图 2-21(c)所示二端网络的输入电阻 R_{ab}。

解：由图 2-21(c)可知，$i_R=i-0.5i=0.5i$。则 $u=10i_R=10\times0.5i=5i$。

因此，二端网络的输入电阻为

$$R_{ab}=\frac{u}{i}=5\Omega$$

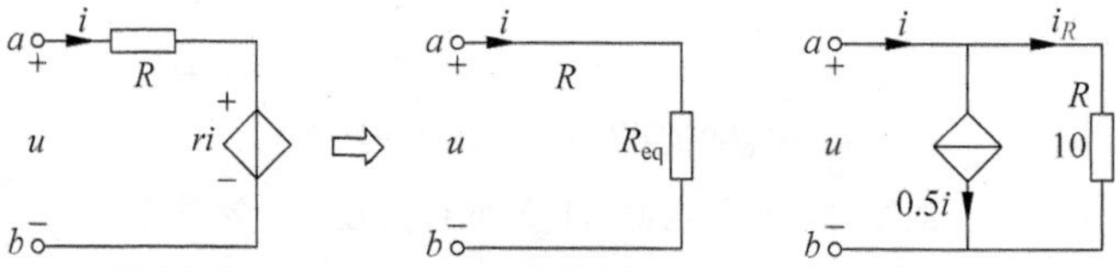

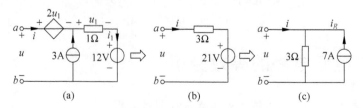

(a) 原始电路　　　(b) 等效电路　　　(c) 例题2-12图

图 2-21　受控源和电阻电路等效图及例题 2-12 图

【例题 2-13】 求图 2-22(a)所示二端网络的最简等效电路。

解：由 KCL 可知，$i_1=i+3$，则有

$$u_1 = 1\times i_1 = i+3 \tag{1}$$

由 KVL 可得

$$u = 2u_1 + u_1 + 12 = 3u_1 + 12 \tag{2}$$

把式(1)代入式(2)，得

$$u = 3i + 21 \tag{3}$$

由式(3)又可得到

$$i = \frac{u}{3} - 7 \tag{4}$$

由式(3)、式(4)得到最简等效电路，如图 2-22(b)、(c)所示。

(a)　　　　　　　(b)　　　　　　　(c)

图 2-22　例题 2-13 图

【例题 2-14】 求图 2-23 中 a、b 两端的短路电流 I_{ab}。

解：为了计算 a、b 两端的短路电流 I_{ab}，可以先把 a、b 端的左边电路进行等效化简，变为一个有伴电压源支路，然后再计算 I_{ab}。

在图 2-23(b) 中，由 KCL 得 $I+3I+I_0=1$，即有

$$I=\frac{1-I_0}{4}$$

则根据 KVL 有：$U_{ab}=2-6I=0.5+1.5I_0$。该式表明图 2-23(b) 可等效为一个 0.5V 的电压源和一个 1.5Ω 电阻相串联的支路。用该支路代替 a、b 端左边的电路，即可得图 2-23(c)。

这样，可得 a，b 两端的短路电流为

$$I_{ab}=\frac{0.5}{1.5}=\frac{1}{3}\mathrm{A}$$

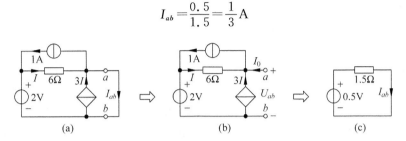

图 2-23　例题 2-14 图

注意：对含受控源电路进行分解时，不要把受控源的控制量和受控源分开，否则，计算就会出错。

【例题 2-15】 求图 2-24 中 4A 电流源发出的功率。

解：欲求 4A 电流源发出的功率，只要求得 4A 电流源两端的电压即可。为此，将 4A 电流源左边电路（图 2-24(b)）等效为图 2-24(c)。

在图 2-24(b) 中，由 KVL 可得

$$6I+4I_1=10 \tag{1}$$

由 KVL 可得

$$I_1=I+I_0 \tag{2}$$

把式 (2) 代入式 (1)，得

$$10I+4I_0=10, \quad 即 \; I=1-0.4I_0 \tag{3}$$

又由 KVL 得

$$U_{ab}=-10I-6I+10=-16I+10 \tag{4}$$

把式 (3) 代入式 (4)，得

$$U_{ab}=-16+6.4I_0+10=6.4I_0-6 \tag{5}$$

由式 (5) 画出等效电路，如图 2-24(c) 所示。

因为 $I_0=4\mathrm{A}$，所以，由 KVL 可得

$$U_{ab}=6.4I_0-6=19.6\mathrm{V}$$

则 4A 电流源发出的功率为

$$P=4U_{ab}=4\times19.6=78.4\mathrm{W}$$

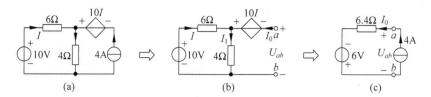

图 2-24   例题 2-15 图

2.6   线性定理

根据第 1 章介绍的线性电路满足叠加特性和齐次特性的概念,本节给出可用于实际电路分析的两个重要定理:叠加定理和齐次定理,统称为线性定理。

叠加定理:在具有两个或两个以上独立电源作用的线性电路中,任意支路上的电流或任意两点间的电压都等于各电源单独作用而其他电源为零(电压源短路,电流源开路)时,在该支路产生的电流或在该两点间产生的电压的代数和。

齐次定理:在具有一个独立电源作用的线性电路中,若电源扩大或缩小 k 倍,则电路中任一支路的电流或任意两点间的电压也扩大或缩小 k 倍。

将叠加定理和齐次定理结合起来,就会得到如下结论:

在具有多个独立电源作用的线性电路中,若所有电源同时扩大或缩小 k 倍,则电路中任一支路的电流或任意两点间的电压也扩大或缩小 k 倍。

下面通过实例说明线性定理的应用方法。

【例题 2-16】   试用叠加定理求图 2-25(a)中 3Ω 电阻上的电压 U 及功率 P。

解:电路由两个独立源共同激励。

当 12V 电压源单独工作时,电流源开路,得等效图 2-25(b)。

由分压公式得

$$U' = -\frac{3}{3+6} \times 12 = -4\text{V}$$

当 3A 电流源单独激励时,电压源短路,得等效图 2-25(c)。将图 2-25(c)作变换,得图 2-25(d)。得

$$U'' = 3 \times \frac{3 \times 6}{3+6} = 6\text{V}$$

当电压源和电流源共同作用时,由叠加定理得 3Ω 电阻上的电压

$$U = U' + U'' = -4 + 6 = 2\text{V}$$

3Ω 电阻上的功率

$$P = \frac{U^2}{R} = \frac{2^2}{3} = \frac{4}{3}\text{W}$$

注意:计算功率时不能用叠加定理。如果采用叠加定理,则有

$$P' = \frac{U'^2}{3} = \frac{16}{3}\text{W}, \quad P'' = \frac{U''^2}{3} = 12\text{W}, \quad P = P' + P'' = \frac{16}{3} + 12 = \frac{52}{3}\text{W}$$

显然,其结果与上述的正确结果 4/3W 不符。

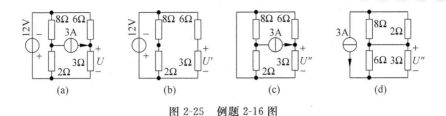

图 2-25　例题 2-16 图

【**例题 2-17**】　用叠加定理计算图 2-26 所示电路中受控源两端电压及功率。

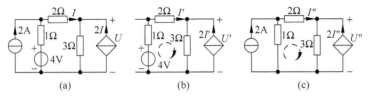

图 2-26　例题 2-17 图

解：当 4V 电压源单独作用时，电流源开路，图 2-26(a)等效为图 2-26(b)。

对于由 3 个电阻和电压源构成的回路，利用 KVL 可得

$$(1+2)I'+3(I'+2I')=4$$

从中解出

$$I'=\frac{1}{3}\text{A}$$

则

$$U'=3(I'+2I')=3\text{V}$$

当 2A 电流源单独作用时，电压源短路，图 2-26(a)等效为图 2-26(c)。对图中所示的回路，利用 KVL 可得

$$2I''+3(I''+2I'')=1\times(2-I'')$$

从中解出

$$I''=\frac{1}{6}\text{A}$$

则

$$U''=3(I''+2I'')=1.5\text{V}$$

当电压源和电流源共同作用时，利用叠加定理得

$$I=I'+I''=\frac{1}{3}+\frac{1}{6}=0.5\text{A}$$

受控源两端电压为

$$U=U'+U''=3+1.5=4.5\text{V}$$

从图 2-26(a)可得受控源的功率为

$$P=-2IU=-2\times0.5\times4.5=-4.5\text{W}$$

【**例题 2-18**】　在图 2-27(a)的梯形电路中，$U_S=6\text{V}$，试用齐次定理计算支路电流 I_5。

解：该题虽然可用电阻的串、并联关系解答，但用齐次定理计算更方便。

解题思路是这样的：先假设一个容易计算的 I_5 值，比如为 I_5'，然后倒推出一个 U_S，比如是 U_S'，则根据齐次定理有：$\dfrac{U_S'}{I_5'}=\dfrac{U_S}{I_5}$，从中即可方便地解出 I_5。

设 I_5 支路电流为 $I'_5 = 1\text{A}$，则 $I'_4 = \dfrac{1 \times (15+15)}{30} = 1\text{A}$，$I'_3 = I'_4 + I'_5 = 1+1 = 2\text{A}$，$I'_2 = \dfrac{15I'_3 + 30I'_4}{30} = 2\text{A}$，$I'_1 = I'_2 + I'_3 = 2+2 = 4\text{A}$。这样，$U'_S = 15I'_1 + 30I'_2 = 120\text{V}$。

由 $\dfrac{U'_S}{I'_5} = \dfrac{U_S}{I_5}$ 可得

$$I_5 = U_S \frac{I'_5}{U'_S} = 6 \times \frac{1}{120} = 0.05\text{A}$$

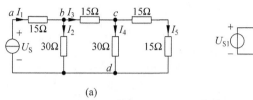

图 2-27　例题 2-18 图和例题 2-19 图

【例题 2-19】　在图 2-27(b)线性电路中，N 是不含独立源的线性网络，有 3 个独立源共同对其激励，a,b 两端的电压 U_{ab} 为 10V。当电压源 U_{S1} 和电流源 I_S 反向而 U_{S2} 不变时，U_{ab} 变为 5V；当电压源 U_{S2} 和电流源 I_S 反向而 U_{S1} 不变时，U_{ab} 变为 3V。试问：只有电流源 I_S 反向而电压源 U_{S1} 和 U_{S2} 不变时，U_{ab} 变为多少？

解： 根据叠加定理，3 个独立源共同激励时，电路的响应为

$$U_{ab} = k_1 U_{S1} + k_2 U_{S2} + k_3 I_S = 10\text{V} \tag{1}$$

式中，k_1、k_2 和 k_3 为常数，由电路结构和元件参数共同决定。

当电压源 U_{S1} 和电流源 I_S 反向而 U_{S2} 不变时，电路结构和元件参数不变，即 k_1、k_2 和 k_3 的大小不变，但 k_1 和 k_3 都要乘以系数－1，这时的 a、b 两端的电压为

$$U'_{ab} = -k_1 U_{S1} + k_2 U_{S2} - k_3 I_S = 5\text{V} \tag{2}$$

当电压源 U_{S2} 和电流源 I_S 反向而 U_{S1} 不变时，k_2 和 k_3 都要乘以系数－1，这时的 a、b 两端的电压 U_{ab} 为

$$U''_{ab} = k_1 U_{S1} - k_2 U_{S2} - k_3 I_S = 3\text{V} \tag{3}$$

式(2)＋式(3)，得

$$-2k_3 I_S = 8\text{V} \tag{4}$$

若只有电流源 I_S 反向而电压源 U_{S1} 和 U_{S2} 不变时，则 a、b 两端的电压变为

$$\begin{aligned}U'''_{ab} &= k_1 U_{S1} + k_2 U_{S2} - k_3 I_S = k_1 U_{S1} + k_2 U_{S2} + k_3 I_S - 2k_3 I_S\\ &= U_{ab} - 2k_3 I_S = 10 + 8 = 18\text{V}\end{aligned}$$

应用叠加定理和齐次定理时，必须注意以下几个问题：

(1) 它们是线性电路的重要特性，只适用于线性电路，不能用于非线性电路。

(2) 当某个激励单独作用时，其他激励均视为零，意味着将其他独立电压源短路，将其他独立电流源开路。因此，需分别画出各独立源单独作用时的等效电路。

(3) 受控源虽然具有电源的性质，但不直接起激励作用，因此，在叠加定理中，受控源一般不单独作用，而是把受控源当电路元件处理。当独立源单独作用时，受控源应保留在电路中。

(4) 它们只适用于计算电压或电流，而不适用于计算功率，因为功率计算不满足线性关系。

2.7 替代定理

人们已经知道,在电路中利用"等电位的点可以相连,电流为零的支路可以断开"概念能够简化电路计算,那么,对于有电位差的点和有电流的支路是否也可以进行某种等效呢? 替代定理回答了这个问题。

替代定理:在一个电路中,一个已知的电压可以用一个大小和方向相同的理想电压源代替;一个已知的电流可以用一个大小和方向相同的理想电流源代替。替代之后,电路中其他支路的电压和电流均不变。

在图 2-28(a)的电路中,假设 U_{ab} 或 I 已知。为了计算 A 部分电路中的未知量,B 部分电路可等效为一个支路,那么,B 支路可用一个恒压源 U_{ab} 代替(如图 2-28(b)所示),也可用一个恒流源 I 代替(如图 2-28(c)所示)。

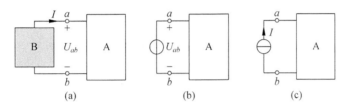

图 2-28 替代定理示意图

特别地,若 U_{ab} 或 I 为零,则从图 2-28(b)和(c)中可得到:<u>零电压可以用短路线代替,零电流可以用开路线代替</u>的结论。

需要说明的是,替代定理对于线性电路和非线性电路都成立。

【例题 2-20】 如图 2-29 所示电路。设 $U_S=4.5\text{V}$,$R_1=1\text{k}\Omega$,$R_2=10\text{k}\Omega$,R_3 为可变电阻,R_4 为被测电阻。现调节电阻 R_3,当 $R_3=0.5\text{k}\Omega$ 时,电流 $I_B=0$。求被测电阻 R_4 及电压源供出的电流 I。

解: 这是电桥电路,当电桥平衡时,即 $I_B=0$,则 R_B 电阻上的电压 $U_B=0$,因此,cd 桥支路可用一条短路线替代,如图 2-29(b)所示。

显然 $U_{ac}=U_{ad}$,$U_{cb}=U_{db}$,则有

$$\begin{cases} R_1 I_1 = R_2 I_2 \\ R_3 I_3 = R_4 I_4 \end{cases} \tag{1}$$

式(1)虽然简化了电路,但对解题没有帮助,必须另辟蹊径。

由于 $I_B=0$,则 cd 桥支路可以用开路线代替,如图 2-29(c)所示。

显然 $I_1=I_3$,$I_2=I_4$,再加上 $U_{ac}=U_{ad}$,$U_{cb}=U_{db}$,则有

$$\begin{cases} R_1 I_1 = R_2 I_2 \\ R_3 I_1 = R_4 I_2 \end{cases} \tag{2}$$

上面两式相除,得:$\dfrac{R_1}{R_3}=\dfrac{R_2}{R_4}$,改写为

$$R_1 R_4 = R_2 R_3 \tag{3}$$

由式(3)可得被测电阻 $R_4 = R_3 \dfrac{R_2}{R_1} = 5\text{k}\Omega$。

再由图 2-29(b)或图 2-29(c),得电桥平衡时,a,b 两端的等效电阻为

$$R_{ab} = (R_1 /\!/ R_2) + (R_3 /\!/ R_4) = (R_1 + R_3) /\!/ (R_2 + R_4) \approx 1.36\text{k}\Omega$$

则平衡时电压源供出的电流为

$$I = \frac{U_S}{R_{ab}} = \frac{4.5}{1.36} \approx 3.3\text{mA}$$

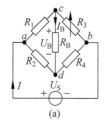 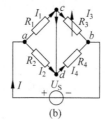 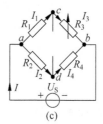

图 2-29　例题 2-20 图

【例题 2-21】　图 2-30(a)所示电路,已知含源二端网络 N_S 的两端电压 $U = 2\text{V}$,求受控源两端的电压 U_1。

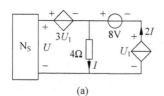 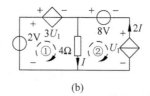

图 2-30　例题 2-21 图

解:根据替代定理,用 2V 电压源替代 N_S,如图 2-30(b)所示。

在图 2-30(b)电路中,利用 KVL 列写回路方程。

对回路①

$$3U_1 + 4I = 2 \tag{1}$$

对回路②

$$U_1 + 8 = 4I \tag{2}$$

解方程组,得受控源两端电压 $U_1 = -1.5\text{V}$。

2.8　等效电源定理

有两个非常重要的等效定理可以帮助人们简化对线性含源二端网络的分析和计算,它们就是下面要介绍的戴维南定理和诺顿定理。

2.8.1　戴维南定理

法国电报工程师戴维南(M. Leon Thevenin)于 1883 年提出了戴维南定理,其内容如下:

对外电路而言,任何一个线性含源二端网络(电路)N_S 都可等效为一个含有内阻的电压

源。其中电压源的电压等于该网络两个端子间的开路电压 u_{OC}，内阻 R_0 等于该网络内部所有电源为零(电压源短路,电流源开路)时,从两个端子间看进去的等效电阻 R_{ab}。等效模型如图 2-31 所示。

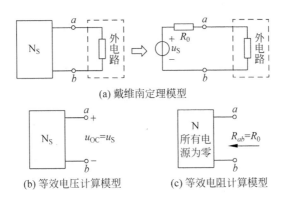

(a) 戴维南定理模型

(b) 等效电压计算模型　　　(c) 等效电阻计算模型

图 2-31　戴维南定理模型示意图

在实际分析中,戴维南模型可按以下步骤得到:

第一步:找出含源二端网络。从网络中去掉外电路,得到欲简化的含源二端网络。

第二步:计算开路电压 u_{OC}。可以采用任意一种求两点之间电压的方法,如节点电压法、网孔电流法、叠加定理等等。

第三步:画出无源二端网络。在第一步的基础上,将所有独立电压源短路,独立电流源开路,得到不含独立电源的二端网络,即无源二端网络。

第四步:计算等效内阻 R_0。

(1) 串/并联法。如果无源二端网络中没有受控源,则可以用电阻的串、并联等方法计算。

(2) 外加电压(电流)法。在无源二端网络 N 的端钮处外加一个电压 u 或电流 i 后,求出端钮处的电流 i 或电压 u,则等效内阻为端电压除以端电流,即 $R_0 = \dfrac{u}{i}$。这种方法尤其适合含有受控源的电路求解。

(3) 欧姆定律法。分别求出二端网络的开路电压 u_{OC} 和短路电流 i_{SC},则 $R_0 = \dfrac{u_{OC}}{i_{SC}}$。

另外,若可以得到二端网络的伏安特性,即 $u = ki + d$,其中 k 和 d 均为常数,则有

$$u_{OC} = d, \quad R_0 = k$$

【例题 2-22】　在图 2-32(a)电路中,问当 R 为何值时,它能获得最大功率? 该功率为多大?

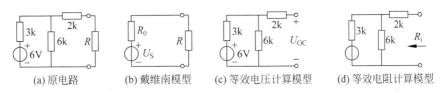

(a) 原电路　　　(b) 戴维南模型　　　(c) 等效电压计算模型　　　(d) 等效电阻计算模型

图 2-32　例题 2-22 示意图

解：根据戴维南定理可得原电路的戴维南等效模型如图 2-32(b)所示。求解开路电压和内阻的等效图如图 2-32(c)和图 2-32(d)所示。利用分压公式和串/并联公式可得

$$U_{OC} = \frac{6}{3+6}6 = 4\text{V}, \quad R_0 = 2 + \frac{3 \times 6}{3+6} = 4\text{k}\Omega$$

根据最大功率传输条件可知当 $R = R_0 = 4\text{k}\Omega$ 时，可获得最大功率。

再由式(2-33)可得最大功率为

$$p_{max} = \frac{U_{OC}^2}{4R_0} = \frac{4^2}{4 \times 4 \times 10^3} = 1\text{mW}$$

【例题 2-23】 在图 2-33(a)电路中，求电流 I_0。

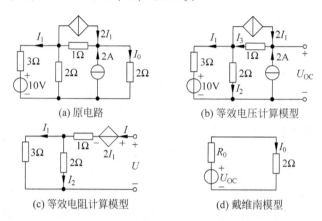

(a) 原电路   (b) 等效电压计算模型

(c) 等效电阻计算模型   (d) 戴维南模型

图 2-33　例题 2-23 示意图

解：求解模型如图 2-33(b)、(c)、(d)所示。

在图 2-33(b)中，由 KCL 可得 $I_2 = 2 - I_1$，$I_3 = 2 + 2I_1$。在电压源回路中，由 KVL 可得

$$3I_1 + 10 - 2I_2 = 0 \rightarrow 3I_1 + 10 - 2(2 - I_1) = 0 \rightarrow 5I_1 + 6 = 0$$

从中解出

$$I_1 = -\frac{6}{5}\text{A}$$

再由 KVL 可得

$$U_{OC} = (2I_1 + 2) \times 1 + 3I_1 + 10 = 5I_1 + 12 = 5\left(-\frac{6}{5}\right) + 12 = 6\text{V}$$

也可以分别计算 10V 电压源和 2A 电流源单独作用下的开路电压，再由叠加定理合成为总的开路电压。

为方便计，先将受控电流源化为电压源得到图 2-33(c)，为计算内阻，假设在开路端外加一个电压源 U，其在电路中产生的电流为 I。

由分流公式可得

$$I_1 = \frac{2}{3+2}I = \frac{2}{5}I$$

由 KVL 可得

$$U = 2I_1 + 1 \times I + 3I_1 = 5I_1 + I = 2I + I = 3I \rightarrow \frac{U}{I} = 3\Omega = R_0$$

在图 2-33(d)中,由欧姆定律可得

$$I_0 = \frac{U_S}{R_i + 2} = \frac{6}{3+2} = 1.2A$$

通过上述例题可见,戴维南定理适合求解一个复杂电路中某一支路参数(电压、电流、功率、电阻等)问题。

2.8.2　诺顿定理

为了便于支路参数的计算,戴维南定理将该支路以外的电路等效为一个实际电压源形式,那么读者自然会问:同样的目的,能否将该支路以外的电路等效为一个实际电流源形式? 诺顿定理回答了这个问题。

美国贝尔实验室工程师诺顿(E. L. Norton)于 1926 年提出了诺顿定理,其内容如下:

对外电路而言,任何一个线性含源二端网络(电路)N_S 都可等效为一个含有内阻的电流源。其中电流源的电流等于该网络两个端子间的短路电流 i_{SC},内阻 R_0 等于该网络内部所有电源为零(电压源短路,电流源开路)时,从两个端子间看进去的等效电阻 R_{ab}。 等效模型见图 2-34。提示:内电阻 R_0 也可以用内电导 G_0 表示$\left(G_0 = \dfrac{1}{R_0}\right)$。

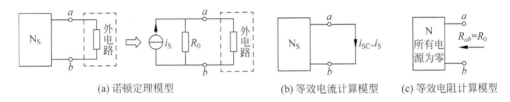

(a) 诺顿定理模型　　　　　(b) 等效电流计算模型　(c) 等效电阻计算模型

图 2-34　诺顿定理模型示意图

比较诺顿定理和戴维南定理模型我们发现,其差异仅仅是电流源和电压源之别。那么,这两个不同的电源有无联系呢? 对于同一个网络 N_S 而言,为保证对外电路的作用一致,诺顿模型和戴维南模型必须可以互相等效。若设戴维南模型的内阻为 R_{0T}、诺顿模型的为 R_{0N},则两个模型必须满足

$$\begin{cases} R_{0T} = R_{0N} = R_0 \\ u_{OC} = R_0 i_{SC} \end{cases} \tag{2-38}$$

因此,在实际应用中,一个二端网络可以等效为戴维南模型也可以等效为诺顿模型,同时,戴维南模型和诺顿模型可以等效互换,如图 2-35 所示。

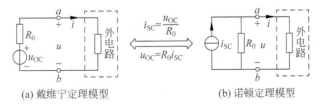

(a) 戴维宁定理模型　　　　　(b) 诺顿定理模型

图 2-35　两种模型互换示意图

另外,若可以得到二端网络的伏安特性,即 $u=ki+d$,其中 k 和 d 均为常数,则有

$$i_{SC}=-\frac{d}{k}, \quad R_0=k$$

同戴维南模型一样,诺顿模型实际上就是实际电流源模型,因此诺顿定理又称为等效电流源定理。戴维南定理和诺顿定理统称为等效电源定理。诺顿定理同样只适用于线性电路。另外,两个定理不但适用于直流电路分析,也可以用于交流电路分析。

显然,诺顿定理在概念上与戴维南定理相似,因此,其计算方法也和戴维南定理类似,只不过把开路电压换为短路电流而已,我们不再赘述。

下面通过例题介绍诺顿定理的应用。

【例题 2-24】 在图 2-36(a)电路中,利用诺顿定理求电流 I。

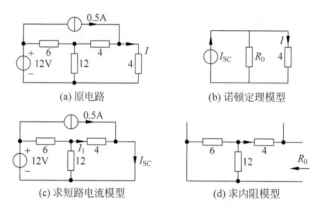

图 2-36　例题 2-24 图

解:诺顿模型如图 2-36(b)所示,求解短路电流 I_{SC} 的模型如图 2-36(c)所示,求解 R_0 的模型如图 2-36(d)。

在图 2-36(c)中,根据串/并联关系、分压公式和欧姆定律可得 4Ω 电阻上的电流为

$$I_1=\left[\frac{4//12}{6+(4//12)}\times 12\right]\div 4=1A$$

再由 KCL 可得

$$I_{SC}=0.5+I_1=1.5A$$

在图 2-36(d)中,根据串/并联关系可得

$$R_0=4+(6//12)=8\Omega$$

则在图 2-36(b)中,由分流公式可得

$$I=\frac{R_0}{4+R_0}\times I_{SC}=\frac{8}{4+8}\times 1.5=1A$$

当然,该题也可用戴维南定理求解,读者不妨一试。

【例题 2-25】 在图 2-37(a)电路中,已知 $I_1=2mA$,二端网络 N 的伏安特性为 $U=2I+10$,其中电压单位为 V、电流为 mA。求网络 N_0 的诺顿模型。

解:将 N_0 的诺顿模型代入原电路中,得到图 2-37(b)。

分别令伏安特性 $U=2I+10$ 中的 I 和 U 为零,可得网络 N 的开路电压和短路电流为

$$U=U_{OC}=10V, \quad I=I_{SC1}=-5mA$$

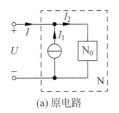 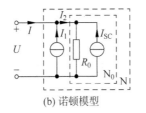 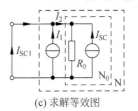

(a) 原电路   (b) 诺顿模型   (c) 求解等效图

图 2-37 例题 2-25 图

则由内阻的欧姆定律求法可得网络 N 的内阻

$$R_0 = \frac{U_{OC}}{-I_{SC1}} = \frac{10}{5} = 2k\Omega$$

注：因为是线性电路，所以内阻也可直接由伏安特性 $U = 2I + 10$ 的斜率得到，即 $R_0 = 2k\Omega$。

而从图 2-37(b) 可见，网络 N 和网络 N_0 共用一个内阻，因此，N_0 的内阻也为 R_0。另外，I_{SC1} 不能当作 N_0 的诺顿电流源，因为其中包含着电流源 I_1。

在网络 N 的短路模型（图 2-37(c)）中，因为短路线将内阻 R_0 短路，所以 R_0 上无电流，则由 KCL 可得

$$I_{SC} = -I_{SC1} - I_1 = 5 - 2 = 3mA$$

这样，N_0 的诺顿模型为 $I_{SC} = 3mA$，$R_0 = 2k\Omega$。

本题的关键是要明白伏安特性的含义，同时，要理解诺顿等效是针对 N_0 以外的电路，而外电路的伏安特性又包含 N_0 的作用，因此，求解等效电流源时需要保留外电路，即电流源 I_1。如果不考虑外电路的影响，即将图 2-37(c) 中的 I_1 去掉，按基本概念做该题的话，就要先从网络 N 的伏安特性中得到网络 N_0 的伏安特性（此时 I_1 还不能去掉），即根据 KCL 有 $U = 2I + 10 = 2(I_2 - 2) + 10 = 2I_2 + 6$，得到 N_0 的伏安特性为 $U = 2I_2 + 6$。这样，只针对 N_0（I_1 去掉）有：

若设 $I_2 = 0$，则 $U = U_{OC} = 6V$；若设 $U = 0$，则 $I_2 = -I_{SC} = \frac{-6}{3} = -3mA$，即 $I_{SC} = 3mA$，这样，就有 $R_0 = \frac{U_{OC}}{I_{SC}} = \frac{6}{3} = 2k\Omega$。

2.9 特勒根定理

特勒根定理是从基尔霍夫定律中导出的一个具有普适性的定理，适合于任何集中参数电路。它有两个内容：

特勒根定理一：对于一个具有 n 个节点和 b 条支路的电路，若其各支路电流和电压取关联方向，并令 i_1、i_2、$\cdots$、i_b 和 u_1、u_2、$\cdots$、u_b 分别为 b 条支路的电流和电压，则有

$$\sum_{k=1}^{b} u_k i_k = 0 \qquad (2-39)$$

显然，因为 $p = ui$，所以，特勒根定理一实质上是功率守恒的体现。

特勒根定理二：对于两个具有 n 个节点和 b 条支路，结构相同但对应支路的元件可能不同的电路，若设两电路的对应支路编号一致，所取各支路电流和电压关联方向也一致，并

分别用 i_1、i_2、$\cdots$、i_b、u_1、u_2、$\cdots$、u_b 和 $\hat{i}_1$、$\hat{i}_2$、$\cdots$、$\hat{i}_b$、$\hat{u}_1$、$\hat{u}_2$、$\cdots$、$\hat{u}_b$ 表示,则有

$$\sum_{k=1}^{b} u_k \hat{i}_k = 0 \tag{2-40}$$

$$\sum_{k=1}^{b} \hat{u}_k i_k = 0 \tag{2-41}$$

特勒根定理二描述的是两个结构相同的电路或一个电路在不同时刻的支路电流和电压所必然遵循的规律。虽然具有类似功率之和的形式,但不能用功率守恒来解释,因此常称之为"似功率守恒"。

【**例题 2-26**】 图 2-38(a)、(b)是两个结构相同的不同电路,它们各支路的电流与电压取关联方向且方向均相同,如拓扑图图 2-38(c)所示。请验证特勒根定理。

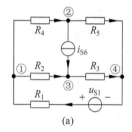 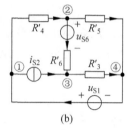 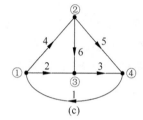

图 2-38   例题 2-26 示意图

证:设两个电路的拓扑图如图 2-38(c)所示,取节点④为参考节点。

对图 2-38(a)所示电路,将各支路电压用节点电压 u_{n1}、u_{n2}、u_{n3} 来表示,有

$$\begin{cases} u_1 = -u_{n1} \quad u_2 = u_{n1} - u_{n3} \\ u_3 = u_{n3} \quad u_4 = u_{n1} - u_{n2} \\ u_5 = u_{n2} \quad u_6 = u_{n2} - u_{n3} \end{cases} \tag{2-42}$$

对图 2-38(b)所示电路,对独立节点列写 KCL 方程,有

$$\begin{cases} -\hat{i}_1 + \hat{i}_2 + \hat{i}_4 = 0 \\ -\hat{i}_4 + \hat{i}_5 + \hat{i}_6 = 0 \\ -\hat{i}_2 + \hat{i}_3 - \hat{i}_6 = 0 \end{cases} \tag{2-43}$$

将式(2-42)代入式(2-40)中,有

$$\sum_{k=1}^{6} u_k \hat{i}_k = -u_{n1} \hat{i}_1 + (u_{n1} - u_{n3}) \hat{i}_2 + u_{n3} \hat{i}_3 + (u_{n1} - u_{n2}) \hat{i}_4 + u_{n2} \hat{i}_5 + (u_{n2} - u_{n3}) \hat{i}_6$$

$$= u_{n1}(-\hat{i}_1 + \hat{i}_2 + \hat{i}_4) + u_{n2}(-\hat{i}_4 + \hat{i}_5 + \hat{i}_6) + u_{n3}(-\hat{i}_2 + \hat{i}_3 - \hat{i}_6)$$

将式(2-43)带入上式,可得

$$\sum_{k=1}^{6} u_k \hat{i}_k = 0$$

从而验证了式(2-40)。同理也可验证式(2-41)。

以上证明可推广到任何具有 n 个节点和 b 条支路的两个电路,只要它们具有相同的图,即有 $\sum_{k=1}^{b} u_k \hat{i}_k = 0$ 或 $\sum_{k=1}^{b} \hat{u}_k i_k = 0$。当两个电路为同一电路时,便可得到 $\sum_{k=1}^{b} u_k i_k = 0$。

从上面的证明可以看到：由于特勒根定理只要求电路的各支路电压满足 KVL、支路电流满足 KCL，而对支路元件的特性无任何要求，所以特勒根定理适用于一切集总参数电路，具有普遍性。因此，特勒根定理在电路理论中常常被用于证明其他定理。

【例题 2-27】 如图 2-39(a)所示的电路中，N_R 由纯线性电阻组成。已知：当 $R_1=R_2=2\Omega,U_S=8V$ 时，$I_1=2A,U_2=2V$；$R_1'=1.4\Omega,R_2'=0.8\Omega$；$\hat{U}_S=9V$ 时，$\hat{I}_1=3A$。

求此时的 $\hat{U}_2$。

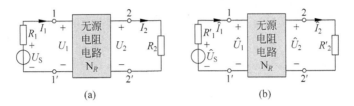

图 2-39 例题 2-27 示意图

解：设两组条件分别为对应两个电路：其中第一组条件对应图 2-39(a)，第二组条件对应图 2-39(b)。显然两个电路拓扑结构相同。设 N_R 中电阻支路编号从 $k=3$ 至 $k=b$。

由特勒根定理二及欧姆定律(注意支路 1 的电压 U_1 和电流 I_1 为非关联参考方向)可得

$$U_1(-\hat{I}_1)+U_2\hat{I}_2+\sum_{k=3}^{b}U_k\hat{I}_k=U_1(-\hat{I}_1)+U_2\hat{I}_2+\sum_{k=3}^{b}R_kI_k\hat{I}_k=0 \tag{1}$$

$$\hat{U}_1(-I_1)+\hat{U}_2I_2+\sum_{k=3}^{b}\hat{U}_kI_k=\hat{U}_1(-I_1)+\hat{U}_2I_2+\sum_{k=3}^{b}R_k\hat{I}_kI_k=0 \tag{2}$$

由于

$$\sum_{k=3}^{b}R_kI_k\hat{I}_k=\sum_{k=3}^{b}R_k\hat{I}_kI_k \tag{3}$$

式(1)－式(2)，得

$$U_1(-\hat{I}_1)+U_2\hat{I}_2=\hat{U}_1(-I_1)+\hat{U}_2I_2 \tag{4}$$

根据题中的已知条件，可得端口支路的电压、电流

$$\begin{cases} U_1=U_S-R_1I_1=(8-2\times2)V=4V, \quad U_2=2V \\ I_1=2A, \quad I_2=\dfrac{U_2}{R_2}=\dfrac{2}{2}A=1A \end{cases}$$

$$\begin{cases} \hat{U}_1=\hat{U}_S-R_1'\hat{I}_1=(9-1.4\times3)V=4.8V \\ \hat{I}_1=3A, \quad \hat{I}_2=\dfrac{\hat{U}_2}{0.8} \end{cases}$$

将已知条件代入式(4)中，有

$$4\times(-3)+2\times\frac{\hat{U}_2}{0.8}=4.8\times(-2)+\hat{U}_2\times1$$

解得

$$\hat{U}_2=\frac{2.4}{1.5}V=1.6V$$

2.10　互易定理

　　互易定理指出,对于一个线性纯电阻无源电路,在单一电源的激励下,激励和响应具有某些互易特性。所谓"互易"特性是指若将一个电路中的激励和响应的位置互换,而电路对相同激励下的响应不做改变的特性。互易定理有三种形式。

　　形式一:电压源作为激励,电流作为响应。

　　在图 2-40(a)中,当电压源 u_S 作为激励加在电路(网络 N)的 1 端口时,在 2 端口产生的短路电流 i_2 就是其响应;若将 u_S 移到 2 端口作激励,则在 1 端口产生的短路电流 $\hat{i}_1$ 就是其响应(如图 2-40(b)所示),那么,互易定理指出

$$\hat{i}_1 = i_2 \tag{2-44}$$

　　互易定理形式一的意义在于,对于一个线性纯电阻不含源电路,在单一电压源作为激励而电流作为响应时,若将激励和响应互换,则不会改变同一激励产生的响应。

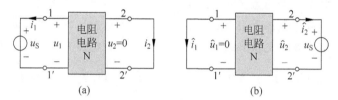

图 2-40　互易定理形式一示意图

　　形式二:电流源作为激励,电压作为响应。

　　在图 2-41(a)中,当电流源 i_S 作为激励加在电路(网络 N)的 1 端口时,在 2 端口产生的开路电压 u_2 就是其响应;若将 i_S 移到 2 端口作激励,则在 1 端口产生的开路电压 $\hat{u}_1$ 就是其响应(如图 2-41(b)所示),那么,互易定理指出

$$\hat{u}_1 = u_2 \tag{2-45}$$

　　互易定理形式二的意义在于,对于一个线性纯电阻不含源电路,在单一电流源作为激励而电压作为响应时,若将激励和响应互换,则不会改变同一激励产生的响应。

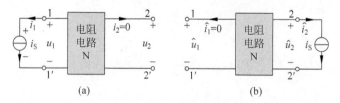

图 2-41　互易定理形式二示意图

　　形式三:电流源作为激励,电流作为响应;电压源作为激励,电压作为响应。

　　在如图 2-42(a)中,当电流源 i_S 作为激励加在电路(网络 N)的 1 端口时,在 2 端口产生的短路电流 i_2 就是其响应;若将 i_S 换做相同数值的电压源 u_S 并移到 2 端口作激励,则在 1 端口产生的开路电压 $\hat{u}_1$ 就是其响应(如图 2-42(b)所示)。则互易定理指出,在数值上

$$\hat{u}_1 = i_2 \tag{2-46}$$

互易定理的三种形式可归纳为：对于一个线性纯电阻不含源电路，在单一电源作为激励而产生响应时，若将激励和响应互换，其响应的比值为1。

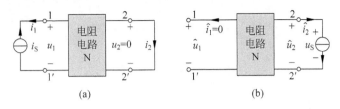

图 2-42　互易定理形式三示意图

说明：

（1）互易定理通常适用于线性网络在单一电源激励下，对两个支路上的电压和电流关系的分析中。对含有受控源的网络一般不成立。

（2）要注意激励和响应的参考方向。对于形式一和形式二，若两支路互易前后激励和响应的参考方向一致（都与关联方向相同或都相反），则相同的激励产生的响应相同；反之，激励和响应差一个负号。

（3）电压源激励，互易时原电源处短路，电压源串入另一支路中；电流源激励，互易时原电源处开路，电流源并接在另一支路的两端。

【例题 2-28】　电路如图 2-43(a)所示，求电流 I。

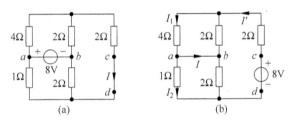

图 2-43　例题 2-28 示意图

解：利用互易定理形式一，把单一激励（8V 电压源）与响应（电流 I）互易位置，如图 2-43(b)所示。这样处理后，便把一个比较复杂的电路求解变为比较简单的电路求解。由图 2-43(b)可知

$$I' = \frac{8}{2 + \frac{4 \times 2}{4 + 2} + \frac{1 \times 2}{1 + 2}}\text{A} = 2\text{A}, \quad I_1 = \frac{2}{4 + 2}I' = \frac{2}{3}\text{A}$$

$$I_2 = \frac{2}{1 + 2}I' = \frac{4}{3}\text{A}, \quad I = I_1 - I_2 = -\frac{2}{3}\text{A}$$

故图 2-43(a)电路中响应电流 $I = -\dfrac{2}{3}\text{A}$。

【例题 2-29】　图 2-44(a)所示电路中，$I_{S1} = 10\text{A}$，测得 $I_2 = 1\text{A}$；图 2-44(b)所示电路中，$I_{S2} = 20\text{A}$，测得 $\hat{I}_1 = 4\text{A}$。求电阻 R_1 的阻值。

解：对于图 2-44(a)电路有

$$U_2 = 20I_2 = 20 \times 1\text{V} = 20\text{V}$$

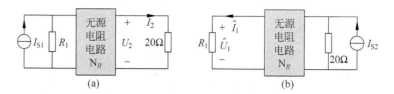

图 2-44　例题 2-29 示意图

对于图 2-44(b)电路有

$$\hat{U}_1 = R_1 \hat{I}_1 = 4R_1$$

根据互易定理形式二可知,若 $I_{S2} = 10\text{A}$,则

$$\hat{U}_1 = 20\text{V}$$

再根据线性网络的齐次性可知, $I_{S2} = 20\text{A}$,则

$$\hat{U}_1 = 2 \times 20 = 40\text{V}$$

故

$$R_1 = \frac{\hat{U}_1}{\hat{I}_1} = 10\Omega$$

2.11　置换定理

置换定理(替代定理)也是电路理论中的一个重要定理。该定理适用于线性、非线性、时变和非时变电路的分析。

置换定理:在具有唯一解的电路中,若已知某一支路 k 的电压为 u_k、电流为 i_k,且该支路与其他支路无耦合关系,则无论该支路由什么元件组成,均可用下列任一元件置换。

(1) 电压为 u_k 的理想电压源。

(2) 电流为 i_k 的理想电流源。

(3) 阻值为 $R_k = \dfrac{u_k}{i_k}$ 的电阻。

置换后其他支路的电压、电流、功率等均保持不变。

置换定理可以用图 2-45 描述。

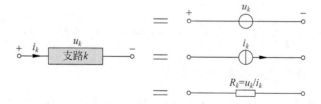

图 2-45　置换定理示意图

需要提醒注意的是,

(1) 该定理也可推广到一个二端网络,此时,置换或替代的电压源电压或电流源电流要

由其端口电压或电流决定。

（2）"无耦合关系"一是指被置换支路或二端网络不含被外部变量控制的受控源或控制外部受控源的控制变量。二是指不能有互感之类的耦合元件。

（3）与理想电压源并联或与理想电流源串联的任意支路不影响其他支路的电压、电流和功率。仅影响理想电压源支路的电流或理想电流源支路的电压以及它们的功率。

（4）理想电压源串联可被置换为一个理想电压源；理想电流源并联可被置换为一个理想电流源。

（5）电流为零的支路可以被断开；电压为零的两个节点可以被短路。

可见，前面所介绍的一些等效概念其实都来源于置换定理。

【例题 2-30】　电路如图 2-46(a)所示，$I_S = 1A$，$U_S = 2V$，$R_1 = 5\Omega$，$R_2 = 3\Omega$，$R_3 = 4\Omega$，$R_4 = 12\Omega$，求电流 I。

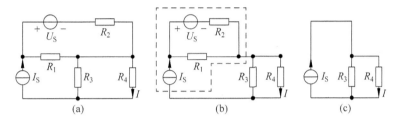

图 2-46　例题 2-30 示意图

解：首先电路图 2-46(a)可变形为图 2-46(b)。然后根据置换定理，可将图 2-46(b)等效为图 2-46(c)。

则根据分流公式得电流 I 为

$$I = \frac{R_3}{R_3 + R_4} I_S = \frac{4}{4 + 12} \times 1 = 0.25A$$

【例题 2-31】　已知图 2-47(a)所示电路中，$i_1 = i_2 = 1A$，求 u_S。

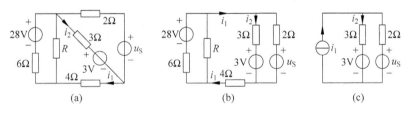

图 2-47　例题 2-31 示意图

解：该电路可以改画成图 2-47(b)，其连接关系不变，进而应用置换定理等效成图 2-47(c)。由图 2-47(c)知，u_S 支路电流为零，故

$$u_S = i_2 \times 3 + 3 = 3 + 3 = 6V$$

【例题 2-32】　在图 2-48(a)所示电路中，$R_1 = 4\Omega$，$R_4 = 2\Omega$，$I_2 = I_3 = 0.5A$，$U_5 = 2V$，$U_{S6} = 8V$。请用置换定理求电阻 R_2、R_3 和 R_5。

解：将 R_2 和 R_3 均用 0.5A 电流源替代，将 R_5 用 2V 电压源替代，得图 2-48(b)。

设节点 d 为参考点，则节点 a 的电压为 $U_a = 8V$，列写节点电压方程如下：

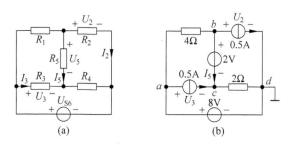

图 2-48　例题 2-32 示意图

$$\begin{cases} \dfrac{1}{4}(8-U_b) = 0.5 + I_5 \\[2mm] \dfrac{1}{2}U_c = 0.5 + I_5 \\[2mm] U_b - U_c = 2 \end{cases} \qquad (1)$$

注意：因为 2V 电压源为理想电源，所以，写方程时先用电流 I_5 替代，再补写一个电压方程 $U_b - U_c = 2$ 即可。

从式(1)中解得

$$U_b = 4V, \quad U_c = 2V, \quad I_5 = 0.5A$$

则

$$R_2 = \frac{U_2}{I_2} = \frac{U_b}{I_2} = \frac{4}{0.5} = 8\Omega, \quad R_3 = \frac{U_3}{I_3} = \frac{U_a - U_c}{I_3} = \frac{8-2}{0.5} = 12\Omega, \quad R_5 = \frac{U_5}{I_5} = \frac{2}{0.5} = 4\Omega$$

2.12　对偶原理

在电路分析中会发现一个有趣的现象，一些变量、元件、结构和定律等会成对出现，它们之间存在明显的一一对应关系，比如电压和电流、电阻和电导、电感和电容、串联和并联、网孔和节点、KCL 和 KVL、戴维南定理和诺顿定理等。通过研究与分析，人们把这种关系称为电路的"对偶"特性，把具有对偶关系的变量、元件、结构和定律统称为对偶元素，把能够用对偶元素替换的数学关系式称为对偶式，比如 $u = Ri$ 和 $i = Gu$ 互为对偶式；$\sum\limits_k u_k = 0$ 和 $\sum\limits_k i_k = 0$ 互为对偶式。

根据上述概念，我们可以看到以下对偶关系：电压和电流；电阻和电导；电感与电容；电压源和电流源；VCCS 和 CCVS；VCVS 和 CCCS；电荷与磁链；串联和并联；网孔和节点；短路和开路；实际电压源和实际电流源；戴维南定理和诺顿定理等。

通过对对偶现象的分析，人们得到了对偶原理：

如果一个电路等式成立，那么它的对偶式一定成立。

对偶原理的重要意义在于，它使得需要证明或推导公式和等式的数量减少一半。比如证明了戴维南定理也就证明了诺顿定理。

根据对偶原理可以得到如下结论：

(1) 分压电路和分流电路是互为对偶的，分压公式和分流公式是互为对偶的。

（2）节点电压和网孔电流是互为对偶的，节点电压方程和网孔电流方程是互为对偶的。

（3）电容元件和电感元件是互为对偶的。

（4）RC 电路和 RL 电路是互为对偶的。

（5）RLC 电路和 GCL 电路也是互为对偶的。

读者只要多留意，利用对偶原理就能很容易理解其中的道理。

综上所述，本章的主要概念及内容可以用图 2-49 概括。

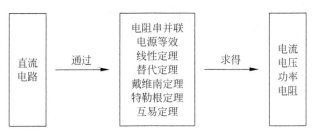

图 2-49　第 2 章主要概念及内容示意图

2.13　小知识——稳压电源的挑选

在生活、学习和工作中，人们经常会遇到购买稳压电源或电源适配器的问题，比如笔记本、电子琴、录音机、收音机等电器的电源适配器，实验用的单路或双路稳压电源等。这些电源的共同点是将 220V 交流市电变换为低压直流电；所不同的是低压直流电的电压和电流不同，即电源的输出直流电压和输出直流电流不一样。

在购买这些电源时，首先必须满足电源的输出电压与用电器的要求一致，比如一个笔记本的工作电压为 16V，那么，你必须购买输出电压等于 16V 的电源，高了容易烧坏用电器，低了用电器工作不正常。同时，还必须考虑电源的输出电流。通常，要使电源的输出电流大于用电器的额定工作电流。比如笔记本的工作电压为 16V，工作电流为 2A，那么，所挑选的电源输出电压必须为 16V，输出电流至少要等于 2A，最好大于 2A。这是因为对电源而言，其输出电流并不是实际的工作电流，而是可提供的最大工作电流，实际工作电流由用电器（负载）决定，不会出现一些人认为电源输出电流大于用电器工作电流会烧毁用电器的现象。也就是说，电源可输出的电流越大，意味着电源的内阻越小，电源的质量越好，电源的驱动能力越强，可以形象地比喻为"大马拉小车"。理想情况下，电源内阻为零，其输出电流可以无穷大。如果电源的输出电流小于用电器的工作电流，就会出现电源容易发热，用电器工作不正常的情况，这种情况可比喻为"小马拉大车"。比如图中的电源适配器输出电压为 12V，输出电流为 1000mA，那么，它适用于工作电压 12V，工作电流小于等于 1000mA 的用电器。

除了电压和电流参数外，还有一个插头匹配的问题。电源插头的匹配要分别考虑交流电插头（电源的输入）和直流电插头（电源的输出）。在我国，交流电插头有两头和三头之分，两头可插入单相插座，三头可插入三孔插座。而直流电输出插头目前多是圆孔型插头（俗称母头）。选购时要注意插头的外直径、长短和内孔直径以及插头的接线极性要和用电器一致。通常，插头的外圆柱接电源的负极，内孔接电源的正极，如图 2-50 所示。

因此，在挑选电源时要满足以下三个条件：

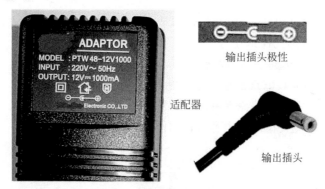

图 2-50　适配器实物图

（1）电源的输出电压一定要等于用电器的工作电压。

（2）电源的输出电流至少要等于用电器的工作电流。理论上越大越好。也就是说，宁肯多花钱"大马拉小车"，也不能"小马拉大车"。

（3）插头匹配。

2.14　习题

2-1　电阻串联电路中，总电阻等于分电阻之和的结论是基于什么电路基本理论？

2-2　电阻并联电路中，总电导等于分电导之和的结论是基于什么电路基本理论？

2-3　不同电压的理想电压源不能并联的结论是基于什么电路基本理论？

2-4　不同电流的理想电流源不能串联的结论是基于什么电路基本理论？

2-5　从数学概念上如何理解电阻电路中负载电阻功率会有最大值？

2-6　如图 2-51 所示的电路被称为双电源直流分压电路。说明电压 U_1 可在 $+15\text{V}$ 至 -15V 之间连续变化。或者说，系数 α 可在 0 和 1 之间连续变化，即 $0 \leqslant \alpha \leqslant 1$。$\alpha R$ 为 1 和 3 端之间的电阻。

2-7　如图 2-52 所示的电路，U_1 应为 -1V。若测得 $U_1 = 20\text{V}$，请问电路出现了什么故障？若测得 $U_1 = 6\text{V}$，电路又出现什么故障？

图 2-51　习题 2-6 图　　　图 2-52　习题 2-7 图

2-8　电路如图 2-53 所示，求 u 和 i。

（5V，5/3A；3V，1A；1V，1A；50V，20mA；32V，20/3A；2V，1A）

2-9　求如图 2-54 所示的电路中 1、2、3 点的电压 U_1、U_2 和 U_3。（6/2/0V；4/0/−2V；160/205/0V）

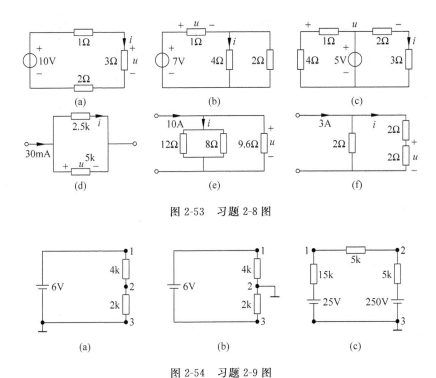

图 2-53　习题 2-8 图

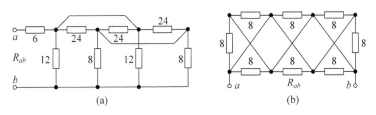

图 2-54　习题 2-9 图

2-10　求如图 2-55 所示的电路的等效电阻 R_{ab}。（10Ω；1Ω）

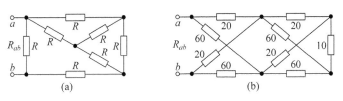

图 2-55　习题 2-10 图

2-11　求如图 2-56 所示的电路的等效电阻 R_{ab}。（$2R/3$；30Ω）

图 2-56　习题 2-11 图

2-12　求如图 2-57 所示的电路的等效电阻 R_{ab}。（$2R/3$；$5R/4$；1.2；3）

2-13　求如图 2-58 所示的电路中的电流 I。（0.25A）

2-14　求如图 2-59 所示的电路的 I_1、I_2 和各元件吸收的功率。

（1A，2.2A，电源吸收 -16W，受控源吸收 1.2W，电阻吸收 9.68W）

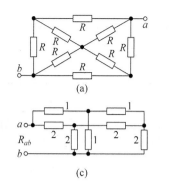

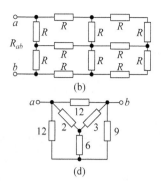

图 2-57 习题 2-12 图

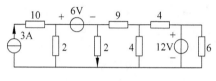

图 2-58 习题 2-13 图

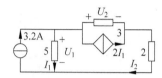

图 2-59 习题 2-14 图

2-15 求如图 2-60 所示的电路的 I 和 U。$(0,4.5\text{V};2\text{A},46\text{V})$

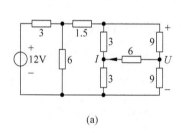

(a)

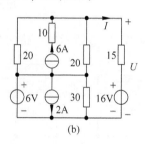

(b)

图 2-60 习题 2-15 图

2-16 求如图 2-61 所示的电路的电流 I。$(-1.2\text{A};8\text{A})$

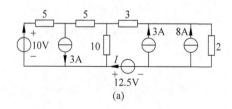

(a)

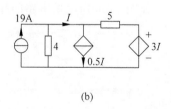

(b)

图 2-61 习题 2-16 图

2-17 如图 2-62 所示的电路中，若电阻 $R=4\Omega$，求 U_1 和 I_1；若 $U_1=4\text{V}$，求电阻 R。$(-10\text{V}/3,-3\text{A};6/7\Omega)$

2-18 如图 2-63 所示的电路中，$R_1=R_2=2\Omega$，$R_3=R_4=1\Omega$，求电压比 $\dfrac{u_\text{O}}{u_\text{S}}$。$(0.3)$

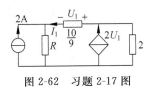

图 2-62　习题 2-17 图

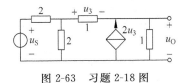

图 2-63　习题 2-18 图

2-19　求如图 2-64 所示的电路的输入电阻 R_{in}。$\left(-11\Omega; R_{in}=\dfrac{(\alpha-1)R_1-R_2}{(\alpha-1)(1-\beta)}\right)$

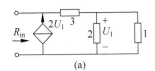
(a)

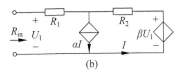
(b)

图 2-64　习题 2-19 图

2-20　利用叠加定理求如图 2-65 所示的电路中的电流 I。（1.5A；1/3A）

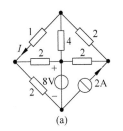
(a)

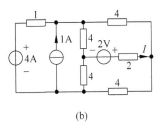
(b)

图 2-65　习题 2-20 图

2-21　如图 2-66 所示的电路中，当 $I_S=2A$ 时，$I=-1A$；当 $I_S=4A$ 时，$I=0A$。求 $I=1A$ 时，I_S 为多少？（6A）

2-22　如图 2-67 所示的电路中，当 $R=R_1$ 时，$I_1=5A$，$I_2=2A$；当 $R=R_2$ 时，$I_1=4A$，$I_2=1A$。求 $R=\infty$ 时，电流 $I_1=$？（3A）

图 2-66　习题 2-21 图

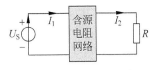

图 2-67　习题 2-22 图

2-23　电路如图 2-68 所示，求图 2-68(a) 的戴维南等效电路；求图 2-68(b) 的诺顿等效电路。（36V，16.8Ω；1A，7Ω）

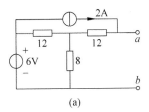
(a)

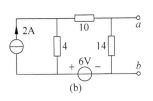
(b)

图 2-68　习题 2-23 图

2-24　电路如图 2-69 所示,试问电阻 R 为多大时,可获得最大功率? 并求此最大功率。
($20\Omega,0.2W$;$10\Omega,0.1W$)

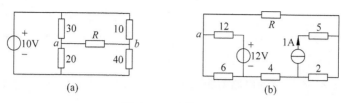

(a)　　　　　　　　　　　(b)

图 2-69　习题 2-24 图

2-25　电路如图 2-70 所示,试问电阻 R 为多大时,可获得最大功率? 并求此最大功率。($4\Omega,2.25W$)

2-26　电路如图 2-71 所示,欲使电压 U_0 不受电压源 U_S 的影响,试确定受控源的控制系数 α。(－1)

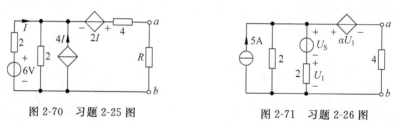

图 2-70　习题 2-25 图　　　　　　图 2-71　习题 2-26 图

2-27　电路如图 2-72 所示,已知当 $R=0$ 时,$I_2=6A$;$R=\infty$ 时,$I_2=9A$。a、b 端的戴维南等效电阻为 $R_i=9\Omega$。求电流 I_2 与电阻 R 的关系。$\left(I_2=\dfrac{9R+54}{R+9}\right)$

2-28　如图 2-73 所示的电路,已知当 $R_2=6\Omega$ 时,$U_2=6V$,$I_5=-4A$;当 $R_2=15\Omega$ 时,$U_2=7.5V$,$I_5=-7A$。问(1)R_2 获得最大功率的条件是什么? 最大功率为多大? (2)R_2 为何值时,R_5 获得最小功率? 此最小功率为多少? ($3\Omega,6.75W$;$2.4\Omega,0W$)

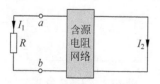
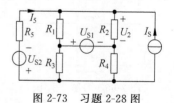

图 2-72　习题 2-27 图　　　　　　图 2-73　习题 2-28 图

2-29　利用等效变换概念求如图 2-74 所示的电路的最简等效电路。
(4A 电流源;4A 电流源;$15\Omega,40V$;$8/21\Omega,4/21V$)

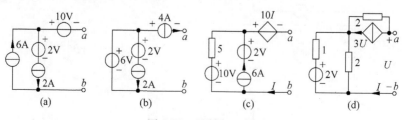

(a)　　　　(b)　　　　(c)　　　　(d)

图 2-74　习题 2-29 图

2-30　一个电路在两种情况下画成如图 2-75(a)和(b)所示。已知 $U=12.5\text{V}$，$I=10\text{mA}$，求网络 N 对 a、b 端的戴维南等效电路。(5k,10V)

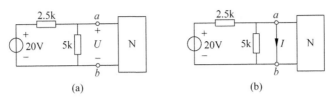

图 2-75　习题 2-30 图

2-31　已知如图 2-76(a)所示的中 U_S 作用时，R_2 的端电压为 U_2。若将电压源 U_S 去掉，在 R_2 两端并接电流源 I_S，如图 2-76(b)所示。求图 2-76(b)中的电流 I_R。$\left(I_R=\dfrac{U_2 I_\text{S}}{U_\text{S}}\right)$

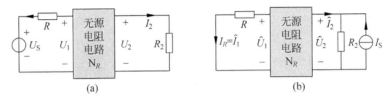

图 2-76　习题 2-31 图

2-32　电路如图 2-77 所示，已知当 $U_\text{S}=6\text{V}$，$R_2=2\Omega$ 时，$I_1=2\text{A}$，$U_2=6\text{V}$；当 $U_\text{S}=10\text{V}$，$R_2=4\Omega$ 时，$I_1=3\text{A}$，求此时的 $U_2=?$　(4V)

2-33　电路如图 2-78 所示，已知当 $U_\text{S}=12\text{V}$，$R_1=2\text{k}$，$R_2=6\text{k}$，$R_3=3\text{k}$，$R_4=6\text{k}$，$R_5=1.8\text{k}$。试用互易定理求电流 $I=?$（0.2mA）

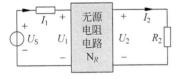

图 2-77　习题 2-32 图

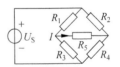

图 2-78　习题 2-33 图

2-34　电路如图 2-79(a)所示，当 2 端口加电流源 $I_{\text{S}1}=5\text{A}$ 时，测得 $U_1=15\text{V}$，$U_2=20\text{V}$。为使 2 端口的输出电流为 4A，在 1 端口处接电流源 $I_{\text{S}2}=3\text{A}$，在 2 端口处接一个电阻 R 与一个电压源 $U_\text{S}=15\text{V}$ 相串联的支路，如图 2-79(b)所示。求电阻 R。（2Ω）

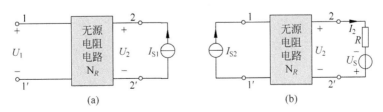

图 2-79　习题 2-34 图

2-35   用置换定理求如图 2-80 所示的电路的电压 U。（-10V）

2-36   用置换定理求如图 2-81 所示的电路的电流 I。（-0.5A）

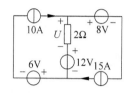

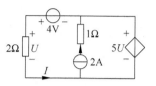

图 2-80   习题 2-35 图   图 2-81   习题 2-36 图

2-37   求如图 2-82 所示的电路的 a 点的电位 U_a。（12V）

2-38   求如图 2-83 所示的电路的电流 I。（-0.5A）

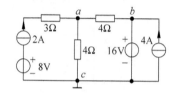

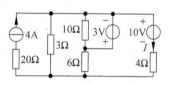

图 2-82   习题 2-37 图   图 2-83   习题 2-38 图

第 **3** 章

直流电路基本定律分析法

基于等效原理的电路分析方法对一些特定结构电路或局部电路的分析和计算是行之有效的,而实际中的电路问题常常比较复杂,很难只通过等效化简即可解决。另外,人们也常常需要了解全电路而不是某一条支路的特性,也就是要求解的未知量(变量)比较多,因此,等效法就显得"力不从心"。

本章将基于电路基本定律(电路约束条件)——基尔霍夫定律,给出一般电路(复杂电路)的具体分析方法,即"基本定律分析法",其特点是可以解决复杂电路的全电路求解问题,不足之处是分析求解过程比较复杂、工作量较大。

3.1　2b 分析法

众所周知,对某个电路进行分析,实际上就是要计算网络中每条支路的电压和电流,也就是全面了解电路特性。

对于任一个具有 n 个节点 b 条支路的电路(网络),因为共有 $2b$ 个未知量(b 个支路电压和 b 个支路电流),所以需要列写 $2b$ 个相互独立的电路方程并求解,才能完成对该电路的分析工作。那么,如何列写所需的 $2b$ 个电路方程呢?

可以证明:

(1) 该电路具有 $(n-1)$ 个节点必然相互独立,因此可以列出 $(n-1)$ 个相互独立的 KCL 方程;

(2) 该电路中必然有 $(b-n+1)$ 个网孔或独立回路,可以列出 $(b-n+1)$ 个相互独立的 KVL 方程;

(3) b 条支路必然有 b 个相互独立的支路伏安方程。

注:这里的"独立"就是指"线性无关"——即相互独立的方程不能用彼此的线性组合表示。

这样,以上总数为 $2b$ 个相互独立的方程就构成了全面分析该电路的方程组,对它们进行求解就可得出 b 个支路电压和 b 个支路电流。这种方法称为 $2b$ 分析法。

$2b$ 分析法是电路分析的最一般方法,是其他电路分析方法的基础,其中包含的电路分析基本概念很重要,因此,具有重要的理论价值,但因需要列写的方程数目较多,计算相对繁琐,所以,实际中很少采用这种方法。

从上述研究可知,电路的基本定律分析方法就是对主要由 KCL、KVL 构成的电路方程进行求解。下面所讨论的各种分析方法都是基于这个结论的。

3.2 支路电流法

根据数学知识可以知道,为了简化方程组计算,就必须减少方程的数目。因此,人们提出了支路电流分析法,简称"支路电流法"。

所谓"支路电流法"就是:

在 $2b$ 法的基础上,利用支路的伏安关系,用支路电流表示支路电压,也就是说,以支路电流作为首先求解的变量,这样,只要列出 $1b$ 个方程就可以了。这 $1b$ 个方程就是 $(n-1)$ 个独立的 KCL 方程和 $(b-n+1)$ 个独立的 KVL 方程。求出 b 个支路电流后,再利用支路的伏安关系求出 b 个支路电压,进而可以计算出电路其他变量,如功率等。

相对于 $2b$ 法,这种电路分析方法的方程数少了一半,因此称为 $1b$ 法或支路电流法。当然,也可以先求支路电压,再求支路电流,相应的方法称为支路电压法。支路电流法和支路电压法统称为支路分析法。这里只讨论支路电流法,因为支路电压法与支路电流法类似。

用支路电流法分析电路的一般步骤如下。

第一步:确定电路的节点数和网孔数,以便确定独立的 KCL 和 KVL 方程数。

第二步:设定各支路电流的符号和参考方向。

第三步:选取参考点,列写 $(n-1)$ 个 KCL 方程。

第四步:选取 $(b-n+1)$ 个网孔并设定网孔方向,列写各网孔的 KVL 方程。这些方程中支路电压都用支路电流表示。

第五步:联立求解上述 b 个方程,得到 b 条支路电流。

第六步:根据每条支路的伏安关系,再求出 b 条支路电压。

第七步:如有必要,再根据已求得的支路电流或支路电压求解电路中的其他变量,如功率等。

【例题 3-1】 求图 3-1(a)所示电路中各支路电流、支路电压 U_{ab} 及 9V 电源发出的功率。

解:(1) 电路共有 2 个节点,3 条支路,即 $n=2,b=3$。

(2) 设各支路电流符号和方向如图 3-1(a)。

(3) 选取节点 b 为参考点,列出节点 a 的 KCL 方程

$$I_1 - I_2 + I_3 = 0 \tag{1}$$

(4) 电路的网孔数为 2。列出 2 个网孔的 KVL 方程

$$\text{网孔 I} \quad 15 \times I_1 - 1 \times I_3 = 15 - 9 \tag{2}$$

$$\text{网孔 II} \quad 1.5 \times I_2 + 1 \times I_3 = 9 - 4.5 \tag{3}$$

(5) 联立上述三式可求得各支路电流为 $I_1=0.5\text{A}, I_2=2\text{A}, I_3=1.5\text{A}$。

(6) 支路电压 $U_{ab}=9-1\times I_3=9-1.5=7.5\text{V}$,当然也可由另外 2 条支路求出。

(7) 9V 电源发出的功率:$P=9\times I_3=9\times 1.5=13.5\text{W}$。

如果电路中含有受控源,可将受控源当作独立源处理,按上述方法列写电路方程,再补充一个受控源的受控关系方程,即可联立求解。

【例题 3-2】 图 3-1(b)所示电路，$R_1 = 1\Omega$，$R_2 = 2\Omega$，$R_3 = 4\Omega$，$U_S = 10V$，试用支路电流法求 I_1，I_2，I_3。

解：对于节点 a

$$I_1 = I_2 + I_3 \tag{1}$$

对于网孔 I

$$R_1 I_1 + R_2 I_2 = U_S \tag{2}$$

对于网孔 II

$$R_3 I_3 - R_2 I_2 = 2U_1 \tag{3}$$

再补充一个受控源的受控关系方程

$$U_1 = R_1 I_1 \tag{4}$$

联立以上 4 式可解出

$$I_1 = 6A，\quad I_2 = 2A，\quad I_3 = 4A$$

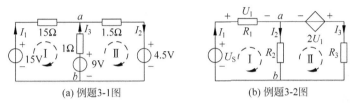

(a) 例题 3-1图   (b) 例题 3-2图

图 3-1 例题 3-1、例题 3-2 图

3.3 网络的独立变量

与 $2b$ 法相比，支路分析法已经减少了一半的方程数，但人们仍不满足，提出了能否进一步减少方程数的疑问。

对于一个需要求解多个未知量的电路，要想通过最少的变量个数或联立方程的个数求得全部未知量，就必须选择一组完备的独立变量。所谓完备变量指的是用这样一组电流或电压变量可以求得电路中所有电流和电压未知量，而这样一组变量如果少一个都不能完成求解任务；所谓独立变量指的是这组变量之中的任何一个不能被其他变量的线性组合所描述。比如一个节点的全部支路电流就不独立，因为根据 KCL，其中任何一个支路电流都可由其他支路电流组合得到；又比如一个回路全部元器件的端电压也不独立，因为根据 KVL其中任何一个元器件的端电压都可由其他元器件端电压的组合得到。因此，一组完备的独立变量既能保证联立方程个数不多余，又能够满足求得电路全部电流和电压未知量的需求。

那么，对于一个有 b 条支路，n 个节点的网络，如何得到这样一组完备的独立变量呢？

1. 完备独立电压变量

在第 1 章拓扑图的知识中可以知道，若选一个电网络的树支电压为变量，则它们一定是一组完备的独立变量。因为树支不包含回路，任何一个树支电压都不可能由其他树支电压组合得到；同时，所有连支电压却均可由树支电压的组合得到。所以，可以得到如下结论：

对于一个给定的网络,先选定一个树,然后选该树的所有树支电压为变量,这组电压变量就是一组完备独立的方程变量,其变量个数等于树支个数,即 $n-1$。也就是说,用完备独立电压变量求解,需要列写 $n-1$ 个联立方程式。

另外,需要注意的是,因为所有节点被树支连接,若设其中一个节点的电压为零,即设为参考点,则 $n-1$ 个树支电压变量可以用 $n-1$ 个节点电压变量取代。

2. 完备独立电流变量

对于一个选定树的网络,全部连支电流也是一组完备独立变量。由于每个节点至少有一个树支相连,也就是说,任何一个连支电流都不能由其他连支电流组合表示,而所有树支电流却都可由连支电流的组合求出。所以,可以得到如下结论:

对于一个给定的网络,先选定一个树,然后选所有连支电流为变量,则这组电流变量就是一组完备独立的方程变量,其变量个数等于连支个数,即 $b-n+1$。也就是说,用完备独立电流变量求解,需要列写 $b-n+1$ 个联立方程式。

由基本回路的概念可知,若选定一个树,则基本回路也就确定了。若设每个基本回路有一个虚拟的回路电流,则该电流与该基本回路的连支电流相同,也就是说,基本回路电流是一组可以取代连支电流的完备独立变量。需要注意的是,网孔也是基本回路,因此,网孔电流也可以作为完备独立变量。

显然,上述结论的得到并不涉及网络的具体元器件,具有普遍意义,这正是研究电路拓扑图的奥秘所在。而上述完备独立电压变量或电流变量的具体应用就是下面要介绍的节点电压法、网孔电流法和回路电流法。

3.4 节点电压法

既然已经能够根据节点得到网络的一组完备独立电压变量,那么,剩下的工作就是如何利用这组变量列写方程组并求解了。我们把这种利用节点电压变量求解全电路变量的方法称为"节点电压分析法",简称"节点电压法"。有的教材也称为"节点电位法"。

3.4.1 节点电压法概述

图 3-2 所示的电路由 6 个电导和 4 个电流源组成,有 a、b、c、d 四个节点和 6 条支路(把电流源和电导并联的电路看成是一条支路)。

由于 $n=4$、$b=6$,因此,需要列写 3 个电压变量方程。

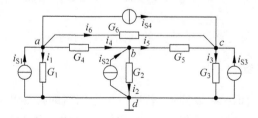

图 3-2 节点电压法原理例图

在图 3-2 中,选取支路 G_4-G_5-G_2 为一个树,并设节点 d 为参考点,即 d 点的电位为 $u_d = 0V$,则节点 a、b、c 与 d 点之间的电压(节点电压)为 u_a、u_b 和 u_c。根据欧姆定律,各电导支路的电流就可以用节点电压来表示,即

$$\begin{cases} i_1 = G_1 u_a \\ i_2 = G_2 u_b \\ i_3 = G_3 u_c \\ i_4 = G_4 u_{ab} = G_4 (u_a - u_b) \\ i_5 = G_5 u_{bc} = G_5 (u_b - u_c) \\ i_6 = G_6 u_{ac} = G_6 (u_a - u_c) \end{cases} \qquad (3\text{-}1)$$

从式(3-1)可知,只需求 3 个未知量 u_a、u_b 和 u_c 即可得到 i_1、i_2、i_3、i_4、i_5、i_6。显然,对于具有 n 个节点的电路,只需列写 $(n-1)$ 个 KCL 方程就可以了,比支路分析法减少了 $(b-n+1)$ 个回路的 KVL 方程。可见,用节点电压做未知量后,减少了方程个数,大大简化了计算。

仔细分析式(3-1)可以发现:

(1) 用节点电压作为电路方程的求解变量是以 KVL 为依据的。

(2) 以节点电压为变量的求解方程却是基于 KCL 列写的。

因此,节点电压法的实质就是基于 KCL 列写 $(n-1)$ 个以节点电压为变量的节点电流方程,求得 $(n-1)$ 个节点电压,进而实现对电路全面分析的过程或方法。

注意:在具体的分析步骤上可以称为列写"节点电压方程",但其方程实质是"节点电流方程"。

下面通过图 3-2 推出列写节点电压方程的具体步骤。

第一步:列出 6 条支路电流与 3 个节点电压的关系,如式(3-1)所示。

第二步:利用 KCL 列写出 3 个节点的电流方程。

对于节点 a,有

$$i_1 + i_4 + i_6 = i_{S1} - i_{S4}$$

对于节点 b,有

$$i_2 - i_4 + i_5 = i_{S2}$$

对于节点 c,有

$$i_3 - i_5 - i_6 = i_{S3} + i_{S4}$$

第三步:将式(3-1)代入上述三式,得到

$$\begin{cases} G_1 u_a + G_4 (u_a - u_b) + G_6 (u_a - u_c) = i_{S1} - i_{S4} \\ G_2 u_b - G_4 (u_a - u_b) + G_5 (u_b - u_c) = i_{S2} \\ G_3 u_c - G_5 (u_a - u_c) - G_6 (u_a - u_c) = i_{S3} + i_{S4} \end{cases}$$

经整理得到

$$\begin{cases} (G_1 + G_4 + G_6) u_a - G_4 u_b - G_6 u_c = i_{S1} - i_{S4} \\ (G_2 + G_4 + G_5) u_b - G_4 u_a - G_5 u_c = i_{S2} \\ (G_3 + G_5 + G_6) u_c - G_6 u_a - G_5 u_b = i_{S2} + i_{S4} \end{cases} \qquad (3\text{-}2)$$

第四步:若将连接于一个节点的电导之和称为自电导的话,则节点 a、b、c 的自电导分别为

$$G_{aa} = G_1 + G_4 + G_6$$

$$G_{bb} = G_2 + G_4 + G_5$$

$$G_{cc} = G_3 + G_5 + G_6$$

若将连接于两个节点之间的电导之和称为互电导的话,则节点 a、b、c 的互电导分别为

$$G_{ab} = G_{ba} = G_4$$
$$G_{ac} = G_{ca} = G_6$$
$$G_{bc} = G_{cb} = G_5$$

再设 $i_{Sa} = i_{S1} - i_{S4}$，$i_{Sb} = i_{S2}$，$i_{Sc} = i_{S3} + i_{S4}$，是指流入各节点所有电流源的代数和。流入节点的电流源取正值，流出节点的电流源取负值。

这样，式(3-2)就可写成

$$\begin{cases} G_{aa}u_a - (G_{ab}u_b + G_{ac}u_c) = i_{Sa} \\ G_{bb}u_b - (G_{ba}u_a + G_{bc}u_c) = i_{Sb} \\ G_{cc}u_c - (G_{ca}u_a + G_{cb}u_b) = i_{Sc} \end{cases} \tag{3-3}$$

该式就是图 3-2 电路最终的节点电压方程。

为了便于记忆，将式(3-3)写成一般形式，即

自电导×本节点电压 $- \sum$（互电导×相邻节点电压）= 流入本节点所有电流源的代数和

$$\tag{3-4}$$

对上述研究进行概括、提炼，给出节点电压法分析电路的一般步骤如下。

第一步：选取参考节点，并给其他独立节点编号。

第二步：确定自电导和互电导，按式(3-4)列写 $(n-1)$ 个独立节点的节点电压方程。

第三步：求解节点电压方程，得到各节点电压。

第四步：根据各节点电压，再求其他的电路未知量，如支路电流、电压、功率等。

【例题 3-3】 在图 3-2 所示电路中，若 $G_1 = G_2 = G_3 = 2S$，$G_4 = G_5 = G_6 = 1S$，$i_{S1} = 1A$，$i_{S2} = 4A$，$i_{S3} = 7A$，$i_{S4} = 2A$，求各支路电流。

解：将已知量代入式(3-2)有

$$\begin{cases} 4u_a - u_b - u_c = -1 \\ -u_a + 4u_b - u_c = 4 \\ -u_a - u_b + 4u_c = 9 \end{cases}$$

解得

$$u_a = 1V, \quad u_b = 2V, \quad u_c = 3V$$

各支路电流为

$$i_1 = G_1 u_a = 2 \times 1 = 2A, \quad i_2 = G_2 u_b = 2 \times 2 = 4A, \quad i_3 = G_3 u_c = 2 \times 3 = 6A$$

$$i_4 = G_4(u_a - u_b) = -1A, \quad i_5 = G_5(u_b - u_c) = -1A, \quad i_6 = G_6(u_a - u_c) = -2A$$

请注意，因为节点电压方程的本质是基尔霍夫电流定律，即 $\sum i_{出} = \sum i_{入}$，所以在节点电压方程中，方程的左边是与节点相连的电导上流出节点的电流之和，方程的右边则是与节点相连的电流源流入该节点的电流之和。若某个电流源上串有电导，那么该电导就不能再计入自电导和互电导之中，因为该电导上的电流就是与它串联的电流源的电流，而该电流已经计入了方程右边，换句话说，忽略与电流源串联的电导，对该电导之外的电路分析没有影响。这也与前面"对外电路而言，与电流源串联的元件可以去掉"的概念吻合。

【例题 3-4】 试列出图 3-3(a)所示电路的节点电压方程。

解：忽略电阻 R_1，则有：

a 点的节点电压方程为

$$\left(\frac{1}{R_2} + \frac{1}{R_4}\right)u_a - \frac{1}{R_4}u_b = i_{S1} - i_{S3}$$

b 点的节点电压方程为

$$\left(\frac{1}{R_3}+\frac{1}{R_4}\right)u_b-\frac{1}{R_4}u_a=i_{S2}$$

需要说明的是,把只有两个节点的电路称为单节偶电路,在列写节点电压方程时,任取一个节点为参考点,另一个节点(独立节点)的节点电压方程为

$$\left(\sum G\right)u = \sum i_{\mathrm{S}} \tag{3-5}$$

式中, $\sum G$ 是独立节点的自电导; u 是独立节点的节点电压,即与参考点之间的电压,又称节偶电压; $\sum i_{\mathrm{S}}$ 是流入独立节点的所有电流源电流的代数和。

由式(3-5)可得

$$u = \frac{\sum i_{\mathrm{S}}}{\sum G} \tag{3-6}$$

式(3-6)表明,对于只有两个节点的单节偶电路,节偶电压等于流入独立节点的所有电流源电流的代数和除以节偶中所有电导之和。该结论被称为弥尔曼定理。

【例题 3-5】 电路如图 3-3(b)所示,求电流 I_1。

解: 电路只有两个节点,为单节偶电路,由弥尔曼定理得节偶电压为

$$U_a = \frac{\sum I_{\mathrm{S}}}{\sum G} = \frac{5+8-10}{\dfrac{1}{5}+\dfrac{1}{10}} = 10\mathrm{V}$$

则电流 I_1 为

$$I_1 = \frac{U_a}{5} = \frac{10}{5} = 2\mathrm{A}$$

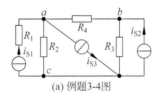 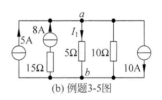

(a) 例题3-4图　　　　　(b) 例题3-5图

图 3-3　例题 3-4、例题 3-5 图

3.4.2　特殊情况的处理

3.4.1 节介绍的节点电压法是在电路中只含有电流源的前提下推导而成的。那么,当电路中出现以下情况时,节点电压方程又该如何列写呢?

1. 电路中含有有伴电压源

若电路中含有伴电压源,则直接将有伴电压源等效成有伴电流源即可。

2. 电路中含有无伴电压源

如果电路中含有无伴电压源,这时应视无伴电压源在电路中位置来处理。

（1）电压源的一端与参考点相连。在这种情况下，另一端的节点电压就是电压源的电压，显然，电路的节点电压方程就会减少一个，电路的计算更简单了。

（2）电压源的两端都不与参考点相连。此时电压源的两端跨接两个独立节点，可以把电压源当作电流源看待，然后设定电压源的电流，按式（3-4）列写节点电压方程。这时，所列方程中必然多出一个未知量，即电压源的电流值。为了能解出方程，应利用"电压源的电压等于其跨接的两个独立节点的节点电压之差"这个关系，再补充一个方程式，联立求解。

3. 电路中含有受控源

若电路中含有受控源，则将受控源当作独立电源看待列写节点电压方程。当然，当受控源的控制量不是某个节点的节点电压时，还需补充一个反映控制量与节点电压之间关系的方程式。

【例题 3-6】 如图 3-4（a）所示的电路，求出电流 I_3。

解：选 b 节点为参考点，列出 a 节点的节点电压方程为

$$\left(\frac{1}{3}+\frac{1}{9}+\frac{1}{15+6//6}\right)U_a = 6 - 4 + 0.9I_3 \tag{1}$$

根据欧姆定律补充受控参数方程为

$$I_3 = \frac{U_a}{3} \tag{2}$$

联立式（1）和式（2），解得 $U_a = 10\text{V}$，$I_3 \approx 3.3\text{A}$。

【例题 3-7】 如图 3-4（b）所示的电路，试用节点电压法求出电压 U_3。

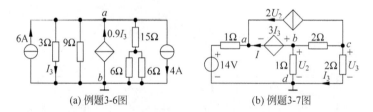

(a) 例题3-6图　　　　　　(b) 例题3-7图

图 3-4　例题 3-6、例题 3-7 图

解：选 d 点为参考点，设 a 点电压为 U_1，b 点为 U_2，c 点为 U_3，无伴受控电压源用电流 I 替代，则节点电压方程为：

节点 a

$$\left(\frac{1}{1}\right)U_1 = \frac{14}{1} + 2U_2 + I \tag{1}$$

节点 b

$$\left(\frac{1}{2}+1\right)U_2 - \frac{1}{2}U_3 = -I \tag{2}$$

节点 c

$$\left(\frac{1}{2}+\frac{1}{2}\right)U_3 - \frac{1}{2}U_2 = -2U_2 \tag{3}$$

补充电压源方程

$$3I_3 = U_2 - U_1 \tag{4}$$

由欧姆定律得

$$I_3 = \frac{U_3}{2} \tag{5}$$

利用式(1)和式(2)消去 I；利用式(4)和式(5)消去 I_3；然后结合式(3)，可解得：$U_1 = 13\text{V}$，$U_2 = 4\text{V}$，$U_3 = -6\text{V}$。

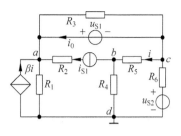

图 3-5　例题 3-8 图

【例题 3-8】 列出图 3-5 所示电路的节点电压方程。

解：特别注意电路中含有受控电流源 βi，无伴电压源 u_{S1}，与电流源 i_{S1} 串联的电阻 R_2 以及有伴电压源 u_{S2}。对 u_{S1} 支路用电流 i_0 替代，去掉 R_2，则有

$$\begin{cases} \left(\dfrac{1}{R_1}+\dfrac{1}{R_3}\right)u_a - \dfrac{1}{R_3}u_c = \beta i + i_0 + i_{S1} \\[2mm] \left(\dfrac{1}{R_4}+\dfrac{1}{R_5}\right)u_b - \dfrac{1}{R_5}u_c = -i_{S1} \\[2mm] -\dfrac{1}{R_3}u_a - \dfrac{1}{R_5}u_b + \left(\dfrac{1}{R_3}+\dfrac{1}{R_5}+\dfrac{1}{R_6}\right)u_c = -i_0 + \dfrac{u_{S2}}{R_6} \end{cases} \tag{1}$$

而

$$\begin{cases} i = \dfrac{u_c - u_b}{R_5} \\[2mm] u_a - u_c = u_{S1} \end{cases} \tag{2}$$

在式(1)中，利用第 1 和第 3 个方程消去电流 i_0，再将式(2)中的 i 代入，消去 i。然后，与式(1)中的第 2 个方程及式(2)中的第 2 个方程联立，得到

$$\begin{cases} \dfrac{1}{R_1}u_a + \dfrac{\beta-1}{R_5}u_b + \left(\dfrac{1-\beta}{R_5}+\dfrac{1}{R_6}\right)u_c = i_{S1} + \dfrac{u_{S2}}{R_6} \\[2mm] \left(\dfrac{1}{R_4}+\dfrac{1}{R_5}\right)u_b - \dfrac{1}{R_5}u_c = -i_{S1} \\[2mm] u_a - u_c = u_{S1} \end{cases}$$

3.5　网孔电流法

基于 KCL 列写节点电压方程可以减少分析电路的难度，那么根据对偶概念，基于 KVL 列写网孔电流方程是否具有同样的效果呢？答案是肯定的。

3.5.1　网孔电流法概述

对于一个具有 n 个节点 b 条支路的待解电路，若选择的基本回路正好是网孔，就能列写出 $(b-n+1)$ 个回路电流方程进行电路分析。这就引出了"网孔电流分析法"。

在图 3-6 所示的电路中，共有 $n=4$ 个节点、$b=6$ 条支路（把电压源和电阻串联的电路看成一条支路），显然，网孔数为 $b-n+1=3$ 个。

为了列写网孔电流方程，首先要定义网孔电流及其正方向。网孔电流就是假设在网孔中沿着构成该网孔各条支路流动的电流。如图 3-6 中的 i_a，i_b 和 i_c 就分别是网孔 a，b，c 的网孔电流。

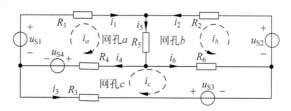

图 3-6　网孔电流法原理例图

有了网孔电流之后,电路中的任一支路(连支或树支)电流就都可以用网孔电流来表示(注意:相邻两个网孔间的公共支路电流可以用两个网孔电流的代数和表示,方向与支路电流相同取正值;反之,取负值),即有

$$i_1 = i_a, \quad i_2 = i_b, \quad i_3 = -i_c, \quad i_4 = i_a - i_c, \quad i_5 = i_a + i_b, \quad i_6 = i_b + i_c$$

注意:根据图的知识,若设一个网孔的网孔电流与该网孔的连支电流同向,则该连支电流等于该网孔电流;反之,连支电流取网孔电流的负值。

显然,原来的 6 个支路电流未知量就变成了 3 个网孔电流未知量,因此只需列写 3 个方程就可以了。

根据 KVL 可得各网孔的电流方程为:

网孔 a 　　$R_1 i_a + R_5(i_a + i_b) + R_4(i_a - i_c) + u_{S4} - u_{S1} = 0$

网孔 b 　　$R_2 i_b + R_5(i_a + i_b) + R_6(i_b + i_c) - u_{S2} = 0$

网孔 c 　　$R_3 i_c + R_4(i_c - i_a) + R_6(i_b + i_c) - u_{S4} - u_{S3} = 0$

整理得

$$\begin{cases} (R_1 + R_4 + R_5)i_a + R_5 i_b - R_4 i_c = u_{S1} - u_{S4} \\ R_5 i_a + (R_2 + R_5 + R_6)i_b + R_6 i_c = u_{S2} \\ -R_4 i_a + R_6 i_b + (R_3 + R_4 + R_6)i_c = u_{S3} + u_{S4} \end{cases} \tag{3-7}$$

显然,根据式(3-7)可以解出三个网孔电流 i_a、i_b 和 i_c,再根据网孔电流与支路电流的关系,即可求得所有支路电流。

如果把一个网孔所包含的全部电阻称为该网孔的自电阻,用 R_{xx} 表示;把相邻两个网孔间的公共电阻称为互电阻,用 R_{xy} 表示;把一个网孔内所有电压源的代数和用 u_{Sx} 表示的话,则有 $R_{aa} = R_1 + R_4 + R_5$,$R_{bb} = R_2 + R_5 + R_6$,$R_{cc} = R_3 + R_4 + R_6$,$R_{ab} = R_{ba} = R_5$,$R_{bc} = R_{cb} = R_6$,$R_{ac} = R_{ca} = -R_4$,$u_{Sa} = u_{S1} - u_{S4}$,$u_{Sb} = u_{S2}$,$u_{Sc} = u_{S3} + u_{S4}$,则式(3-7)可写为

$$\begin{cases} R_{aa} i_a + R_{ab} i_b + R_{ac} i_c = u_{Sa} \\ R_{ba} i_a + R_{bb} i_b + R_{bc} i_c = u_{Sb} \\ R_{ca} i_a + R_{cb} i_b + R_{cc} i_c = u_{Sc} \end{cases} \tag{3-8}$$

根据式(3-8)可以得到一个网孔电流方程的一般形式:

自电阻 × 本网孔电流 $\pm \sum$(互电阻 × 相邻网孔电流)

＝ 本网孔电压源沿电位升方向的代数和 　　　　　(3-9)

说明:自电阻全为正值;相邻两网孔电流方向相同,则互电阻为正,反之,互电阻为负;电压源电位升的方向与网孔电流方向一致时,该电压源取正值,反之,取负值。互电阻分正负的原因是为了区别两个相关回路电流在互电阻上产生的电压同方向或反方向情况。

特殊情况,若电路只有一个回路,也就是网孔,其中有若干个电阻和电压源,则回路电流

等于沿回路电流方向所有电压源电位升的代数和除以所有电阻之和,即有

$$i = \frac{\sum u_S}{\sum R} \tag{3-10}$$

式(3-10)也被称为全电路欧姆定律。

与节点电压法类似,仔细分析式(3-8)可以发现:

(1) 用网孔电流作为电路方程的求解变量是以 KCL 为依据的。

(2) 以网孔电流为变量的求解方程却是基于 KVL 列写的。

在具体的分析步骤上,虽然称为列写"网孔电流方程",但其方程实质是以网孔电流为变量的"回路电压方程"。

对上述研究进行概括可得:网孔电流法,就是基于 KVL 列写($b-n+1$)个以网孔电流为变量的回路电压方程,求得($b-n+1$)个网孔电流,进而实现对电路分析的过程或方法。

至此,可以给出网孔电流法的分析步骤如下:

第一步:确定网孔数并编号,同时标出网孔电流及其方向。通常,为方便记,所有网孔电流取向一致,或顺时针或逆时针。

第二步:确定自电阻和互电阻,按式(3-9)列写各网孔电流方程。

第三步:根据网孔电流方程求解出各网孔电流。

第四步:根据网孔电流求解出各支路电流及其他未知量。

另外,仔细观察式(3-4)和式(3-9)可以发现节点电压和网孔电流是互为对偶的,节点电压方程和网孔电流方程是互为对偶的,这也就验证了第2章对偶定理的结论。

【例题 3-9】 求图 3-7(a)所示电路中的各支路电流。$R_1=20\Omega, R_2=10\Omega, R_3=20\Omega$, $U_{S1}=30V, U_{S2}=10V$。

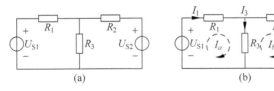

图 3-7 例题 3-9 图

解:设回路电流和支路电流如图 3-7(b)。

自电阻和互电阻为

$$R_{aa}=R_1+R_3=40\Omega, \quad R_{bb}=R_2+R_3=30\Omega, \quad R_{ab}=-R_3=-20\Omega$$

则网孔方程为

$$\begin{cases} 40I_a - 20I_b = 30 \\ -20I_a + 30I_b = -10 \end{cases}$$

可解出

$$I_1=I_a=0.875A, \quad I_2=I_b=-0.25A, \quad I_3=I_a-I_b=0.625A$$

3.5.2 特殊情况的处理

3.5.1节介绍的网孔电流法是在电路中只含有电压源的前提下推导而成的。那么,当

电路中出现以下情况时,网孔电流方程又该如何列写呢?

1. 电路中含有有伴电流源

若电路中含有伴电流源,则直接将有伴电流源等效成有伴电压源即可。

2. 电路中含有无伴电流源

如果电路中含有无伴电流源,这时应视无伴电压源在电路中位置来处理。

(1) 电流源处于电路的边界支路上。这时电流源所在网孔的网孔电流即电流源的电流,因此可以少列一个网孔方程。有几个这样的电流源,就可以减少几个网孔方程。这种情况反而使问题更简单了。

(2) 电流源处于电路中两个相邻网孔的公共支路上。通常是设电流源两端的电压为变量,把电流源当作电压源处理,列写网孔方程。这样,所列的方程中必然多出一个未知量,即电流源的电压。这时可以利用电流源的电流与网孔电流之间的 KCL 关系再补充一个方程。

3. 电路中含有受控源

若电路中含有受控源,则将受控源当作独立电源看待列写网孔电流方程。当然,当受控源的控制量不是某个网孔的网孔电流时,还需补充一个反映控制量与网孔电流之间关系的方程式。

【例题 3-10】 在图 3-8 所示电路中,求电流源的端电压 U。

解:设三个网孔电流如图 3-8 所示。网孔电流 I_1 等于电流源的电流 2A。则有网孔电流方程为

$$\begin{cases} I_1 = 2 \\ -2I_1 + (2+2+4)I_2 - 4I_3 = 0 \\ -4I_2 + 4I_3 = 4 \end{cases} \tag{1}$$

网孔 1 中 1Ω 电阻上的电压为 $1 \times (-I_1) = -I_1$,2Ω 电阻上的电压为 $2(I_2 - I_1)$,则电流源的端电压为

$$U = -I_1 + 2(I_2 - I_1) \tag{2}$$

联立式(1)和式(2),可解得

$$I_2 = 2A, \quad I_3 = 3A, \quad U = -2V$$

【例题 3-11】 在图 3-9 所示电路中,求各支路电流。

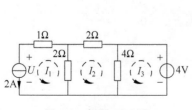

图 3-8 例题 3-10 图

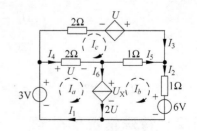

图 3-9 例题 3-11 图

解：该电路有两个受控源，控制量均为 2Ω 电阻上的电压 U。因为存在无伴受控电流源 $2U$，所以设其端电压为 U_x，则网孔方程为

$$\begin{cases} 2I_a - 2I_c = 3 - U_x \\ 2I_b - I_c = -6 + U_x \\ -2I_a - I_b + 5I_c = U \end{cases} \tag{1}$$

根据欧姆定律和 KVL，在网孔 1 中列写控制量和受控源方程

$$\begin{cases} U = 2(I_a - I_c) \\ U_x - 3 + U = 0 \end{cases} \tag{2}$$

将式 (2) 代入式 (1)，整理后得

$$\begin{cases} 2I_a + 2I_b - 3I_c = -3 \\ -4I_a - I_b + 6I_c = 0 \\ -3I_a - I_b + 4I_c = 0 \end{cases} \tag{3}$$

解出

$$I_1 = I_a = 2\text{A}, \quad I_2 = I_b = -2\text{A}, \quad I_3 = I_c = 1\text{A}$$

再由 KCL 可得

$$I_4 = I_a - I_c = 1\text{A}, \quad I_5 = I_b - I_c = -3\text{A}, \quad I_6 = I_a - I_b = 4\text{A}$$

【例题 3-12】 在图 3-10(a) 所示电路中，利用网孔电流法求电流 i_0。

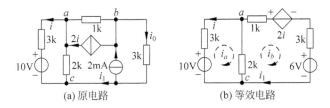

图 3-10　例题 3-12 图

解：先将受控电流源和独立电流源分别等效为电压源并给出网孔电流及其方向，如图 3-10(b)。

列出两个网孔的电流方程

$$\begin{cases} 5i_a - 2i_b = 10 \\ -2i_a + 6i_b = -2i - 6 \end{cases} \tag{1}$$

补充受控电源方程

$$i = -i_a \tag{2}$$

将式 (2) 代入式 (1)，消去 i，再消去 i_a，解得

$$i_b = \frac{5}{11}\text{mA}$$

求 i_0 必须回到原电路中，因为 $i_1 = i_b$，所以，根据 KCL 得

$$i_0 = 2 + i_1 = 2 + \frac{5}{11} = \frac{27}{11} \approx 2.45\text{mA}$$

该题的关键是要清楚电源等效不适用于内部，即 2mA 电流源和 $3\text{k}\Omega$ 电阻等效为 6V 有伴电压源后，i_0 不等于流过该电压源的电流。

当然,本题也可用节点电压法做。设 c 点为参考点,将电压源转化为电流源,可得方程

$$\begin{cases} \left(\dfrac{1}{3}+\dfrac{1}{2}+1\right)u_a - u_b = \dfrac{10}{3}+2i \\[2mm] -u_a + \left(\dfrac{1}{3}+1\right)u_b = 2-2i \end{cases} \tag{3}$$

补充受控源方程

$$i = \frac{u_a - 10}{3} \tag{4}$$

将式(4)代入式(3),消去 i,再消去 u_a,可解得

$$u_b = \frac{81}{11}\text{V}$$

根据欧姆定律有

$$i_0 = \frac{u_b}{3} = \frac{81}{3\times 11}\text{A} = \frac{27}{11}\text{A} \approx 2.45\text{A}$$

通常,对于一个复杂电路的求解,节点电压法和网孔电流法均可采用。如果网孔数目大于等于节点数目,原则上应该采用节点电压法,因为方程数目比网孔电流法少。但具体问题还应该具体分析,要根据实际的求解变量更适合于哪种方法,从而做出适当的选择。比如本题虽然两种方法方程数相同,但节点电压法更简单些,在概念上不容易出错。

3.6　回路电流法

若选择的基本回路不是网孔,则"网孔电流法"就变成了"回路电流法"。

比如在图 3-11 中,除了"网孔 a"、"网孔 b"和"网孔 c",还有"回路 d"、"回路 e"、"回路 f"和"回路 g"。显然,只要在其中任意选择 3 个基本回路,就可以按照"网孔电流法"的步骤分析电路。

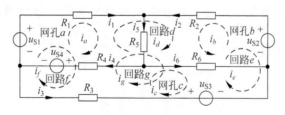

图 3-11　回路电流法原理例图

那么,回路电流法与网孔电流法有何异同点呢?

答案是这样的:

(1) 在电路中"网孔"比"回路"更容易识别,因此,通常的分析就直接选用"网孔"作为独立回路并列写其电流方程。

(2)"网孔法"只适用于平面电路,对于非平面电路就必须采用"回路法"。

(3)"网孔法"中的公共支路(互电阻)只涉及两个网孔电流,而"回路法"中的公共支路可能涉及多于两个的回路电流。

(4) 一个给定的平面电路其网孔是确定的,所列写的网孔电流方程是唯一的。但因为树

的不同,基本回路就不同,所以,可列写的基本回路电流方程组就不唯一。这一特点虽然给选择回路列写方程带来了一定的困难,但也为求解电路提供了选择的空间,增加了解题的灵活性。比如,若两个网孔的公共支路上含有无伴电流源,那么,按网孔电流法,就有两个网孔电流为未知量;但是在回路电流法中,可以另选一个回路避开无伴电流源,让无伴电流源只属于一个网孔或回路方程,这样,该网孔(回路)的网孔(回路)电流就是电流源的大小,从而减少了一个电路变量。

　　(5)"回路法"的特殊情况处理方法与"网孔法"一样,但"回路法"有可能通过选择不同的回路减少一些特殊情况的影响,从而简化求解过程。

　　(6)网孔法可以解决的问题,回路法也一定胜任,而回路法可以解决的问题,网孔法却不一定能够解决。

　　(7)因为当选择的基本回路都是网孔时,"回路法"就是"网孔法",所以有些教材不区分"网孔法"与"回路法",统一称为"回路法"。

　　显然,回路法比网孔法适用面更广、使用更灵活,但相对而言,方程列写难度较大。可以认为网孔法是回路法的特例,而回路法是网孔法的推广和延伸。两种方法的实质是一样的,都是利用 KVL 列写回路电流方程。

　　回路法的分析步骤与网孔法一样,为便于记忆,依然给出其分析步骤如下:

　　第一步:根据具体情况,选择相应的基本回路并标出回路电流及其方向。通常,为方便计,所有回路电流取向一致,或顺时针或逆时针。

　　第二步:确定自电阻和互电阻,按式(3-9)列写各回路电流方程。

　　第三步:根据回路电流方程求解出各回路电流。

　　第四步:根据回路电流求解出各支路电流及其他未知量。

　　下面通过例题说明回路法的应用。

　　【例题 3-13】 求图 3-12(a)所示电路中的各支路电流。

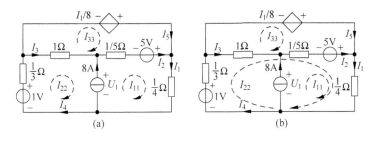

图 3-12　例题 3-13 图

　　解: 观察电路发现,两个网孔之间有个 8A 无伴电流源。若采用网孔法,则两个网孔电流 I_{11}、I_{22} 均为未知量。列写网孔电流方程

$$
\begin{cases}
\left(\dfrac{1}{4}+\dfrac{1}{5}\right)I_{11}-\dfrac{1}{5}I_{33}=5+U_1 \\[2mm]
\left(1+\dfrac{1}{3}\right)I_{11}-I_{33}=1-U_1 \\[2mm]
-\dfrac{1}{5}I_{11}-I_{22}+\left(1+\dfrac{1}{5}\right)I_{33}=-5+\dfrac{I_1}{8} \\[2mm]
I_1=I_{11},\quad I_{11}-I_{22}=8
\end{cases}
$$

解得

$$I_{11}=8\text{A};\quad I_{22}=0\text{A};\quad I_{33}=-2\text{A};\quad U_1=-1\text{V}$$

各支路电流为

$$I_1=I_{11}=8\text{A};\quad I_2=I_{11}-I_{33}=10\text{A};\quad I_3=I_{22}-I_{33}=2\text{A};$$
$$I_4=I_{22}=0\text{A};\quad I_5=I_{33}=-2\text{A}$$

若采用回路法,另选择一个回路 2 如图 3-12(b)所示。则 8A 无伴电流源只属于回路 1,即回路电流 $I_{11}=8\text{A}$ 是已知的,这样就只有 I_{22} 和 I_{33} 为未知量,则回路电流方程为

$$\begin{cases} I_{11}=8 \\ \left(\dfrac{1}{4}+\dfrac{1}{5}\right)I_{11}+\left(\dfrac{1}{3}+1+\dfrac{1}{4}+\dfrac{1}{5}\right)I_{22}-\left(1+\dfrac{1}{5}\right)I_{33}=1+5 \\ -\dfrac{1}{5}I_{11}-\left(1+\dfrac{1}{5}\right)I_{22}+\left(1+\dfrac{1}{5}\right)I_{33}=-5+\dfrac{I_1}{8} \\ I_1=I_{11}+I_{22} \end{cases}$$

解得

$$I_{22}=0\text{A};\quad I_{33}=-2\text{A}$$

可见,该题应用回路电流法比网孔电流法简单。

【例题 3-14】 求图 3-13 所示电路中的电流 I 及受控电流源的功率 P。

解:观察电路可知,网孔 1 和网孔 2 之间有 5A 电流源,若按网孔法列方程,比较麻烦。现选回路 2 如图 3-13 中实线所示,则回路 1 回路电流 $I_{11}=5\text{A}$ 为已知,回路 2 回路电流也可认为与受控电流源相等,即 $I_{22}=0.25U_2$。剩下一个回路 3 的回路电流方程为

$$(1+1+5)I_{33}-5I_{11}+I_{22}=1-20-4 \quad\rightarrow\quad 7I_{33}-5I_{11}+I_{22}=-23$$

再补写一个受控参数方程(5Ω 电阻的端电压)

$$U_2=(I_{33}-I_{11})\times5$$

联立上述 4 式,可求得

$$I_{22}=-5\text{A},\quad I_{33}=1\text{A},\quad U_2=-20\text{V}$$

从图中可见,

$$I=-(I_{22}+I_{33})=-(-5+1)=4\text{A}$$

设受控源的端电压如图 3-13 所示。则在回路 2 中,根据 KVL 可得

$$-U+5I_{22}+10(I_{11}+I_{22})+4+(I_{22}+I_{33})\times1=0$$

解得

$$U=-25\text{V}$$

则受控源发出的功率为

$$P=UI_{22}=-25\times(-5)=125\text{W}$$

【例题 3-15】 求图 3-14 所示电路中的电压 U_0。

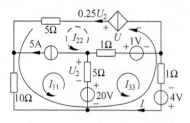

图 3-13　例题 3-14 图

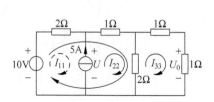

图 3-14　例题 3-15 图

解：若按网孔法可列写出 3 个网孔电流方程和辅助方程为

$$\begin{cases} 2I_{11} + U = 10 \\ 3I_{22} - 2I_{33} - U = 0 \\ -2I_{22} + 4I_{33} = 0 \\ I_{22} - I_{11} = 5 \end{cases}$$

解得

$$I_{33} = 2.5\text{A}, \quad U_0 = 2.5\text{V}$$

若按回路法可列写出 3 个回路(见实线回路)电流方程为

$$\begin{cases} 5I_{11} + 3I_{22} - 2I_{33} = 10 \\ I_{22} = 5 \\ -2I_{11} - 2I_{22} + 4I_{33} = 0 \end{cases}$$

同样解得

$$I_{33} = 2.5\text{A}, \quad U_0 = 2.5\text{V}$$

显然，用回路法比较简单。

注意：此题中回路 3 的 2Ω 电阻支路就是 3 个回路的公共支路。

通过前面的介绍可以知道，无论是 $1b$ 法、节点电压法、网孔电流法还是回路电流法都可有效地减少电路变量的个数，也就是电路求解方程的个数，从而大大减少了电路分析(求解方程)的复杂度和难度。但是，必须认识到求解方程的工作量并没有减少，仍然需要求解 $2b$ 个未知量(类似于中学物理中杠杆"省力不省功"的概念)。$1b$ 法、节点电压法、网孔电流法和回路电流法相对于 $2b$ 法只不过是将 $2b$ 个未知量分为两步求解而已，也就是说，先列写以支路电流或电压、节点电压或网孔电流(回路电流)为变量的方程(方程数小于 $2b$)，求解后再根据 KCL 或 KVL 列写剩余变量的方程，最后求得全部 $2b$ 个未知量。用通俗的话来讲，$1b$ 法、节点电压法、网孔电流法和回路电流法能够简化求解的实质就是"化整为零，分而治之"。

综上所述，本章的主要概念及内容可以用图 3-15 概括。

图 3-15 第 3 章主要概念及内容示意图

3.7 小知识——日光灯的工作原理

日光灯是在日常生活中常见的一种用电设备。普通日光灯电路由灯管、启辉器和镇流器三个部分组成，如图 3-16 所示。日光灯管是一个玻璃管，其内壁涂有一层荧光物质，管两端装有灯丝电极,灯丝上涂有受热后易发射电子的氧化物,管内充有稀薄的惰性气体和水银蒸气。启辉器由一个充有氖气的小氖泡和一个小容量的电容组成。氖泡内部装有两个电极,一个是静触片,一个是由两个膨胀系数不同的金属制成的 U 型动触片,这样做的目的是当温度升高时,两个金属片因膨胀系数不同,导致其向膨胀系数低的一侧弯曲,从而与静触片接触,而当温度降低后,又可以离开静触片恢复原来的位置。镇流器是一个带有铁芯的电感线圈。

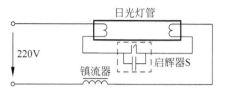

图 3-16　普通日光灯电路的组成

当按动或拉动电源开关接通 220V 市电时,由于灯管没有点燃(没有电流通过),启辉器的辉光管上(管内的固定触头与倒 U 形双金属片之间)就会因承受 220V 的电压而辉光放电,使倒 U 形双金属片受热弯曲而与固定触头接触,从而使电流通过镇流器及灯管两端的灯丝及启辉器构成回路,这时的电流称为启动电流。

灯丝在启动电流的作用下被加热而发射电子。同时,启辉器中的倒 U 形双金属片由于辉光放电结束而冷却,与固定触头分离,使电路突然断开。在此瞬间,镇流器产生的较高感应电压与电源电压叠加为高于电源电压的启动电压(约 400～600V)就会加在灯管的两端,迫使管内发生弧光放电而发光,也就是灯管被点燃。灯管点燃后,由于镇流器的限流作用,使得灯管两端的电压变低,通常 30W 的灯管约为 100V 左右。此时,虽然启辉器与灯管并联,但较低的电压不能使启辉器再次动作,启辉器相当于开路。

可见,启辉器的作用就是自动瞬间切断电路,使得镇流器产生感应电动势,为灯管的点燃提供高电压。实际中,启辉器可以由一个按钮开关代替,由人工控制代替启辉器工作。这样做的好处是可以省电。在日光灯正常工作时,当外部断电后再来电,日光灯不会点亮,除非有人按一下按钮。在统一控制教室照明的时候可以采用这种方法。

3.8　习题

3-1　为什么说"节点电压法"的实质是 KCL,而"网孔电流法"的实质是 KVL?

3-2　"网孔电流法"的互电阻为什么有正负之分,而"节点电压法"的互电导却总取负值?

3-3　怎样做可以使"网孔电流法"的互电阻始终取负值?

3-4　用支路电流法求如图 3-17 所示电路的各支路电流。(6A,－2A,4A)

3-5　用支路电流法求如图 3-18 所示电路两个电压源各自输出的功率。(1.2W,－0.1W)

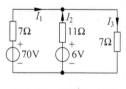

图 3-17　习题 3-4 图

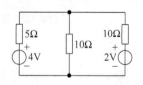

图 3-18　习题 3-5 图

3-6　用节点电压法求如图 3-19 所示电路的各支路电流。(1.8A,2.2A,0.8A)

3-7　用节点电压法求如图 3-20 所示电路中的 U 和 I。(8V,1A)

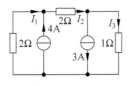

图 3-19 习题 3-6 图

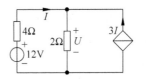

图 3-20 习题 3-7 图

3-8 用节点电压法求如图 3-21 所示电路的各支路电流。(2V,1/3,2,1,2/3A; 12/7V, 20/7V)

3-9 如图 3-22 所示的电路,求 U 和 I。(2V,2mA)

3-10 如图 3-23 所示的电路,求开关 S 打开及闭合时的 U 值。(-100V,14.3V)

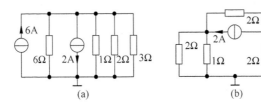

图 3-21 习题 3-8 图

图 3-22 习题 3-9 图

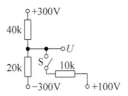

图 3-23 习题 3-10 图

3-11 电路如图 3-24 所示,用节点电压法求电压 U。(-1V)

3-12 电路如图 3-25 所示,问 R 为何值时,$I=0$?(3Ω)

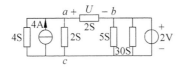

图 3-24 习题 3-11 图

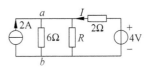

图 3-25 习题 3-12 图

3-13 电路如图 3-26 所示,网络 N 的端口特性为 $I=-3U+6$,用戴维南定理或诺顿定理和节点电压法求电流 I_1。(3A)

3-14 电路如图 3-27 所示,用节点电压法求各支路电流。(0.8,4.8,-2,2,2/3,-2.13A)

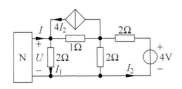

图 3-26 习题 3-13 图

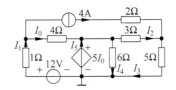

图 3-27 习题 3-14 图

3-15 用网孔电流法求如图 3-28 所示的电路中的 I 和 U_{ab}。($3\mathrm{A}$，$-3\mathrm{V}$)

3-16 用网孔电流法求如图 3-29 所示的电路中的各支路电流。($-4\mathrm{A}$，0，$4\mathrm{A}$)

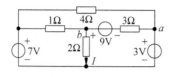

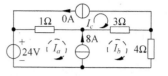

图 3-28 习题 3-15 图   图 3-29 习题 3-16 图

3-17 电路如图 3-30 所示，用网孔电流法求流过 8Ω 电阻的电流。($-3.83\mathrm{A}$)

3-18 电路如图 3-31 所示，用网孔电流法求电压 U。($3.75\mathrm{V}$)

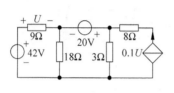

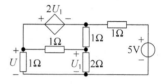

图 3-30 习题 3-17 图   图 3-31 习题 3-18 图

3-19 电路如图 3-32 所示，用网孔电流法求电路中的电流 I。($5\mathrm{A}$)

3-20 电路如图 3-33 所示，用网孔电流法求电路中的电压 U。($7\mathrm{V}$)

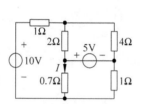

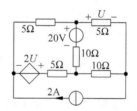

图 3-32 习题 3-19 图   图 3-33 习题 3-20 图

3-21 电路如图 3-34 所示，用网孔电流法求电路中的电流 I。($0.8\mathrm{A}$)

3-22 电路如图 3-35 所示，用网孔电流法求电路中的电压 U。($10\mathrm{V}$)

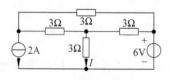

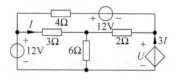

图 3-34 习题 3-21 图   图 3-35 习题 3-22 图

3-23 已知某电路的网孔电流方程为

$$\begin{cases} 3I_{11} - I_{22} - 2I_{33} = 1 \\ -I_{11} + 6I_{22} - 3I_{33} = 0 \\ -2I_{11} - 3I_{22} + 6I_{33} = 6 \end{cases}$$

试画出相应的电路图。

3-24 电路如图 3-36 所示,用回路法求 4Ω 电阻的功率。(64W)

3-25 电路如图 3-37 所示,用回路法求电流 I。(−0.25A)

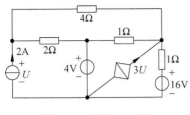 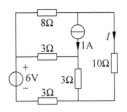

图 3-36 习题 3-24 图   图 3-37 习题 3-25 图

3-26 求如图 3-38 所示的电路中的电流 I。(4/3A)

3-27 电路如图 3-39 所示,若要 $U_{ba}=1\text{V}$,请确定 I_S 的大小。(5A)

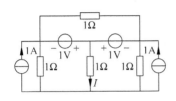 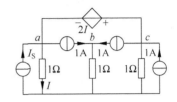

图 3-38 习题 3-26 图   图 3-39 习题 3-27 图

第 4 章

正弦稳态电路基本理论

通过前几章的学习,已经对电阻电路在直流状态下的各种分析方法有所掌握。由于电阻电路是即时电路,所以,其在交流状态下的分析方法与直流状态下的一样,只需把表示直流电的 U 和 I 变为表示交流电的 u 和 i 即可。而含有动态元件的电路具有动态或记忆特性,其表现与即时电路有很大的不同,因此,本章将向大家介绍含有动态元件(电容和电感)的电路在正弦交流状态下也就是正弦稳态电路的分析方法。

所谓"正弦稳态电路"指的是在正弦信号(电源)作用(激励)下,经过一段时间后(通常,这个时间段很短暂),电路中各点响应(电压或电流)中暂时存在的部分(分量)为零(消失了),只剩下可以随激励(输入信号)一起长时间存在的稳定部分(分量)的交流电路。其特点是电路中各点的响应(电压或电流)依然是与输入(激励)信号(电源)同频率的正弦信号。后面所涉及的交流电路若不加说明,均指正弦稳态电路。

4.1 研究交流电路的意义

研究交流电路的意义主要有以下两个方面。

(1) 在生活、学习和工作中所用的电能有两个来源,一是提供直流电能的各种电池,二是提供交流电能的市电(单相 220V)或工业用电(三相 380V)系统。电视、冰箱、洗衣机、电脑、照明、取暖等都需要用交流电,而工业生产就更不用说了,显然,交流电在人类生活和生产实践中扮演着非常重要的角色。因此,对交流电路的了解和认识应该成为当代年轻人必须具备的基本常识。

(2) 在各种电子设备和仪器中,对各种频率正弦交流信号的处理是必不可少的,比如放大、振荡、倍频、滤波等等。有些信号表面上看起来不是正弦交流信号(比如方波),但经过特殊处理,比如用傅里叶级数进行分解,就会变成无数个不同频率正弦信号分量的代数和。因此,正弦交流电路是设计和研究各种信号处理电路的基础。

4.2 直流电路和交流电路分析的主要差异

从分析研究的角度来看,直流电路和交流电路的主要异同点如下:

(1) 电路构成不同。直流电路由纯电阻构成,而交流电路至少要包含一个动态元件。

(2) 电源不同。直流电路由直流电源供电(主要是各种电池),而交流电路由交流电源供电(市电、工业用电或交流信号源)。

(3) 研究内容不同。交流电路除了研究与直流电路相同的电压、电流、功率、元件参数等,还要研究相位、频率、幅值、阻抗、功率因数等内容。

(4) 研究方法大同小异。由于两种电路都必须满足电路基本定律,所以它们在研究方法上基本相同。这也为大家学习交流电路分析提供了一个思路,只要牢固掌握直流电路的分析方法,就不难理解和掌握交流电路的分析方法。二者的主要差别在于交流电路分析增加了对动态元件以及因此而展开的研究内容。

4.3　相量与复数的基本概念

4.3.1　相量及相量分析法

我们知道,正弦交流电是对大小和方向满足正弦规律变化的电流和电压的统称。为了方便计,我们去掉具体的物理概念,把满足正弦规律变化的电量(信号),比如正弦电压、正弦电流也就是正弦交流电简称为"正弦量"。

对正弦量的描述通常有解析式和图形两种方法。但由于在对交流电路的分析和研究中,这两种表征方法都不够方便,所以,德国-澳大利亚数学家斯坦梅茨(Charles Proteus Steinmetz)于 1893 年为研究正弦量提出了一种新的表示方法——相量表示法。

所谓"相量表示法"就是将正弦量用相量形式表示。其实质是对正弦量进行了一种由时域到频域的变换,通常称为相量变换。之所以不把相量表达式直接称为频域表达式,是因为相量表达式中不显含频率变量。而"相量"是一种以复数形式表征正弦量大小和相位的数学表达式。

由于正弦量经过相量变换后,动态元件伏安关系的微分或积分形式就转变成了代数形式,所以,描写动态电路的微分方程就变成了代数方程,从而使电路的分析和计算得到了简化。这种基于正弦信号相量形式的分析方法被称为"相量分析法",而可"将微分方程变成代数方程"就是相量分析法的精髓。

显然,根据"相量"的概念,相量法分析要涉及到复数及复数运算,因此,有必要先简单介绍一下复数的基本概念和运算性质。

4.3.2　复数

"复数",顾名思义,可以理解为"复合之数",即由一个实数和一个虚数复合而成。

设一个复数为 F,其实数部分为 a,虚数部分为 b,则该复数可表示为

$$F = a + jb \tag{4-1}$$

式中,$j = \sqrt{-1}$ 称为虚单位,与数学中的虚单位 i 同义。由于在电路分析中字母 i 常用来代表电流,所以电路分析中的虚单位就用字母 j 来表示。a 称为复数 F 的实部,记作 $\mathrm{Re}[F]$,b 称为复数 F 的虚部,记作 $\mathrm{Im}[F]$。由于式(4-1)为实部和虚部两项之和,所以称为复数的代数形式。

为了便于研究复数,人们引入了复数平面坐标系,简称"复平面",即以实部 $\mathrm{Re}[\cdot]$ 为横轴,虚部 $\mathrm{Im}[\cdot]$ 为纵轴构成的平面坐标系,如图 4-1(a)、(b)所示。

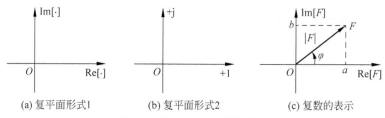

图 4-1　复平面及复数的表示

在复平面中,复数 F 可用一条从原点开始的有向线段来表示,如图 4-1(c)所示。线段的长度称为复数 F 的模,记为 $|F|$,其在横轴的投影记为 a,在纵轴的投影记为 b;线段与实轴的夹角 φ 称为复数 F 的辐角,则有

$$|F| = \sqrt{a^2 + b^2}, \quad \varphi = \arctan \frac{b}{a}$$

显然,$a = |F|\cos\varphi$,$b = |F|\sin\varphi$,据此,复数 F 又可以表示为

$$F = |F|\cos\varphi + \mathrm{j}|F|\sin\varphi \tag{4-2}$$

式(4-2)称为复数的三角表示形式。根据欧拉公式

$$\begin{cases} \cos\omega_0 t = \dfrac{e^{\mathrm{j}\omega_0 t} + e^{-\mathrm{j}\omega_0 t}}{2} \\ \sin\omega_0 t = \dfrac{e^{\mathrm{j}\omega_0 t} - e^{-\mathrm{j}\omega_0 t}}{2\mathrm{j}} \end{cases} \rightarrow \begin{cases} \cos\varphi = \dfrac{e^{\mathrm{j}\varphi} + e^{-\mathrm{j}\varphi}}{2} \\ \sin\varphi = \dfrac{e^{\mathrm{j}\varphi} - e^{-\mathrm{j}\varphi}}{2\mathrm{j}} \end{cases}$$

可以进一步得到复数的指数表示形式

$$F = |F|e^{\mathrm{j}\varphi} \tag{4-3}$$

式(4-3)也可用极坐标形式表示,则

$$F = |F|\angle\varphi \tag{4-4}$$

式(4-1)～式(4-4),分别是同一个复数的不同表示形式。在复数的运算中,经常会用到复数的代数形式和极坐标形式。一般而言,复数的加减运算用代数形式比较方便,而复数的乘除运算则更适合用极坐标(指数)形式。因此,在使用时要根据不同的运算情况灵活地采用不同的复数表示形式,并且能够熟练地掌握不同表示形式之间的相互转换。

4.3.3　复数的运算

1. 复数的相等

设两个复数 $F_1 = a_1 + \mathrm{j}b_1$、$F_2 = a_2 + \mathrm{j}b_2$,则,当且仅当 $a_1 = a_2$、$b_1 = b_2$,或者 $|F_1| = |F_2|$、$\varphi_1 = \varphi_2$ 时,两个复数才相等,即 $F_1 = F_2$。

2. 复数的加减

设两个复数 $F_1 = a_1 + \mathrm{j}b_1$、$F_2 = a_2 + \mathrm{j}b_2$,则

$$F_1 \pm F_2 = (a_1 \pm a_2) + \mathrm{j}(b_1 \pm b_2) \tag{4-5}$$

复数的加减也可以在复平面内像向量那样通过几何法来求得,如图 4-2(a)所示。

3. 复数的乘除

设两个复数 $F_1 = a_1 + \mathrm{j}b_1$、$F_2 = a_2 + \mathrm{j}b_2$,则

$$F_1 \times F_2 = (a_1 + \mathrm{j}b_1) \times (a_2 + \mathrm{j}b_2) = (a_1 a_2 - b_1 b_2) + \mathrm{j}(a_1 b_2 + a_2 b_1) \tag{4-6}$$

$$\frac{F_1}{F_2} = \frac{a_1 + jb_1}{a_2 + jb_2} = \frac{(a_1a_2 + b_1b_2) + j(a_1b_2 + a_2b_1)}{a_2^2 + b_2^2} \tag{4-7}$$

显然,用复数的代数形式进行乘除运算比较麻烦。通常,更多的是用复数的指数或极坐标形式进行乘除运算。

设 $F_1 = |F_1|e^{j\varphi_1}$、$F_2 = |F_2|e^{j\varphi_2}$ 或 $F_1 = |F_1|\angle\varphi_1$、$F_2 = |F_2|\angle\varphi_2$,则有

$$F_1 \times F_2 = |F_1|e^{j\varphi_1} \times |F_2|e^{j\varphi_2} = |F_1||F_2|e^{j(\varphi_1+\varphi_2)} \tag{4-8}$$

或

$$F_1 \times F_2 = |F_1|\angle\varphi_1 \times |F_2|\angle\varphi_2 = |F_1||F_2|\angle(\varphi_1 + \varphi_2) \tag{4-9}$$

$$\frac{F_1}{F_2} = \frac{|F_1|e^{j\varphi_1}}{|F_2|e^{j\varphi_2}} = \frac{|F_1|}{|F_2|}e^{j(\varphi_1-\varphi_2)} \tag{4-10}$$

或

$$\frac{F_1}{F_2} = \frac{|F_1|\angle\varphi_1}{|F_2|\angle\varphi_2} = \frac{|F_1|}{|F_2|}\angle(\varphi_1 - \varphi_2) \tag{4-11}$$

显然,计算复数相乘/除,用复数的指数形式或极坐标形式比代数形式要方便得多。两个复数相乘,得到的积的模等于两个复数模的乘积,积的辐角等于两个复数辐角的和;两个复数相除,得到的商的模等于两个复数模的商,商的辐角等于两个复数辐角的差。

在复平面中,两个复数相乘,只要将 F_1 逆时针旋转 φ_2 角度,并且将 F_1 的长度乘上 F_2 的长度,就得到了 F_1 与 F_2 的乘积相量;两个复数相除,则需将 F_1 顺时针旋转 φ_2 角度,并且将 F_1 的长度除以 F_2 的长度,就得到了 F_1 与 F_2 的商相量,如图 4-2(b)所示。

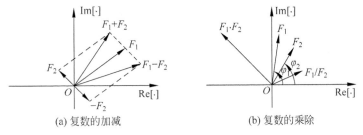

(a) 复数的加减   (b) 复数的乘除

图 4-2 复数运算示意图

通常,把模为 1 辐角为 θ 的复数称为单位复数,记作 $e^{j\theta}$ 或者 $1\angle\theta$。则对于任意一个复数 $F = |F|e^{j\varphi}$,若乘以单位复数,有

$$F \times e^{j\theta} = |F|e^{j(\varphi+\theta)} \tag{4-12}$$

这说明复数 F 与单位复数 $e^{j\theta}$ 相乘,相当于把复数 F 逆时针旋转一个角度 θ,而 F 的模不变。因此,单位复数也称为旋转因子。这样,$e^{j90°}$、$e^{-j90°}$ 和 $e^{j180°}$ 分别可以看成是逆时针旋转90°、顺时针旋转90°和逆(顺)时针旋转180°的旋转因子。根据欧拉公式,得

$$e^{j90°} = \cos 90° + j\sin 90° = j \tag{4-13}$$

$$e^{-j90°} = \cos 90° - j\sin 90° = -j \tag{4-14}$$

$$e^{j180°} = \cos 180° + j\sin 180° = -1 \tag{4-15}$$

因此,j、-j、-1 都可以看成是旋转因子。一个复数 F 乘以 j,可以看成是 F 在复平面中逆时针旋转90°;乘以 -j 可以看成是顺时针旋转90°;而乘以或除以 -1 可以看成是 F 顺时针或逆时针旋转了180°。

4.4　正弦量的相量表示法

设一个正弦交流电流和正弦交流电压的时域表达式分别为

$$i(t) = \sqrt{2}\,I\sin(\omega t + \varphi_i) \quad \text{(A)} \tag{4-16}$$

$$u(t) = \sqrt{2}\,U\sin(\omega t + \varphi_u) \quad \text{(V)} \tag{4-17}$$

其中，I 和 U 为有效值，φ_i 为电流初相位，φ_u 为电压初相位，ω 是角频率，对于市电而言，我国的频率是 $f=50\text{Hz}$，周期是 $T=\dfrac{1}{f}=\dfrac{1}{50}=20\text{ms}$，则 $\omega=2\pi f=100\pi\text{rad/s}$。

式(4-16)和式(4-17)的波形如图 4-3(a)所示。观察式(4-16)式(4-17)可以发现，由于市电角频率 ω 不变，故不同的交流电流或交流电压只在有效值和初相上存在差别。这就指出了一个新的正弦量表示思路：能否隐去角频率 ω，用一个只含有有效值和初相位的表达式来表示正弦量？答案是肯定的。

设一个复指数函数 $F=|F|e^{j(\omega t+\varphi)}$，利用欧拉公式展开，可以得到

$$F = |F|e^{j(\omega t+\varphi)} = |F|\cos(\omega t+\varphi) + |F|j\sin(\omega t+\varphi)$$

其实部为

$$\text{Re}[F] = |F|\cos(\omega t+\varphi)$$

其虚部为

$$\text{Im}[F] = |F|\sin(\omega t+\varphi)$$

据此，若一复指数函数为 $\sqrt{2}\,Ie^{j(\omega t+\varphi_i)}$ 或 $\sqrt{2}\,Ue^{j(\omega t+\varphi_u)}$，则有

$$\text{Im}[\sqrt{2}\,Ie^{j(\omega t+\varphi_i)}] = \sqrt{2}\,I\sin(\omega t+\varphi_i) \tag{4-18}$$

或

$$\text{Im}[\sqrt{2}\,Ue^{j(\omega t+\varphi_u)}] = \sqrt{2}\,U\sin(\omega t+\varphi_u) \tag{4-19}$$

显然，式(4-18)和式(4-19)就是正弦电流 $i(t)$ 和正弦电压 $u(t)$ 的复数表达式。这说明对于任何一个正弦时间函数，都可以找到一个与其相唯一对应的复指数函数，且该复指数函数完全、确定地表征了正弦量的三要素，即幅值、角频率、初相位。

正弦量有一个重要性质：正弦量乘以常数，正弦量的微分和积分，同频正弦量的代数和等运算，其结果仍为一个同频正弦量。这样，一个正弦稳态电路(系统)，其输出(响应)是与输入(激励)信号同频率的正弦量。显然，在分析交流电路时可以将角频率 ω 隐去，而只用有效值 I 或 U、初相位 φ_i 或 φ_u 来表征电流或电压正弦量即可。因此约定：用复指数函数 $Ie^{j\varphi_i}$ 表示正弦电流 $i(t) = \sqrt{2}\,I\sin(\omega t+\varphi_i)$，用复指数函数 $Ue^{j\varphi_u}$ 表示正弦电压 $u(t) = \sqrt{2}U\sin(\omega t+\varphi_u)$，并记为

$$\dot{I} = Ie^{j\varphi_i} = I\angle\varphi_i \tag{4-20}$$

$$\dot{U} = Ue^{j\varphi_u} = U\angle\varphi_u \tag{4-21}$$

式(4-20)和式(4-21)中，I 和 U 是电流和电压的有效值，φ_i 和 φ_u 是电流和电压的初相位。$\dot{I}$ 和 $\dot{U}$ 被称为电流相量和电压相量。这样，就把正弦电流 $i(t)$ 和电压 $u(t)$ 用相量 $\dot{I}$ 和 $\dot{U}$ 来表示(如图 4-3(b)所示)，完成了相量变换，如下式

$$i(t) = \sqrt{2}I\sin(\omega t + \varphi_i) \leftrightarrow \dot{I} = Ie^{j\varphi_i} = I\angle\varphi_i \qquad (4\text{-}22)$$

和

$$u(t) = \sqrt{2}U\sin(\omega t + \varphi_u) \leftrightarrow \dot{U} = Ue^{j\varphi_u} = U\angle\varphi_u \qquad (4\text{-}23)$$

注意：式(4-22)和式(4-23)表明，$i(t)$ 和 $u(t)$ 与 $\dot{I}$ 和 $\dot{U}$ 并不相等，它们之间是一种变换等效关系。显然，$\dot{I}$ 和 $\dot{U}$ 中只有有效值和初相，没有频率变量。

需要说明的是，用余弦函数形式也可表示交流电，即根据

$$\mathrm{Re}[\sqrt{2}Ie^{j(\omega t + \varphi_i)}] = \sqrt{2}I\cos(\omega t + \varphi_i) \qquad (4\text{-}24)$$

和

$$\mathrm{Re}[\sqrt{2}Ue^{j(\omega t + \varphi_u)}] = \sqrt{2}U\cos(\omega t + \varphi_u) \qquad (4\text{-}25)$$

得到

$$i(t) = \sqrt{2}I\cos(\omega t + \varphi_i) \leftrightarrow \dot{I} = Ie^{j\varphi_i} = I\angle\varphi_i \qquad (4\text{-}26)$$

和

$$u(t) = \sqrt{2}U\cos(\omega t + \varphi_u) \leftrightarrow \dot{U} = Ue^{j\varphi_u} = U\angle\varphi_u \qquad (4\text{-}27)$$

显然，式(4-26)和式(4-27)与式(4-22)和式(4-23)的结果一样，表明正弦量无论用正弦形式还是余弦形式表示，其相量表达形式是一样的。但对于同一个交流电波形，根据第1章的知识可知，用式(4-26)和式(4-27)表示的 φ_i 和 φ_u 与式(4-22)和式(4-23)表示的 φ_i 和 φ_u 相差90°。

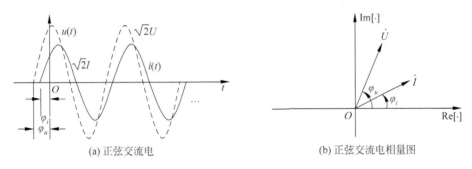

(a) 正弦交流电   (b) 正弦交流电相量图

图 4-3 正弦交流电及其相量表示

应该指出，$\dot{I}$ 或 $\dot{U}$ 虽然形式上是一个复数，但它是隐去频率变量的复数，它实际表示的是一个正弦量，因此，给它一个特殊的名字——相量，表示带有相位信息的有向数值。由于相量也是一个复数，所以也可在复平面上表示，称为相量图，如图 4-3(b)。

至此，可以给出"相量"一个比较明确的概念：

"相量"就是一种能够在平面上以有效值（或振幅值）和初始相位大小表征正弦量的数学表达式，通常可用类似于"向量"的有向线段表示。

交流电流相量或交流电压相量，通常用加"点"的大写英文符号 $\dot{I}$ 或 $\dot{U}$ 表示，并称为交流电的有效值相量。当然，如果交流电时域表达式用幅值而不是有效值表示的话，则相应的相量就是"幅值相量"，用符号 $\dot{I}_m$ 或 $\dot{U}_m$ 表示。

仔细研究式(4-18)和(4-19)可知，带有 ω 的相量必须围绕原点沿逆时针方向以 ω 的

速度旋转,其在纵轴上的投影与时间的关系才能完整地表示正弦量或交流电,这就是"旋转相量"的概念。

因为同频但不同大小的交流电旋转相量都是沿逆时针方向以 ω 的速度旋转(这实际上表明了正弦函数的周期性),它们彼此之间的关系完全取决于初相而与旋转无关(就像两个起跑时间不同,但速度一样的运动员在操场上跑圈一样),所以,可以抽掉旋转概念(隐去频率),用只携带初相和幅值大小信息的固定相量表示交流电。

显然,用相量表示交流电不仅大小和相位清晰明了,而且连交流电之间的相位差也极易识别。另外,还有一个好处就是可以按向量的一些运算规则进行相量间的计算。

如果把"向量"定义为一种具有大小和方向(方位角)的数字量的话,那么"相量"也是一种具有大小和方向(相位角)的数字量。它们的不同点在于"向量"的方向是在空间变化,而"相量"的相位角只随时间改变;向量强调的是数字量的作用方向(比如"力的方向"),而相量体现的是数字量的起始位置(相位)。因此,"向量"必须在三维空间研究,而"相量"只需在平面上分析。

【例题 4-1】 已知,正弦电流 $i(t)=10\sqrt{2}\cos(100\pi t+30°)\mathrm{A}$,正弦电压 $u(t)=220\sqrt{2}\sin(100\pi t+60°)\mathrm{V}$,试分别写出电流和电压 $u(t)$ 的相量。

解:
$$i(t)=10\sqrt{2}\cos(100\pi t+30°)\mathrm{A}$$
$$=10\sqrt{2}\sin((100\pi t+30°)+90°)\mathrm{A}$$
$$=10\sqrt{2}\sin(100\pi t+120°)\mathrm{A}$$

因此,电流 $i(t)$ 的相量为
$$\dot{I}=10e^{\mathrm{j}120°}\mathrm{A}=10\angle 120°\mathrm{A}$$

电压 $u(t)$ 的相量为
$$\dot{U}=220e^{\mathrm{j}60°}\mathrm{V}=220\angle 60°\mathrm{V}$$

【例题 4-2】 已知两个市电正弦电流相量分别为 $\dot{I}_1=25\angle\dfrac{\pi}{4}\mathrm{A}$,$\dot{I}_2=12\angle-\dfrac{2\pi}{3}\mathrm{A}$。求两个电流的正弦函数表达式。

解: 因为市电的频率为 $f=50\mathrm{Hz}$,所以,角频率为
$$\omega=2\pi f=100\pi\mathrm{rad/s}$$

则电流的正弦函数表达式为
$$i_1(t)=25\sqrt{2}\sin\left(100\pi t+\frac{\pi}{4}\right)\mathrm{A},\quad i_2(t)=12\sqrt{2}\sin\left(100\pi t-\frac{2\pi}{3}\right)\mathrm{A}$$

4.5　相量的运算特性

正弦量用相量表示后,具有许多有利于运算的特性。

1. 线性特性

设 i_1 和 i_2 为两个同频率的正弦量,它们对应的相量分别是 $\dot{I}_1$ 和 $\dot{I}_2$,k_1 和 k_2 是两个任意的实常数,若 $i=k_1i_1\pm k_2i_2$,则

$$\dot{I}=k_1\dot{I}_1\pm k_2\dot{I}_2 \tag{4-28}$$

这表明,若干个正弦量的线性组合的相量,等于各正弦量对应的相量的线性组合。特殊地,若 $i=ki_1$,则 $\dot{I}=k\dot{I}_1$。这表明,一个正弦量乘以任意实常数的运算,其对应相量也乘以相同的常数。

2. 微分特性

设 i 为一正弦量,其相量是 $\dot{I}$,若 $y=\dfrac{\mathrm{d}i}{\mathrm{d}t}$,则 y 的相量为 $\dot{Y}=\mathrm{j}\omega\dot{I}$,即有相量变换关系

$$y=\frac{\mathrm{d}i}{\mathrm{d}t} \quad\leftrightarrow\quad \dot{Y}=\mathrm{j}\omega\dot{I} \tag{4-29}$$

证明:设一正弦量 $i(t)=\sqrt{2}I\sin(\omega t+\varphi_i)$,其相量为 $\dot{I}=Ie^{\mathrm{j}\varphi_i}=I\angle\varphi_i$;再设 $y=\dfrac{\mathrm{d}i}{\mathrm{d}t}$,则有

$$y=\frac{\mathrm{d}i}{\mathrm{d}t}=\omega\sqrt{2}I\cos(\omega t+\varphi_i)=\omega\sqrt{2}I\sin(\omega t+\varphi_i+90°)$$

显然,有

$$\dot{Y}=\omega Ie^{\mathrm{j}90°}e^{\mathrm{j}\varphi_i}=\mathrm{j}\omega Ie^{\mathrm{j}\varphi_i}=\mathrm{j}\omega\dot{I}$$

证毕。

微分性质表明,一个正弦量作微分运算后的相量,等于该正弦量对应的相量乘以 $\mathrm{j}\omega$。因此,用相量表示正弦量后,时域中动态元件微分形式的伏安关系变成了代数形式,从而使电路的计算得以简化。

3. 积分特性

设 i 为一正弦量,其相量是 $\dot{I}$,若 $y=\displaystyle\int i\mathrm{d}t$,则 y 的相量为 $\dot{Y}=\dfrac{\dot{I}}{\mathrm{j}\omega}$,即有相量变换关系

$$y=\int i\mathrm{d}t \quad\leftrightarrow\quad \dot{Y}=\frac{\dot{I}}{\mathrm{j}\omega} \tag{4-30}$$

积分特性表明,一个正弦量作积分运算后的相量,等于该正弦量对应的相量除以 $\mathrm{j}\omega$。同微分特性相似,积分特性也使得时域中动态元件的积分形式的伏安关系变成了代数形式。

通过上述特性可以发现,相量变换可以把一个随时间变化的量(函数)变换为一个随频率变化的量(函数),也就是说,通过相量变换,可以把时域分析变为频域分析。这个概念很重要,希望读者认真体会。

4.6 电路定律的相量形式

4.5 节已经把一个正弦量用相量来表示,实现了相量变换,这是用相量法分析正弦稳态电路的前提。显然,如果能再找到电阻、电感、电容等电路元件伏安关系的相量形式以及电路定律的相量形式,那么就可以以相量形式(在频域中)对交流电路进行分析了。

4.6.1 基尔霍夫定律的相量形式

基尔霍夫定律是电路分析的基本定律,对于任何电路,包括线性、非线性电路,时变、时不变电路都是适用的,而且电路中的激励和响应可以是任意的时间函数,因此,在正弦稳态

电路中,首先应该找到基尔霍夫定律的相量形式。

基尔霍夫电流定律(KCL)指出,对于任何一个电路的任何一个节点,在任意一个时刻,流入或流出该节点的电流的代数和恒等于零,其时域形式为

$$\sum_{k=1}^{b} i_k(t) = 0$$

其中,$i_k(t)$ 表示与该节点相连的第 k 条支路的电流,它是时间 t 的函数;b 表示与该节点相连的支路数。

在正弦稳态电路中,各支路电流 $i_k(t)$ 都是同频率的正弦量。将各支路电流都转换成相量 $\dot{I}_k$,那么,根据相量的线性性质,就得到了基尔霍夫电流定律(KCL)的相量形式

$$\sum_{k=1}^{b} \dot{I}_k = 0 \qquad (4\text{-}31)$$

式(4-31)表明,在正弦稳态电路中,对于任何一个电路中的任意一个节点,与该节点相连的所有支路的电流相量的代数和恒为零。

基尔霍夫电压定律(KVL)指出,对于任何一个电路的任何一个回路,在任意一个时刻,沿着回路方向的所有元件或支路上的电压的代数和恒等于零,其时域形式为

$$\sum_{k=1}^{m} u_k(t) = 0$$

其中,$u_k(t)$ 表示回路中第 k 个元件或支路上的电压;m 表示回路中元件或支路数。

同样地,在正弦稳态电路中的各元件或支路上的电压都是同频率的正弦电压。$u_k(t)$ 的向量用 $\dot{U}_k$ 表示,则基尔霍夫电压定律(KVL)的相量形式为

$$\sum_{k=1}^{m} \dot{U}_k = 0 \qquad (4\text{-}32)$$

式(4-32)表明,在正弦稳态电路中,对于任意一个电路中的任意一个回路,沿该回路方向绕行一周,所有元件或支路的电压相量的代数和恒为零。

当然,式(4-31)和式(4-32)中的有效值相量 $\dot{I}_k$ 和 $\dot{U}_k$ 也可用幅值相量 $\dot{I}_{mk}$ 和 $\dot{U}_{mk}$ 代替。

4.6.2　电路元件的相量模型

除了基尔霍夫定律之外,元件的伏安特性也是电路分析的重要理论基础。

1. 电阻元件

对于图 4-4(a)电阻元件的时域模型,当电阻上的电压 u_R 和电流 i_R 呈关联参考方向时,其伏安关系(时域特性)为

$$u_R = Ri_R$$

正弦稳态电路中,u_R 和 i_R 是同频率的正弦量,电压的相量为 $\dot{U}_R = U_R \angle \varphi_u$,其中 U_R 是 u_R 的有效值,φ_u 是 u_R 的初相位;电流的相量为 $\dot{I}_R = I_R \angle \varphi_i$,其中 I_R 是 i_R 的有效值,φ_i 是 i_R 的初相位。这样,由相量的线性性质可得

$$\dot{U}_R = R\dot{I}_R \qquad (4\text{-}33)$$

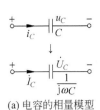
(a) 电容的相量模型

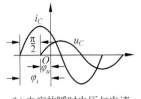
(b) 电容的瞬时电压与电流

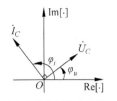
(c) 电容的电压与电流相量

图 4-6 电容的相量模型

（2）端电压滞后流过的电流90°（移相−90°），移相功能由−j 体现。

据此，可以认为电容"电压滞后电流90°，容抗与频率成反比"的"频率特性"也正是它广为应用的"奥秘"所在。

根据电容原理可以知道，电容内部两个金属板是用绝缘材料隔离的，它怎么能"通交流"而"隔直流"呢？其实，无论是交流电流还是直流电流都无法穿过电容，从电容的一端流到另一端。当一个电容接上直流电源时，电源正极的正电荷在电压的作用下会跑到电容的一端极板上，而电容另一块极板上的等量正电荷同时也会跑到电源的负极，从而在电路中产生正电荷的移动，即电流，这就是我们熟悉的电容"充电"过程。但这个电流持续时间通常很短（由电路的时间常数决定），因此电容的极板很快就被电荷充满，电容的端电压与电源电压相等，充电过程结束，电路中就没有了正电荷的移动，也就没有了电流，这就是"隔直流"的原理。若一个电容接到交流电源上，因为交流电源输出的电流方向是变化的，这样，电源正极的正电荷一会儿从电源流向电容的一端极板，一会儿又从电容极板流回电源正极，同时，电容另一端极板的等量正电荷也是一会儿从电容流向电源负极，一会儿又从电源负极流回电容，只要电源不断开，这种现象就循环不停。因此，从宏观上看，该电路中有交流电流流动，但这种流动是电容两个极板与电源正负极之间迁移电荷产生的，实际上并没有电荷从电容的一端穿过绝缘材料流到另一端。这就是"通交流"的解释。

为帮助大家更好地理解和记忆，我们把 RLC 元件相电流和相电压的关系列在表 4-1 中。

表 4-1 RLC 元件上相电流和相电压的关系

元件	相电流相电压的关系	相电流相电压的关系图
$\dot{U}_R$ 上 R，$\dot{I}_R$	$\dot{U}_R = R\dot{I}_R \qquad \dot{I}_R = \dfrac{\dot{U}_R}{R}$	$\dot{I}_R \qquad \dot{U}_R$
$\dot{U}_L$ 上 $j\omega L$，$\dot{I}_L$	$\dot{U}_L = jX_L\dot{I}_L \qquad \dot{I}_L = -j\dfrac{1}{X_L}\dot{U}_L$ $X_L = \omega L$	$\dot{U}_L$ $\dot{I}_L$
$\dot{U}_C$ 上 $\dfrac{1}{j\omega C}$，$\dot{I}_C$	$\dot{U}_C = -jX_C\dot{I}_C \qquad \dot{I}_C = j\dfrac{1}{X_C}\dot{U}_C$ $X_C = \dfrac{1}{\omega C}$	$\dot{I}_C$ $\dot{U}_C$

4.6.3 复数阻抗

4.6.2 节了解了电阻、电感和电容元件对交流电的阻碍作用分别由电阻、感抗和容抗来体现。而在实际应用中存在两种情况：一是在高频环境下，某一种元件还具有其他两种元件的性质，比如一个电阻同时还具有一定的感抗和容抗，一个电感或电容也同时具有电阻和电容或电感的特性，这时的 RLC 已经不是集中参数元件了，而是分布参数元件；二是在低频应用中，经常需要将 R、L、C 三种元件结合使用，比如串联、并联或混联。这两种情况引出一个共同的问题：那就是如何统一考虑 R、L、C 三种元件对交流电的影响或作用？换句话说，就是能否找到一个既包含电阻又包含感抗和容抗的物理量或一个复合元件模型用以分析研究交流电路？回答是肯定的，这个物理量或复合元件就是"阻抗"。

需要说明的是，本教材只考虑 R、L、C 三种元件在低频信号作用下的混联情况，高频环境下分布参数元件的分析方法与此类似。

1. 复数阻抗的概念

首先考虑 R、L、C 三种元件的串联情况。图 4-7 给出了三种元件的串联相量模型。

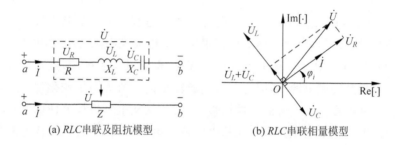

(a) RLC 串联及阻抗模型　　(b) RLC 串联相量模型

图 4-7　RLC 串联模型及相量模型

在图 4-7(a)中，流过三个元件的电流是一样的，而电压各不相同，根据 R、L、C 相量模型和相量运算规则，可以得到

$$\frac{\dot{U}}{\dot{I}} = \frac{\dot{U}_R + \dot{U}_L + \dot{U}_C}{\dot{I}} = \frac{R\dot{I} + \mathrm{j}X_L\dot{I} - \mathrm{j}X_C\dot{I}}{\dot{I}} = R + \mathrm{j}(X_L - X_C) \qquad (4\text{-}40)$$

显然，总电压 $\dot{U}$ 与总电流 $\dot{I}$ 的比值是一个复数并且具有欧姆量纲。因此，根据欧姆定律的概念，我们将电压相量 $\dot{U}$ 与电流相量 $\dot{I}$ 的比值定义为"复数阻抗"，简称阻抗，表示由 R、L、C 串联后等效的"复合元件"对交流电的阻碍作用，单位同电阻一样为欧(Ω)，记为 Z

$$Z = \frac{\dot{U}}{\dot{I}} = R + \mathrm{j}(X_L - X_C) = R + \mathrm{j}X \qquad (4\text{-}41)$$

其中，$X = X_L - X_C$ 是感抗和容抗的混合，被称为电抗。因此，可得到一个结论：在交流电路中，RLC 串联支路可以等效为一个复数阻抗。

需要提醒注意的是，"阻抗"只适应于交流电路，直流电路只有"电阻"没有"电抗"。另外，有些教材将电抗定义为 $X = X_L + X_C$，则其中的容抗定义为 $X_C = -\dfrac{1}{\omega C}$。

根据式(4-41),有

$$\dot{U} = Z\dot{I} \tag{4-42}$$

显然,该式与我们熟悉的欧姆定律 $U=RI$ 很相似,因此,被称为欧姆定律的相量形式。

需要说明的是,用相量法分析正弦稳态电路时,电压、电流、阻抗都是复数,但电压和电流都用带圆点的字母 $\dot{U}$ 和 $\dot{I}$ 表示,而阻抗却用 Z 表示,这表明它们在概念上有本质的不同。电压和电流的符号上加圆点,表明它们不仅仅是一个复数,更重要的是它们分别代表了一个正弦量,也就是相量,其中隐含着随时间变化的概念;而阻抗 Z 仅仅是一个复数,它不是正弦量,其大小与时间无关,自然不能用相量形式表示。

阻抗的物理意义在于:复数阻抗 Z 是一个复数,由两个部分组成,一是由电阻元件构成的实部——电阻,二是由动态元件 LC 构成的虚部——电抗。"实部-电阻"在电路中不但阻碍交、直流电流的通过,还要消耗电能;而"虚部-电抗"在电路中只起到阻碍交流电流通过的作用,不消耗电能。另外,电抗的大小与交流电的频率有关。

需要注意的是,阻抗虽然具有三种元件的复合特性,并用电阻的电路模型表示,但它不是一个实际独立存在的真实元件,而只是人们为便于研究构造出来的一个能对三种元件共同作用进行描述的数学表达式。在理论分析中,阻抗可以认为是一个同时具有电阻、电感和电容特性的复合虚拟元件。

复数阻抗可用极坐标形式表示,即

$$Z = |Z| \angle \varphi_Z \tag{4-43}$$

式中,$|Z|$ 称为阻抗模值,φ_Z 称为阻抗角。显然,根据式(4-41)有

$$|Z| = \sqrt{R^2 + X^2} = \sqrt{R^2 + (X_L - X_C)^2} = \sqrt{R^2 + \left(\omega L - \frac{1}{\omega C}\right)^2} \tag{4-44}$$

$$\varphi_Z = \arctan \frac{X}{R} = \arctan \frac{X_L - X_C}{R} = \arctan \frac{\omega L - \dfrac{1}{\omega C}}{R} \tag{4-45}$$

若将电压和电流的极坐标形式代入式(4-42),则有

$$Z = \frac{U \angle \varphi_u}{I \angle \varphi_i} = \frac{U}{I} \angle (\varphi_u - \varphi_i) \tag{4-46}$$

这样,就得到阻抗的模值、相角与电压和电流的关系

$$|Z| = \frac{U}{I} \tag{4-47}$$

$$\varphi_Z = \varphi_u - \varphi_i \tag{4-48}$$

显然可以得到这样的结论:

一个无源的二端网络,在交流状态下,其端电压和端电流的有效值之比就是该网络的阻抗模值,而端电压和端电流的相位差就是阻抗的阻抗角。据此,可以画出网络阻抗的示意图如图 4-8 所示,其中图 4-8(b)也被称为阻抗三角形。当然,式(4-46)对幅值相量也适用。

2. 复数阻抗的特性

(1) 外部特性。当二端网络只含有电阻时,阻抗为纯阻性,$Z=R$,$\varphi_Z=0$,表明端电压与端电流同相位;当二端网络只含有电感时,阻抗为纯感性,$Z=jX_L=j\omega L$,$\varphi_Z=90°$,说明端电

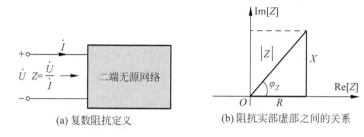

(a) 复数阻抗定义　　　　　　(b) 阻抗实部虚部之间的关系

图 4-8　复数阻抗定义及其实部虚部之间的关系图

压超前端电流90°；当二端网络只含有电容时，阻抗为纯容性，$Z=-\mathrm{j}X_C=-\mathrm{j}\dfrac{1}{\omega C}$，$\varphi_Z=-90°$，说明端电压滞后端电流90°。

对于一般同时含有电阻、电感和电容的二端网络，有$-90°\leqslant\varphi_Z\leqslant90°$。根据$\varphi_Z$的不同，阻抗的外特性(二端网络对外呈现的特性)也不同。

(a) 若$\varphi_Z=0$，电压与电流同相，二端网络呈阻性或阻抗为纯阻。

(b) 若$0<\varphi_Z\leqslant90°$，电压超前电流，二端网络呈感性或阻抗为感性阻抗。

(c) 若$-90°\leqslant\varphi_Z<0$，电压滞后电流，二端网络呈容性或阻抗为容性阻抗。

阻抗外部特性如图 4-9 所示。

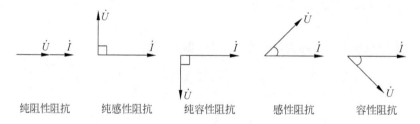

纯阻性阻抗　　　纯感性阻抗　　　纯容性阻抗　　　感性阻抗　　　容性阻抗

图 4-9　阻抗外特性示意图

(2) 滤波特性。根据感抗的定义，即$X_L=\omega L$，可知电感元件对交流电流的阻碍作用不仅与其电感量有关，还与交流电流的频率成正比，频率越高，感抗越大，对电流的阻碍作用也就越大。这个性质常被用来对交流信号进行"低通滤波"，即让低频电流分量通过电感元件，而阻止高频分量通过。简言之，电感元件具有"通低频电流阻高频电流"的作用。

根据容抗的定义，即$X_C=\dfrac{1}{\omega C}$，可知电容元件对交流电的阻碍作用不仅与其电容量有关，还与交流电流的频率成反比，频率越高，容抗越小，对电流的阻碍作用也就越小。这个性质常被用来对交流信号进行"高通滤波"，即让高频电流分量通过电容元件，而阻止低频分量通过。简言之，电容元件具有"通高频电流阻低频电流"的作用。

4.6.4　复数导纳

1. 复数导纳的概念

下面考虑 RLC 的并联情况，其相量模型如图 4-10 所示。

由于串联与并联具有对偶关系，所以，根据前面对 RLC 串联电路的讨论，很容易得到

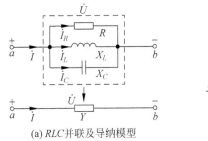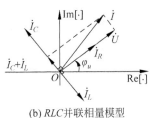

(a) RLC 并联及导纳模型　　　　(b) RLC 并联相量模型

图 4-10　RLC 并联模型及相量模型

RLC 并联电路的相关结论。

根据 KCL,从图 4-10(a)可得电流与电压的比为

$$\frac{\dot{I}}{\dot{U}} = \frac{\dot{I}_R + \dot{I}_L + \dot{I}_C}{\dot{U}} = \frac{\dfrac{\dot{U}}{R} + \dfrac{\dot{U}}{jX_L} - \dfrac{\dot{U}}{jX_C}}{\dot{U}} = \frac{1}{R} + j\left(\frac{1}{X_C} - \frac{1}{X_L}\right) \tag{4-49}$$

定义电流与电压的比值为复数导纳

$$Y = \frac{\dot{I}}{\dot{U}} = G + j(B_C - B_L) = G + jB = |Y| \angle \varphi_Y \tag{4-50}$$

式中,$G = \dfrac{1}{R}$ 为电导,B 为电纳,$B_C = \dfrac{1}{X_C} = \omega C$ 为电容的容纳,$B_L = \dfrac{1}{X_L} = \dfrac{1}{\omega L}$ 为电感的感纳,它们都具有西门子(S)的量纲。$|Y|$ 为复数导纳的模值,也称为导纳模;φ_Y 为复数导纳的相角,即导纳角。

$$|Y| = \frac{I}{U} = \sqrt{G^2 + B^2} = \sqrt{G^2 + (B_C - B_L)^2} = \sqrt{G^2 + \left(\omega C - \frac{1}{\omega L}\right)^2} \tag{4-51}$$

$$\varphi_Y = \varphi_i - \varphi_u = \arctan \frac{B}{G} = \arctan \frac{B_C - B_L}{G} = \arctan \frac{\omega C - \dfrac{1}{\omega L}}{G} \tag{4-52}$$

显然,复数阻抗与复数导纳呈倒数关系

$$Y = \frac{1}{Z} \tag{4-53}$$

进一步有

$$\begin{cases} |Y| = \dfrac{1}{|Z|} \\ \varphi_Y = -\varphi_Z \end{cases} \tag{4-54}$$

这样,欧姆定律可写为相量形式

$$\dot{I} = Y\dot{U} \tag{4-55}$$

显然可以得到这样的结论:

在交流状态下,一个无源二端网络端电流和端电压的有效值之比就是该网络的复数导纳模值,而端电流和端电压的相位差就是复数导纳的导纳角。据此,可以画出网络复数导纳的示意图如图 4-11 所示,其中图 4-11(b)也被称为导纳三角形。

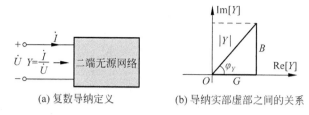

(a) 复数导纳定义　　　　(b) 导纳实部虚部之间的关系

图 4-11　复数导纳定义及其实部虚部之间的关系图

2. 复数导纳的特性

（1）外部特性。当二端网络只含有电导时，导纳为纯导性，$Y=G$，$\varphi_Y=0$，表明端电压与端电流同相位；当二端网络只含有电感时，导纳为纯感性，$Y=-jB_L=-j\dfrac{1}{\omega L}$，$\varphi_Y=-90°$，说明端电流滞后端电压90°；当二端网络只含有电容时，导纳为纯容性，$Y=jB_C=j\omega C$，$\varphi_Y=90°$，说明端电流超前端电压90°。

对于含有电导、电感和电容的一般二端网络，有 $-90°\leqslant\varphi_Y\leqslant90°$。则根据 φ_Y 的不同，导纳的外特性（二端网络对外呈现的特性）也不同。

（a）若 $\varphi_Y=0$，即电流与电压同相，则二端网络呈纯导性或导纳为纯导性。

（b）若 $0<\varphi_Y\leqslant90°$，即电流超前电压，则二端网络呈容性或导纳为容性。

（c）若 $-90°\leqslant\varphi_Y<0$，即电流滞后电压，则二端网络呈感性或导纳为感性。

导纳的外特性图与阻抗的外特性图（如图 4-9 所示）类似。

（2）滤波特性。根据对偶特性，导纳也可以有滤波作用。但因为通常都用阻抗讨论滤波，所以对导纳的滤波特性不再赘述。

通过上面对复数阻抗和复数导纳的介绍不难发现，正弦稳态电路中，电阻、电感、电容元件用阻抗或导纳表示之后，它们的分析方法都与前面介绍的电阻电路类似，只不过正弦电压、电流都用相量表示，阻抗或导纳都是复数而已。实际上，这正是用相量法分析正弦稳态电路的好处。

【例题 4-3】　如图 4-12(a)电路，已知 $u_S=10\sin2t\,\text{V}$，$R=2\Omega$，$L=2\text{H}$，$C=0.25\text{F}$。求稳态电流 i 及 u_R、u_L 和 u_C 并画出相量图。

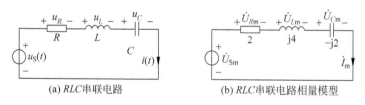

(a) RLC串联电路　　　　(b) RLC串联电路相量模型

图 4-12　例题 4-3 图

解：据题意可得：$\omega=2$，电压源的相量模型为

$$\dot U_{Sm}=10\angle0°,\quad X_L=\omega L=4,\quad X_C=\frac{1}{\omega C}=2$$

这样，可将原电路等效为相量模型图，如图 4-12(b)所示。

根据式(4-41)可得阻抗为

$$Z = R + \mathrm{j}(X_L - X_C) = 2 + \mathrm{j}\left(2 \times 2 - \frac{1}{2 \times 0.25}\right) = 2 + \mathrm{j}2 = 2.83 \angle 45° \, \Omega$$

根据式(4-42)可得相电流的为

$$\dot{I}_\mathrm{m} = \frac{\dot{U}_{Sm}}{Z} = \frac{10 \angle 0°}{2 + \mathrm{j}2} = \frac{10 \angle 0°}{2.83 \angle 45°} = 3.53 \angle -45° \, \mathrm{A}$$

$$\dot{U}_{Rm} = R\dot{I}_\mathrm{m} = 2 \times 3.53 \angle -45° = 7.06 \angle -45° \, \mathrm{V}$$

$$\dot{U}_{Lm} = \mathrm{j}X_L \dot{I}_\mathrm{m} = \mathrm{j}4 \times 3.53 \angle -45° = 4 \angle 90° \times 3.53 \angle -45° = 14.1 \angle 45° \, \mathrm{V}$$

$$\dot{U}_{Cm} = -\mathrm{j}X_C \dot{I}_\mathrm{m} = -\mathrm{j}2 \times 3.53 \angle -45° = 2 \angle -90° \times 3.53 \angle -45° = 7.06 \angle -135° \, \mathrm{V}$$

最后,将电流、电压相量化为时域表达式

$$i(t) = 3.53 \sin(2t - 45°) \, \mathrm{A}; \quad u_R(t) = 7.06 \sin(2t - 45°) \, \mathrm{V}$$

$$u_L(t) = 14.1 \sin(2t + 45°) \, \mathrm{V}; \quad u_C(t) = 7.06 \sin(2t - 135°) \, \mathrm{V}$$

从答案中可见,电感电压的最大值大于电源电压最大值,这种分电压大于总电压的情况在交流电路中是可能出现的,因为总电压是各分电压的相量和,而分电压与总电压可能不同相。相量图如图 4-13 所示。注意图中复平面的表示方法与前面的不一样,这也是一种常用的形式。

【**例题 4-4**】 如图 4-14(a)电路,已知 $i_S = 3\sin 2t \, \mathrm{A}, R = 1\Omega, L = 2\mathrm{H}, C = 0.5\mathrm{F}$。求稳态电压 $u(t)$。

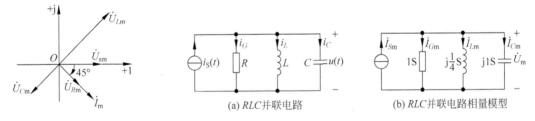

图 4-13 例题 4-3 相量图   图 4-14 例题 4-4 图
              (a) RLC并联电路   (b) RLC并联电路相量模型

解:据题意可得原电路的相量模型如图 4-14(b)所示,则有

$$\dot{I}_{Sm} = 3 \angle 0° \, \mathrm{A}, \quad Y = Y_G + Y_L + Y_C = 1 - \mathrm{j}\frac{1}{4} + \mathrm{j}1 = 1 + \mathrm{j}0.75 = 1.25 \angle 36.9° \, \mathrm{S}$$

则由欧姆定律得

$$\dot{U}_\mathrm{m} = \frac{\dot{I}_{Sm}}{Y} = \frac{3 \angle 0°}{1.25 \angle 36.9°} = 2.4 \angle -36.9° \, \mathrm{V}$$

化为时域表达式

$$u(t) = 2.4 \sin(2t - 36.9°) \, \mathrm{V}$$

【**例题 4-5**】 如图 4-15 所示的电路,N 为无源二端网络。已知 $u_S(t) = 30\sqrt{2} \sin 2t \, \mathrm{V}, i(t) = 5\sqrt{2} \sin 2t \, \mathrm{A}, R = 3\Omega,$ $L = 2\mathrm{H}$,求二端网络 N 的等效阻抗 Z_N,并判断其是阻性、容性还是感性。

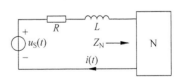

图 4-15 例题 4-5 图

解：已知 $\dot{U}_S = 30\angle 0°\text{V}$，$\dot{I} = 5\angle 0°\text{A}$，二端网络 N 的等效阻抗 Z_N 可以写为

$$Z_N = R_N + jX_N$$

从电压源看进去的总阻抗为

$$Z = \frac{\dot{U}_S}{\dot{I}} = R + j\omega L + Z_N = (R + R_N) + j(\omega L + X_N)$$

代入参数有

$$\frac{30\angle 0°}{5\angle 0°} = 3 + R_N + j(4 + X_N) = 6$$

则有

$$\begin{cases} 3 + R_N = 6 \\ 4 + X_N = 0 \end{cases}$$

解得

$$R_N = 3, \quad X_N = -4$$

则

$$Z_N = R_N + jX_N = 3 - j4\ \Omega$$

因为 Z_N 的虚部为负值，所以，二端网络 N 的等效阻抗呈容性。

4.7   正弦稳态电路的功率

根据第 2 章可以知道，一个电阻网络在端电压 $u(t)$ 和端电流 $i(t)$ 取关联参考方向的前提下，其功率 $p(t) = u(t)i(t)$ 为正值时，表明该网络吸收（消耗）功率，通常是无源网络；若 $p(t) = u(t)i(t)$ 为负值时，表明该网络放出功率，是含源网络。此处的 $p(t)$ 是时间的函数，被称为瞬时功率。对于直流电路来说，瞬时功率为常数，故能够完整准确地反映二端网络的用电状况；而交流电路的瞬时功率是一个随时间变化的函数，在某一个时刻，$p(t)$ 可能会出现大于 0、小于 0 或等于 0 的情况，而且网络中只有电阻部分消耗功率，电感和电容不消耗功率，因此，只用瞬时功率难以完整准确地反映二端网络的用电状况，这就引出了下面要介绍的有功功率、无功功率、视在功率和功率因数等概念。

4.7.1   瞬时功率和有功功率

图 4-16(a)所示电路是一个含有线性电阻、电容、电感、受控源等元件的无源二端网络 N，设其端电压和端电流分别为 $u(t) = \sqrt{2}U\sin(\omega t + \varphi_u)\text{V}$ 和 $i(t) = \sqrt{2}I\sin(\omega t + \varphi_i)\text{A}$，等效阻抗为 $Z = R + jX$，则该网络吸收的瞬时功率为

$$\begin{aligned} p(t) &= u(t)i(t) = \sqrt{2}U\sin(\omega t + \varphi_u)\sqrt{2}I\sin(\omega t + \varphi_i) \\ &= 2UI\sin(\omega t + \varphi_u)\sin(\omega t + \varphi_i) \\ &= UI[\cos(\varphi_u - \varphi_i) - \cos(2\omega t + \varphi_u + \varphi_i)] \end{aligned}$$

若令 $\varphi_Z = \varphi_u - \varphi_i$，显然 φ_Z 是二端网络的阻抗角，其大小由二端网络的结构、参数以及信

号的频率决定。则上式变为

$$p(t) = UI\cos\varphi_Z - UI\cos(2\omega t + \varphi_u + \varphi_i) \tag{4-56}$$

式(4-56)就是二端网络 N 在正弦稳态下的瞬时功率,其时域波形如图 4-16(b)所示。

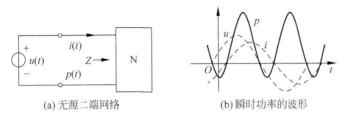

(a)无源二端网络　　　　　(b)瞬时功率的波形

图 4-16　交流电路的瞬时功率

可见,瞬时功率随着时间 t 的变化而变化,且在一个周期内有正值、负值和零。这就说明,二端网络有时吸收功率,有时放出功率,有时为零,用瞬时功率难以说明二端网络的用电问题,为此,人们提出了平均功率的概念。

平均功率是指瞬时功率在一个周期内的平均值,用大写字母 P 表示,即

$$P = \frac{1}{T}\int_0^T p(t)\mathrm{d}t = \frac{1}{T}\int_0^T [UI\cos\varphi_Z - UI\cos(2\omega t + \varphi_u + \varphi_i)]\mathrm{d}t = UI\cos\varphi_Z \tag{4-57}$$

式(4-57)说明,平均功率不仅与电压、电流有关,而且也与二端网络的阻抗角有关。为了便于后面的分析,通常用 φ 来表示阻抗角 φ_Z,这样,平均功率就变为

$$P = UI\cos\varphi \tag{4-58}$$

式中的 $\cos\varphi$ 称为二端网络的功率因数,用符号 λ 表示。φ 又称为功率因数角。

式(4-58)表明,二端网络在正弦稳态下的平均功率等于电压、电流的有效值与二端网络的功率因数之积。由于平均功率表明了二端网络实际做功的情况,因此,平均功率又称为有功功率,单位为瓦(W)。通常,正弦稳态电路中的"功率"往往指的是有功功率。

对于无源的二端网络,其功率因数角的大小为 $-90° \leqslant \varphi \leqslant 90°$,因此,功率因数的大小为 $0 \leqslant \lambda \leqslant 1$。这说明,在同样的电压、电流下,功率因数 $\cos\varphi$ 越小,二端网络吸收的有功功率越小;功率因数 λ 越接近于 1,则二端网络吸收的有功功率就越大。

因为 $\lambda = \cos\varphi = \cos\varphi_Z$,所以,二端网络的外特性和功率特性实际上是由其等效阻抗决定的。若阻抗 Z 为感性,则二端网络为感性,此时,$\varphi_Z > 0$,二端网络端电压超前端电流,二端网络为"超前"网络;若阻抗 Z 为容性,则二端网络为容性,此时,$\varphi_Z < 0$,二端网络端电压滞后端电流,二端网络为"滞后"网络。若阻抗 Z 为纯阻性,则二端网络为纯阻性,此时,$\varphi_Z = 0$,二端网络端电压与端电流同相,二端网络为"同相"网络。这与 4.6.3 节的结论是一致的。

如果二端网络中含有 n 个元件,那么,该二端网络吸收的总有功功率必然等于各元件吸收的有功功率之和,即

$$P = P_1 + P_2 + \cdots + P_n \tag{4-59}$$

式(4-59)表明了有功功率是守恒的,即功率的守恒性。

【例题 4-6】　在图 4-17 所示的电路中,$\dot{U}_S = 100\angle 0°\mathrm{V}$,角频率 $\omega = 1000\mathrm{rad/s}$,$U_L = 50\mathrm{V}$,电路吸收的有功功率 $P = 200\mathrm{W}$,求电阻 R 和电感 L。

解: 由 KVL 可得

$$\dot{U}_S = \dot{U}_R + \dot{U}_L$$

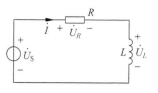

图 4-17　例题 4-6 电路图

则

$$U_R = \sqrt{U_s^2 - U_L^2} = (\sqrt{100^2 - 50^2})\,\mathrm{V} = 86.6\,\mathrm{V}$$

因为电路吸收的有功功率就是电阻 R 吸收的有功功率,即

$$P_R = RI^2 = \frac{U_R^2}{R} = 200\,\mathrm{W}$$

所以,电阻为

$$R = \frac{U_R^2}{P_R} = \frac{86.6^2}{200} = 37.5\,\Omega$$

又

$$I = \frac{U_R}{R} = \frac{86.6}{37.5} = 2.31\,\mathrm{A}$$

则感抗为

$$X_L = \frac{U_L}{I} = \frac{50}{2.31} = 21.65\,\Omega$$

电感为

$$L = \frac{X_L}{\omega} = \frac{21.65}{1000} = 21.65\,\mathrm{mH}$$

4.7.2　视在功率和无功功率

我们把式(4-58)中的 UI 定义为一个新的物理量——视在功率,用大写字母 S 表示,即有

$$S = UI \tag{4-60}$$

为了与有功功率 P 区别,视在功率 S 的单位为伏安(VA),它表示电源可能发出的最大功率。

这时,式(4-58)变为

$$P = S\cos\varphi \tag{4-61}$$

这样,功率因数 λ 可定义为有功率与视在功率之比

$$\lambda = \frac{P}{S} = \cos\varphi \tag{4-62}$$

显然,因为 $\lambda = \cos\varphi \leqslant 1$,所以 $P \leqslant S$。这说明,电源发出的功率有可能没有被二端网络全部吸收,或者说没有全部做功。没做功的那部分功率实际上又返回给了电源,这是因为二端网络中的电感或电容等储能元件本身不会消耗能量,而只与电源不断地进行能量交换,一会儿存储能量,一会儿又释放能量。因此,这部分用来交换的能量被称为无功功率,用大写字母 Q 来表示,单位为乏(var)。无功功率定义为

$$Q = UI\sin\varphi = S\sin\varphi \tag{4-63}$$

分析式(4-63)可知,当功率因数角 $\varphi = \pm 90°$ 时,有功功率为零 $P = 0$,无功功率绝对值达到最大值 $|Q| = UI$,这说明二端网络为纯感性($Q > 0$)或纯容性($Q < 0$)时,它不消耗电能,

仅存在电感、电容与电源的能量交换过程。

因为 $\cos\varphi$ 为偶函数，所以为体现网络的性质，通常在功率因数 $\lambda=\cos\varphi$ 后面标注"感性"或"容性"，以区分 $Q>0$ 和 $Q<0$ 的情况。

同有功功率 P 一样，无功功率 Q 也是守恒的，二端网络吸收的总的无功功率等于二端网络中各元件吸收的无功功率之和，即

$$Q=Q_1+Q_2+\cdots+Q_n \tag{4-64}$$

比较式(4-61)和(4-63)可见，S、Q 和 P 满足直角三角形关系，即有

$$\begin{cases} \cos\varphi=\dfrac{P}{S} \\[2mm] \sin\varphi=\dfrac{Q}{S} \\[2mm] S=\sqrt{P^2+Q^2} \end{cases} \tag{4-65}$$

S、Q 和 P 三者的关系可用图 4-18 表示。需要说明的是，虽然有功功率 P 和无功功率 Q 均满足能量守恒定律，但视在功率 S 却不满足，这一点利用式(4-65)很容易证明。

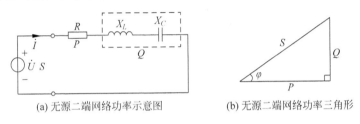

(a) 无源二端网络功率示意图 (b) 无源二端网络功率三角形

图 4-18 无源二端网络的功率三角形

视在功率 S 的用途主要是反映电气设备的容量。通常，用设备的额定电压和电流的乘积，即视在功率表示其容量。设备在使用时，其最大功率不能超过其容量（即电压或电流不能超过额定值），否则，就会损坏设备。比如一台容量为 117 500kVA 的发电机在使用时，其实际输出有功功率的大小由负载的功率因数决定，当 $\lambda=0.85$ 时，其输出的有功功率 $P\approx$ 100 000kW，若 $\lambda=0.6$，则负载只能得到 70 500kW 的有功功率。显然，对于一个交流负载，因为电抗的存在，其得到的有功功率总是小于电源能够提供的视在功率，造成电源利用率不高，所以，当电源视在功率给定时，可以通过提高功率因数 $\lambda=\cos\varphi$ 达到提高其输出有功功率 P 的目的。实际中，通常采用在负载两端并接电容或电感的方法使得感抗 X_L 和容抗 X_C 尽可能相等，也就是使功率因数 $\lambda=\cos\varphi$ 尽可能接近于 1，从而提高负载得到的有功功率 P。另外，若负载的有功功率一定，则功率因数低的话，会造成电源视在功率的提高，因此，同样需要提高功率因数，以减轻电源的负担，即减小视在功率，使得电源的容量和传输线的直径都得到减小，达到节约资源的目的。

下面分析电感器 L 和电容器 C 的功率及储能情况。

1. 电感器的功率和储能

设电感器的电流为 $i_L(t)=\sqrt{2}\,I\sin\omega t$，相电流为 $\dot I=I\angle 0°$，$Z=\mathrm{j}X_L=\mathrm{j}\omega L$。则由式(4-67)可得电感器的相电压为：$\dot U=Z\dot I=\mathrm{j}\omega LI\angle 0°=\omega LI\angle 90°$。转化为时域表达式

$$u_L(t) = \sqrt{2}\,\omega L I \sin(\omega t + 90°) = \sqrt{2}\,\omega L I \cos\omega t = \sqrt{2}\,U\cos\omega t$$

瞬时功率为

$$p = u_L i_L = \sqrt{2}\,U\cos\omega t \cdot \sqrt{2}\,I\sin\omega t = UI2\cos\omega t\sin\omega t = UI\sin2\omega t \quad (4\text{-}66)$$

显然,瞬时功率依然是正弦量,其频率比电压和电流大一倍,其平均值为零,也就是说,电感器的有功功率为零。

根据式(1-25)有电感器存储的磁能量为

$$w_L(t) = \frac{1}{2}L i_L^2(t) = \frac{1}{2}L\left(\sqrt{2}\,I\sin\omega t\right)^2 = LI^2\sin^2\omega t = \frac{1}{2}LI^2(1 - \cos2\omega t)$$

$$(4\text{-}67)$$

式(4-67)说明电感吸收的能量以 2ω 的频率围绕其平均值 W_L 上下波动,但任何时刻都大于或等于零。电感器储能的平均值为

$$W_L = \frac{1}{2}LI^2 \quad (4\text{-}68)$$

电感器的电压、电流、瞬时功率及能量波形如图 4-19 所示。

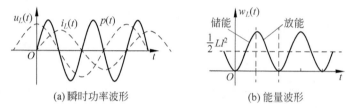

(a)瞬时功率波形   (b)能量波形

图 4-19　电感器的功率和能量图

从图 4-19 可见,当瞬时功率为正时,能量流入电感,电感储存的能量增加;当瞬时功率为负时,能量流出电感,电感储存的能量减小,也就是说,在交流环境下,电感与外电源之间存在着能量交换现象。

从式(4-66)可见,瞬时功率的最大值为 UI,该值可以描述电感与电源(外电路)进行能量交换的规模,通常称为电感的无功功率,用符号 Q_L 表示,即

$$Q_L = UI \quad (4\text{-}69)$$

将式(4-68)代入式(4-69)可得

$$Q_L = UI = \omega L I \cdot I = 2\omega W_L \quad (4\text{-}70)$$

该式表明,电感的无功功率等于其储能平均值的 2ω 倍。储能越多或能量交换(往返)的频率越高,则能量交换的规模就越大。无功功率的单位是"乏(var)"。

2. 电容器的功率和储能

设电容器的电流为 $i_C(t) = \sqrt{2}\,I\sin\omega t$,相电流为 $\dot{I} = I\angle 0°$,$Z = -jX_c = -j\dfrac{1}{\omega C}$。则由

式(4-67)可得电容器的相电压为:$\dot{U} = Z\dot{I} = -j\dfrac{I\angle 0°}{\omega C} = \dfrac{I}{\omega C}\angle -90°$,转化为时域表达式

$$u_C(t) = \sqrt{2}\,\frac{I}{\omega C}\sin(\omega t - 90°) = -\sqrt{2}\,\frac{I}{\omega C}\cos\omega t = -\sqrt{2}\,U\cos\omega t$$

瞬时功率为

$$p = u_C i_C = -\sqrt{2}U\cos\omega t \cdot \sqrt{2}I\sin\omega t = -UI2\cos\omega t\sin\omega t = -UI\sin2\omega t \qquad (4\text{-}71)$$

显然,瞬时功率依然是正弦量,其频率比电压和电流大一倍,其平均值为零,也就是说,电容器的有功功率为零,即 $P=0$。

根据式(1-33)有电容器存储的电能量为

$$w_C(t) = \frac{1}{2}Cu_C^2(t) = \frac{1}{2}C\left(-\sqrt{2}U\cos\omega t\right)^2 = \frac{1}{2}CU^2(1+\cos2\omega t) \qquad (4\text{-}72)$$

式(4-72)说明电容吸收的能量以 2ω 的频率围绕其平均值 W_C 上下波动,但任何时刻都大于等于零。电容器储能的平均值为

$$W_C = \frac{1}{2}CU^2 \qquad (4\text{-}73)$$

电容器的电压、电流、瞬时功率及能量波形如图 4-20 所示。

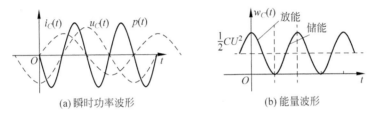

(a) 瞬时功率波形　　　　(b) 能量波形

图 4-20　电容器的功率和能量图

从图 4-20 可见,当瞬时功率为正时,能量流入电容,电容储存的能量增加;当瞬时功率为负时,能量流出电容,电容储存的能量减小,也就是说,在交流环境下,电容与外电源之间也存在着能量交换现象。

与电感类似,也把瞬时功率的最大值 $-UI$ 定义为电容的无功功率,用来描述电容与电源(外电路)进行能量交换的规模并用符号 Q_C 表示,即

$$Q_C = -UI \qquad (4\text{-}74)$$

将式(4-73)代入式(4-74)可得

$$Q_C = -UI = -\omega CU \cdot U = -2\omega W_C \qquad (4\text{-}75)$$

该式表明,电容的无功功率等于其储能平均值的 2ω 倍。储能越多或能量交换(往返)的频率越高,则能量交换的规模就越大。无功功率的单位也是"乏(var)"。

比较式(4-69)和式(4-74),可以发现电感和电容的无功功率符号相反,这说明两者所涉及的储能性质不同,电感储存磁能,无功功率为正;电容储存电能,无功功率为负。另外,若电感和电容串联,它们通过的电流相同,则根据图 4-19 和图 4-20 可得它们的能量关系图如图 4-21 所示。假设 $W_L=W_C$。

从图 4-21 中可知,电感和电容的储能情况是"此消彼长",一个增大,另一个就减小。这实际上反映了它们之间存在的能量交换过程,也就是电感储存的磁场能量会转化为电容储存的电场能量,而电容上的电场能量也会变为电感中的磁场能量。如果它们不相等,其差值才会与电源(外电路)进行能量交换。可以证明,电感和电容并联的能量关系也是如此。

有了上述的有功功率、无功功率和视在功率的概念之后,下面讨论无源二端网络的阻抗与各功率之间的关系。设二端网络的等效阻抗为

$$Z = R + jX = |Z|\angle\varphi$$

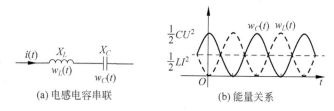

(a) 电感电容串联　　　　　　(b) 能量关系

图 4-21　电感电容串联能量关系图

则该二端网络的等效电阻为

$$R = |Z|\cos\varphi$$

该二端网络的等效电抗为

$$X = X_L - X_C = |Z|\sin\varphi$$

则根据各功率的定义,可以得到

$$P = UI\cos\varphi = (|Z|I)I\cos\varphi = RI^2 \qquad (4\text{-}76)$$

$$Q = UI\sin\varphi = (|Z|I)I\sin\varphi = XI^2 \qquad (4\text{-}77)$$

$$S = UI = (|Z|I)I = |Z|I^2 \qquad (4\text{-}78)$$

【例题 4-7】　图 4-22 所示正弦稳态电路中,N 是无源二端
网络,已知 $u_S = 10\sqrt{2}\sin(314t + 45°)$ V, $u_C = 5\sqrt{2}\sin(314t -$
$135°)$V,电容的容抗 $X_C = 2.5\Omega$,求无源二端网络 N 的等效阻
抗 Z 及其消耗的有功功率和无功功率。

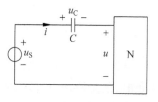

解：由题意得

$$\dot{U}_S = 10\angle 45°\text{V} = (5\sqrt{2} + \text{j}5\sqrt{2})\text{V}$$

$$\dot{U}_C = (5\angle -135°)\text{V} = (-2.5\sqrt{2} - \text{j}2.5\sqrt{2})\text{V}$$

图 4-22　例题 4-7 电路图

由 KVL 可得二端网络 N 两端的电压为

$$\dot{U} = \dot{U}_S - \dot{U}_C = (5\sqrt{2} + \text{j}5\sqrt{2} + 2.5\sqrt{2} + \text{j}2.5\sqrt{2})\text{V}$$

$$= (7.5\sqrt{2} + \text{j}7.5\sqrt{2})\text{V} = 15\angle 45°\text{V}$$

而

$$\dot{I} = \frac{\dot{U}_C}{-\text{j}X_C} = \left(\frac{5\angle -135°}{2.5\angle -90°}\right)\text{A} = 2\angle -45°\text{A}$$

则二端网络 N 的等效阻抗为

$$Z = \frac{\dot{U}}{\dot{I}} = \left(\frac{15\angle 45°}{2\angle -45°}\right)\Omega = (7.5\angle 90°)\Omega = \text{j}7.5\Omega$$

故二端网络 N 的功率因数角为 $\varphi = 90°$,网络吸收的有功功率为 $P = UI\cos\varphi = 0$W,吸收
的无功功率为 $Q = UI\sin\varphi = 15\times 2\times 1 = 30$var。

【例题 4-8】　功率为 60W、功率因数为 0.5 的日光灯(感性负载)与功率为 100W 的白
炽灯(阻性负载)各 50 只,并联在有效值为 220V、频率为 50Hz 的正弦电压源上,求电路的
功率因数。如果要把电路的功率因数提高到 0.92,问应并联多大的电容。

解：根据题意,画出图 4-23 所示的电路。设正弦电压源 $\dot{U}_S$ 为参考相量,则

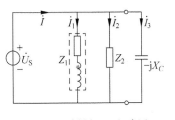

$$\dot{U}_{\mathrm{S}} = 220\angle 0°\mathrm{V}$$

电压源的角频率为

$$\omega = 2\pi f = 2\times 3.14\times 50\mathrm{Hz} = 314\mathrm{rad/s}$$

50 只功率为 60W、功率因数为 0.5 的日光灯为感性负载，用阻抗 Z_1 表示。Z_1 的功率因数为

$$\cos\varphi = 0.5$$

图 4-23　例题 4-8 电路图

则 Z_1 的功率因数角为 $\varphi_1 = 60°$，则 Z_1 支路的电流有效值为

$$I_1 = \frac{P_1}{U_{\mathrm{S}}\cos\varphi_1} = \frac{50\times 60}{220\times 0.5}\mathrm{A} = 27.27\mathrm{A}$$

因为电压初相为零，所以，对于感性负载而言，

$$\dot{I}_1 = 27.27\angle -60°\mathrm{A}$$

又 50 只功率为 100W 的白炽灯为阻性负载，用阻抗 Z_2 表示，则 Z_2 的功率因数为 $\cos\varphi_2 = 1$，则 Z_2 的功率因数角为 $\varphi_2 = 0°$，Z_2 支路的电流有效值为

$$I_2 = \frac{P_2}{U_{\mathrm{S}}\cos\varphi_2} = \frac{50\times 100}{220\times 1}\mathrm{A} = 22.73\mathrm{A}$$

因此，

$$\dot{I}_2 = 22.73\angle 0°\mathrm{A}$$

这时，电压源流出的电流为

$$\dot{I} = \dot{I}_1 + \dot{I}_2 = (27.27\angle -60° + 22.73\angle 0°)\mathrm{A}$$
$$= (13.64 - \mathrm{j}23.62 + 22.73)\mathrm{A} = (36.37 - \mathrm{j}23.62)\mathrm{A} = 43.37\angle -33°\mathrm{A}$$

这时电路的功率因数角为 $\varphi = 0 - (-33°) = 33°$，则功率因数为：$\cos\varphi = \cos 33° = 0.839$。

为了提高电路的功率因数，在 Z_1，Z_2 两端并联电容，如图 4-23 所示。设电容的容抗为 X_C，则流过电容的电流为

$$\dot{I}_3 = \frac{\dot{U}_{\mathrm{S}}}{-\mathrm{j}X_C} = \frac{220\angle 0°}{-\mathrm{j}X_C} = \frac{220}{X_C}\angle 90°$$

这时电压源流出的总电流为

$$\dot{I}' = \dot{I}_1 + \dot{I}_2 + \dot{I}_3 = (27.27\angle -60° + 22.73\angle 0°) + \frac{220}{X_C}\angle 90°$$

$$= (13.64 - \mathrm{j}23.62 + 22.73) + \mathrm{j}\frac{220}{X_C}$$

$$= 36.37 + \mathrm{j}\left(\frac{220\mathrm{V}}{X_C} - 23.62\right)$$

$\dot{U}_{\mathrm{S}}$ 与 $\dot{I}'$ 的相位差 $\varphi_{ui} = 0 - \varphi_i' = -\varphi_i'$，即并联电容后的电路的功率因数角为 φ'。由题意，$\cos\varphi' = 0.92$，则 $\tan\varphi' = 0.426$，则有

$$\tan\varphi' = \tan(-\varphi_i') = -\frac{\dfrac{220}{X_C} - 23.62}{36.37} = 0.426$$

解得 $X_C = 27.06\Omega$。

因此，并联的电容为

$$C = \frac{1}{\omega X_C} = \frac{1}{314 \times 27.06} \mathrm{F} = 117.7 \times 10^{-6} \mathrm{F} = 117.7\mu\mathrm{F}$$

从本例可知,并联电容 C 的作用主要是利用电容的无功功率来补偿电感的无功功率,使电容与电感之间进行能量交换,从而减少了电源发出的无功功率,提高了整个电路的功率因数,电源的视在功率也相应地减少,因此提高了经济效益。

4.7.3 复功率

设二端网络的端电压相量为 $\dot{U} = Ue^{j\varphi_u}$,端电流相量为 $\dot{I} = Ie^{j\varphi_i}$,端电流的共轭相量为 $\dot{I}^{*} = Ie^{-j\varphi_i}$,则定义 $\dot{U}$ 和 $\dot{I}^{*}$ 的乘积为复功率,用 $\overline{S}$ 表示,即

$$\overline{S} = \dot{U}\dot{I}^{*} = UIe^{j(\varphi_u - \varphi_i)} = UIe^{j\varphi} = Se^{j\varphi} \tag{4-79}$$

根据欧拉公式,得

$$\overline{S} = UIe^{j\varphi} = UI\cos\varphi + jUI\sin\varphi = P + jQ \tag{4-80}$$

式(4-80)表明,二端网络复功率 $\overline{S}$ 的实部为该二端网络的有功功率 P,虚部为该二端网络的无功功率 Q。复功率满足能量守恒,即

$$\overline{S} = \overline{S}_1 + \overline{S}_2 + \cdots + \overline{S}_n \tag{4-81}$$

显然,采用复功率的最大好处是可以通过一个数学式将有功功率、无功功率、视在功率及功率因数统一表示出来。

注意,为了帮助读者巩固知识,此处的相量用了指数形式。当然,采用极坐标形式也没问题。

4.7.4 最大功率传输

第 2 章中讨论了电阻电路在直流环境中(也适合交流电路)获得最大功率的问题,得到的结论是:当负载电阻与电源内阻相等时,负载获得最大功率,此时电源的效率为 50%。

这一节将讨论正弦电路中负载阻抗从电源中获得最大功率的条件,即正弦稳态电路中的最大功率传输问题。

在交流环境下,设一个电压源为 $u_\mathrm{s}(t)$,其相量为 $\dot{U}_\mathrm{s}$,内阻抗为 $Z_0 = R_0 + jX_0$,一个负载的阻抗为 $Z_L = R_L + jX_L$,将它们连接成如图 4-24(a)所示的形式。

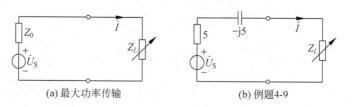

(a) 最大功率传输   (b) 例题4-9

图 4-24   最大功率传输及例题 4-9 示意图

根据欧姆定律,相电流为

$$\dot{I} = \frac{\dot{U}}{Z} = \frac{\dot{U}_\mathrm{s}}{Z_0 + Z_L} = \frac{\dot{U}_\mathrm{s}}{(R_0 + R_L) + j(X_0 + X_L)}$$

电流有效值为

$$I = \frac{U_S}{\sqrt{(R_0 + R_L)^2 + (X_0 + X_L)^2}}$$

根据前面有关功率的知识可知,负载 Z_L 获得的有功功率实际就是 Z_L 中的电阻部分 R_L 获得的有功功率,即负载获得的功率为

$$P_L = R_L I^2 = \frac{R_L U_S^2}{(R_0 + R_L)^2 + (X_0 + X_L)^2} \tag{4-82}$$

若负载阻抗 Z_L 可调,则可以分两种情况讨论负载获得最大功率的条件问题。

1. 负载 Z_L 的电阻部分 R_L 和电抗部分 X_L 皆可调

显然,在式(4-82)中,若 $X_0 = -X_L$,则式(4-82)就与式(2-31)相同,此时,再令 $R_0 = R_L$,负载就会得到最大有功功率,有

$$P_{L\max} = R_L I^2 = \frac{U_S^2}{4R_L} \tag{4-83}$$

至此,可得到如下结论:

在交流电路中,若电源内阻抗 $Z_0 = R_0 + jX_0$ 与负载阻抗 $Z_L = R_L + jX_L$ 满足共轭关系,即 $Z_0 = Z_L^*$,也就是 $R_0 = R_L$、$X_0 = -X_L$,则负载获得最大有功功率 $P_{L\max} = R_L I^2 = \frac{U_S^2}{4R_L}$。通常,把这种电路工作状态称为"共轭匹配"。

2. 负载 Z_L 的阻抗角 φ_L 固定,而阻抗模 $|Z_L|$ 可变

若负载是纯电阻性设备,即 $Z_L = R_L + j0 = R_L$,这时,只需调节 R_L 即可使负载获得最大功率。

此时,电流的有效值为

$$I = \frac{U_S}{\sqrt{(R_0 + R_L)^2 + X_0^2}}$$

负载功率为

$$P_L = R_L I^2 = \frac{R_L U_S^2}{(R_0 + R_L)^2 + X_0^2} \tag{4-84}$$

下面求 P_L 的极大值。令 $\dfrac{dP_L}{dR_L} = 0$,即有

$$\frac{dP_L}{dR_L} = \frac{(R_0 + R_L)^2 + X_0^2 - 2R_L(R_0 + R_L)}{[(R_0 + R_L)^2 + X_0^2]^2} U_S^2 = 0$$

可以解出

$$R_L = \sqrt{R_0^2 + X_0^2} = |Z_0| \tag{4-85}$$

负载获得的最大功率为

$$P_{L\max} = \frac{|Z_0|}{(R_0 + |Z_0|)^2 + X_0^2} U_S^2 \tag{4-86}$$

上述推导告诉我们另一个结论:

在交流电路中,当负载为纯阻时,负载获得最大功率的条件是负载电阻与电源内阻抗的

模相等,即 $R_L = |Z_0|$,最大功率为 $P_{Lmax} = \dfrac{|Z_0|}{(R_0 + |Z_0|)^2 + X_0^2} U_S^2$。通常把这种电路工作状态称为"模匹配"。

比较式(4-83)和式(4-86),可见负载在模匹配时获得的最大功率比共轭匹配时小。

【例题 4-9】　在图 4-24(b)电路中,负载为以下两种情况:(1)负载 $Z_L = R_L$ 为可变电阻;(2)负载 $Z_L = R_L + jX_L$ 为可变阻抗(此处的 X_L 指负载电抗而不是电感的感抗 X_L)。问负载分别为何值时获得最大功率,并求最大功率值。

解:据题意得电压源的内阻抗为

$$Z_0 = 5 - j5 = 5\sqrt{2} \angle -45° \, \Omega$$

(1)负载为可变电阻时,欲使负载获得最大功率,则应采用模匹配,即当 $R_L = |Z_0| = 5\sqrt{2} \approx 7\Omega$ 时,获得最大功率

$$P_{Lmax} = \frac{|Z_0|}{(R_0 + |Z_0|)^2 + X_0^2} U_S^2 = \frac{7 \times 20^2}{(5+7)^2 + (5)^2} \approx 16.6\,\mathrm{W}$$

(2)负载为可变阻抗,欲使负载获得最大功率,则应采用共轭匹配,即当 $Z_L = Z_0^* = 5 + j5\Omega$ 时,负载获得最大功率,且最大功率为

$$P_{Lmax} = \frac{U_S^2}{4R_0} = \frac{20^2}{4 \times 5} = 20\,\mathrm{W}$$

显然,负载采用共轭匹配时获得的最大功率大于模匹配时的最大功率。

4.8　电路的谐振

在中学物理课程中学到的一个常识:当一个队伍通过桥梁的时候,一定不要齐步走,否则,有可能会出现桥梁坍塌事故。其原因就是队伍齐步走对桥梁产生的振动频率和相位有可能与桥梁本身的固有振动频率和相位相同,一旦出现这种情况,桥梁的振动幅度就会大大增加,从而引起桥梁坍塌。这种现象被称为"共振现象"。比如,1831 年英国的一队士兵在通过曼彻斯特附近的布劳顿吊桥时,整齐的步伐使得吊桥发生共振而坍塌。

在电路中也有与"共振现象"类似的物理现象,这就是本节要介绍的"谐振现象"。谐振现象在电子领域有着广泛的应用,人们熟悉的收音机、电视机、电台等设备的选台和中放等电路都是根据"谐振"原理工作的。

根据元件的连接方式不同,谐振电路分为串联和并联两种形式。

4.8.1　*RLC* 串联电路的谐振

谐振电路至少要有电感和电容两种元件。将 *RLC* 三个元件串联起来就构成了一个 *RLC* 串联电路,如图 4-25(a)所示。

我们知道,在正弦电压源的激励下,串联电路的等效阻抗为

$$Z = R + j(X_L - X_C) = R + j\left(\omega L - \frac{1}{\omega C}\right) \tag{4-87}$$

显然,阻抗 Z 是角频率 ω 或频率 f 的函数($\omega = 2\pi f$)。观察式(4-87)会发现,一定会存在一个角频率值使得感抗等于容抗,即电抗为零,从而让阻抗变为纯阻。

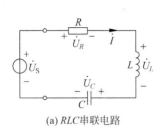
(a) RLC串联电路

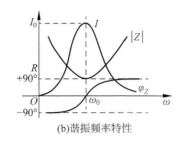
(b)谐振频率特性

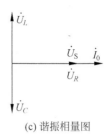
(c) 谐振相量图

图 4-25 RLC 串联谐振示意图

令 $\omega L=\dfrac{1}{\omega C}$,可得 $\omega=\dfrac{1}{\sqrt{LC}}$。设此时的 ω 为 ω_0,则把 RLC 串联电路在 $\omega=\omega_0$ 时的工作状态称为"串联谐振",ω_0 被称为谐振频率,可以认为是 RLC 串联电路的"固有振荡频率"。也就是说,当 RLC 串联电路的工作频率等于其固有振荡频率时,即满足

$$\begin{cases} \omega_0 = \dfrac{1}{\sqrt{LC}} \\[3mm] f_0 = \dfrac{1}{2\pi\sqrt{LC}} \end{cases} \tag{4-88}$$

时,电路就处于"串联谐振"状态。式(4-88)被称为谐振条件。

观察式(4-88)可见,谐振角频率 ω_0 只由电路中电感 L 和电容 C 决定,而与电阻 R 无关。显然,对于一个给定的 RLC 串联电路,可以通过调节 L 或 C 的值,也可通过改变电压源的角频率 ω,使电路发生或不发生谐振。

那么,RLC 串联电路在谐振状态下究竟有何特点呢?

1. 频率特性

因为阻抗是频率的函数,所以当电压源的频率发生变化时,阻抗模、阻抗角、电流等都会随着频率的变化而变化,它们与频率之间的关系称为频率特性。

根据式(4-87)可得串联电路的阻抗模、阻抗角和电流有效值为

$$|Z| = \sqrt{R^2+X^2} = \sqrt{R^2+\left(\omega L-\dfrac{1}{\omega C}\right)^2} \tag{4-89}$$

$$\varphi_Z = \arctan\dfrac{X}{R} = \arctan\dfrac{\omega L-\dfrac{1}{\omega C}}{R} \tag{4-90}$$

$$I = \dfrac{U_S}{|Z|} = \dfrac{U_S}{\sqrt{R^2+\left(\omega L-\dfrac{1}{\omega C}\right)^2}} \tag{4-91}$$

当发生谐振时,$\omega=\omega_0$,则上面 3 式的变化如下:

(1) 阻抗模 $|Z|$ 的频率特性。阻抗模 $|Z|$ 的频率特性又称为阻抗的幅度-频率特性,简称幅频特性。由式(4-89)可知,$|Z|$ 在 $\omega=\omega_0$ 时达到最小值 $|Z|_{\min}=R$,即为纯阻性;若频率 ω 偏离 ω_0,$|Z|$ 都会增加,其变化曲线如图 4-25(b)所示。

(2) 阻抗角 φ_Z 的频率特性。阻抗角 φ_Z 的频率特性又称为阻抗的相频特性。由

式(4-90)可知,在 $\omega=\omega_0$ 处,阻抗角 $\varphi_Z=0$,表明此时电路为纯阻性,端电压与端电流同相;当 $\omega>\omega_0\to\varphi_Z\to90°$ 时,电路呈感性,端电压超前端电流 φ_Z;当频率 $\omega<\omega_0\to\varphi_Z\to-90°$ 时,电路呈容性,端电压滞后端电流 φ_Z。阻抗角 φ_Z 随频率的变化特性如图 4-25(b)所示。

(3) 电流有效值 I 的频率特性。由式(4-91)可知,当 $\omega=\omega_0$ 时,电流的有效值 I 达到最大值,此时的有效值相量可用 $\dot{I}_0$ 表示,称为谐振电流,且 $\dot{I}_0$ 与 $\dot{U}_S$ 同相,即有

$$\dot{I}_0 = \frac{\dot{U}_S}{R} \tag{4-92}$$

而"$\dot{I}_0$ 与 $\dot{U}_S$ 同相"可作为电路是否谐振的判断条件。

当 $\omega=0$,即电源为直流时,电容相当于开路,则 $I_0=0$;当 $\omega\to\infty$ 时,电感相当于开路,则 $I_0=0$。I 的频率特性如图 4-25(b)所示。该特性也被称为"谐振曲线"。

2. 电压谐振

我们已经知道当 $\omega=\omega_0$ 时,图 4-25(a)所示的电路处于谐振状态,阻抗为 R。由式(4-89)可知,此时的电抗为零,即有

$$jX = j(X_L - X_C) = 0 \tag{4-93}$$

因为此时电流为 $\dot{I}_0$,将 $\dot{I}_0$ 与式(4-93)相乘,可得电感相电压与电容相电压的关系,即

$$jX\dot{I}_0 = j(\dot{I}_0 X_L - \dot{I}_0 X_C) = \dot{U}_L + \dot{U}_C = 0 \to \dot{U}_L = -\dot{U}_C \tag{4-94}$$

这样,根据 KVL 有

$$\dot{U}_S = Z\dot{I}_0 = (R + j(X_L - X_C))\dot{I}_0 = \dot{U}_R + \dot{U}_L + \dot{U}_C = \dot{U}_R \tag{4-95}$$

可见,当 RLC 串联电路发生谐振时,电容电压和电感电压大小相等、方向相反,电容电压和电感电压之和始终等于零。这时,电压源的电压全部降在电阻上,且与电流保持同相位。谐振时各元件端电压和流过的电流之间的相位关系如图 4-25(c)所示。

为了衡量谐振时阻抗吸收有功功率和无功功率的具体性能,定义:谐振时感抗或容抗吸收的无功功率与电阻吸收的有功功率之比为谐振电路的品质因数,通常用 Q 表示。即有

$$Q = \text{无功功率}/\text{有功功率} = \frac{\omega_0 L I_0^2}{R I_0^2} = \frac{\frac{1}{\omega_0 C}I_0^2}{R I_0^2} = \frac{\omega_0 L}{R} = \frac{1}{\omega_0 C R} \tag{4-96}$$

若将 $\omega_0 = \dfrac{1}{\sqrt{LC}}$ 代入式(4-96),可得

$$Q = \frac{1}{R}\sqrt{\frac{L}{C}} = \frac{\rho}{R} \tag{4-97}$$

式(4-97)表明,品质因数是一个只由电路本身参数决定而与外电路无关的物理量。另外,通常把 $\rho=\sqrt{\dfrac{L}{C}}$ 称为 RLC 串联电路的特性阻抗。请注意,品质因数 Q 与无功功率 Q 不是一个概念。这样,谐振时电感电压和电容电压分别为

$$\dot{U}_L = j\omega_0 L\dot{I}_0 = j\omega_0 L\frac{\dot{U}_S}{R} = jQ\dot{U}_S \tag{4-98}$$

$$\dot{U}_C = -\mathrm{j}\frac{1}{\omega_0 C}\dot{I}_0 = -\mathrm{j}\frac{1}{\omega_0 C}\frac{\dot{U}_S}{R} = -\mathrm{j}Q\dot{U}_S \tag{4-99}$$

可见,谐振时电感电压和电容电压大小相等,且等于电源电压的 Q 倍。另外,电感电压 $\dot{U}_L$ 比电源电压 $\dot{U}_S$ 超前90°,电容电压 $\dot{U}_C$ 比电源电压 $\dot{U}_S$ 滞后90°。

在实际应用中,RLC 串联电路品质因数 Q 的大小通常都在几十以上,因此,谐振时的电感电压和电容电压的大小都会达到电源电压的几十倍以上。因为 RLC 串联电路具有这种特性,所以把串联谐振也称为电压谐振。

通过分析可以得到如下结论:

(1) 品质因数 Q 的大小可以影响谐振曲线的形状,Q 值越大,谐振曲线越尖锐,反之,谐振曲线越扁平,如图 4-26(a)所示。也就是说,在谐振频率附近的源电压信号可以得到较大的"放大量",并通过电感或电容电压输出出来,而远离谐振频率的源电压信号会迅速被衰减,这说明谐振电路具有选频特性(也称选择性),且 Q 值越大,选频特性越好,电感或电容输出的电压越大,电路的"品质"越好(这就是 Q 被称为品质因数的原因)。

(2) 调节电感 L 或电容 C 的大小可以改变谐振频率(通常调节 C),则谐振曲线会在横轴上左右平移,或者说,选频特性会在频率轴上左右移动。

简单地说,电压谐振的"选频特性"(也称为调谐特性)可以选择某一频率及其附近频率的交流电压信号进行"放大",而将其他频率信号"滤除",其典型应用是收音机、电视机、电台等仪器设备的选台电路。调谐特性的实质就是"滤波",意指可以"滤除"不需要的频率信号或"滤取"需要的频率信号。

需要注意的是,若 Q 值很大,则在谐振时或接近谐振时,电感或电容上就会产生比电源电压高得多的端电压,这往往会使电感或电容元件损坏,因此,在电力传输系统中又要尽可能地避免产生谐振。

电流与品质因数的关系(谐振曲线)可以根据式(4-91)推出

$$I = \frac{U_S}{|Z|} = \frac{U_S}{\sqrt{R^2 + \left(\omega L - \dfrac{1}{\omega C}\right)^2}} = \frac{U_S/R}{\sqrt{1 + \left(\dfrac{\omega L}{R} - \dfrac{1}{R\omega C}\right)^2}} = \frac{I_0}{\sqrt{1 + Q^2\left(\dfrac{\omega}{\omega_0} - \dfrac{\omega_0}{\omega}\right)^2}}$$

$$\tag{4-100}$$

在图 4-26(a)中知道(该图假设 R 不变,L 和 C 可变),Q 值的大小可以改变谐振曲线的尖锐程度,从而影响谐振曲线的宽度。为了衡量宽度这一指标,我们把某一 Q 值下的谐振曲线单独拿出来,并定义谐振曲线最大值 I_0 的 $\dfrac{1}{\sqrt{2}}$ 倍(70%处)所对应的两个点的频率 ω_H 和 ω_L 之差为谐振曲线的"通频带",用 B_w 表示,如图 4-26(b)所示。即有

$$B_w = \omega_H - \omega_L \tag{4-101}$$

"通频带"的物理意义是指,在 B_w 范围内的频率信号可以"通过"谐振曲线(最多被曲线衰减到最大值的 70%),而在通频带外边的频率信号将被谐振曲线抑制而不能"通过"谐振曲线。谐振曲线类似于一个"门框",处在该门框内的人可以通过,而门框两侧外面的人则不能通过。"通频带"的字面意思可以理解为"允许频率信号通过的通带(道)"。

可以推导出 Q 值与通频带是一种反比关系,即:

$$Q = \frac{\omega_0}{B_w} \tag{4-102}$$

显然,Q 值越大,谐振曲线的选择性越好,但通频带越窄,损失的频率信号越多。因此,在实际通信工程中,要结合信号的频谱和相邻电台的间隔频率,适当选择品质因数 Q,达到抑制干扰和不失真传输的一种平衡。

还可以推导出谐振频率 ω_0 与 ω_H 和 ω_L 的关系,即

$$\omega_0 = \sqrt{\omega_H \omega_L} \tag{4-103}$$

另外,电感电压和电容电压的最大值并不在出现在谐振点,电感电压的最大值出现在谐振点之后,而电容上的最大电压则出现在谐振点之前,如图 4-26(c)所示。

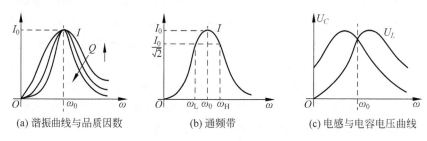

(a) 谐振曲线与品质因数　　　(b) 通频带　　　(c) 电感与电容电压曲线

图 4-26　谐振曲线/品质因数/通频带及电感与电容电压曲线

综上所述,串联谐振电路具有如下主要特性:

(1) 电路阻抗为纯阻性。

(2) 电路端电压和端电流同相。

(3) 电感电压和电容电压相等但反相,其大小均为电源电压的 Q 倍。

(4) 具有选频特性,或者说,具有带通滤波特性。

下面从物理概念的角度来分析串联谐振的本质。

谐振时,电感和电容吸收的无功功率分别为 $Q_L = U_L I_0 \sin 90° = U_L I_0$,$Q_C = U_C I_0 \sin(-90°) = -U_C I_0$。因为 $U_L = U_C$,所以 $Q_L + Q_C = 0$,但显然 Q_L 与 Q_C 均不等于零。这就说明,电路谐振时不从电源吸收无功功率,电路的功率因数等于 1(阻抗为纯阻),而电感和电容之间周期性地进行能量交换,一会儿电感释放磁场能量给电容充电,一会儿电容又释放电场能量给电感充磁,磁场能量和电场能量作周期性地交换,这种现象称为电磁振荡。显然,磁场能量和电场能量都在不断变化,但此消彼长,总和保持不变,即

$$W = \frac{1}{2} L i_0^2 + \frac{1}{2} C u_C^2 \tag{4-104}$$

式中,i_0 是谐振时电流的瞬时值,u_C 是谐振时电容电压的瞬时值。

虽然,电感和电容本身不消耗能量,它们之间只是不断地进行能量交换,但是,电路中的电阻 R 是耗能元件,它会不断地消耗能量。如果电路中无外加激励,电感和电容进行能量交换时必然有一部分被电阻消耗,随着时间的增加,电感和电容中储存的电磁能量都会被电阻所消耗,以至于电路停止谐振。为了维持谐振电路中的电磁振荡,外加的电压源必须不断地提供能量以补偿电阻消耗的能量,这样才能使谐振不断地继续下去。

4.8.2　*RLC* 并联电路的谐振

图 4-27(a)所示电路是 *RLC* 并联电路,在正弦电流源的激励下也可以出现谐振状态。根据对偶原理,可以得到如下结论。

(1) 电路复导纳为

$$Y = G + \mathrm{j}B = G + \mathrm{j}\left(\omega C - \frac{1}{\omega L}\right) \tag{4-105}$$

(2) 谐振条件为电纳 $B=0$,即 $\dfrac{1}{\omega L}=\omega C$。

(3) 谐振频率为

$$\omega = \omega_0 = \frac{1}{\sqrt{LC}} \tag{4-106}$$

(4) 此时,导纳角 $\varphi_Y=0$,导纳模值为最小值 $|Y|=G$。

(5) 端电压为最大值

$$U = \frac{I_\mathrm{S}}{G} = U_0 \tag{4-107}$$

总电流为

$$\dot{I}_\mathrm{S} = \dot{I}_R + \dot{I}_L + \dot{I}_C = \dot{I}_R \tag{4-108}$$

若电路中没有电阻支路,则总电流为零。

(6) 品质因数为

$$Q = \frac{R}{\omega_0 L} = \omega_0 CR = R\sqrt{\frac{C}{L}} \tag{4-109}$$

(7) 谐振时有

$$\dot{I}_L = \frac{\dot{U}}{\mathrm{j}\omega_0 L} = -\mathrm{j}\frac{R}{\omega_0 L}\dot{I}_\mathrm{S} = -\mathrm{j}Q\dot{I}_\mathrm{S} \tag{4-110}$$

$$\dot{I}_C = \mathrm{j}\omega_0 C\dot{U} = \mathrm{j}\omega_0 CR\dot{I}_\mathrm{S} = \mathrm{j}Q\dot{I}_\mathrm{S} \tag{4-111}$$

有效值满足

$$I_L = I_C = QI_\mathrm{S} \tag{4-112}$$

(8) 谐振频率特性及相量图如图 4-27(b)、(c)所示。

综上所述,与 *RLC* 串联谐振电路类比,并联谐振电路谐振时具有如下结论:

(1) 在电流源工作频率达到谐振频率时会发生电流谐振。即 $\omega=\omega_0=\dfrac{1}{\sqrt{LC}}$。

(2) 电路复导纳等效为纯导纳,且为最小值,电纳部分为零。当 $\omega>\omega_0$ 时,电路呈容性,导纳角 $\varphi_Y>0$; 当 $\omega<\omega_0$ 时,电路呈感性,导纳角 $\varphi_Y<0$。

(3) 端电压与总电流同相,端电压达到最大值。

(4) 电感和电容电流大小相等,相位相反,且都等于电源电流的 Q 倍。因此,也可称为"电流谐振"。

(5) 谐振曲线也具有"选频"或"带通滤波"特性。

(6) 电感和电容之间不断地进行能量交换,不从电源吸取无功功率,整个电路的功率因数为 1,电流源仅提供能量供电阻消耗,以维持电磁振荡。

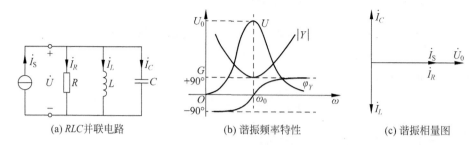

(a) RLC并联电路　　　　(b) 谐振频率特性　　　　(c) 谐振相量图

图 4-27　RLC 并联谐振示意图

【例题 4-10】　在图 4-28 所示的电路中,当 $\omega=5000\mathrm{rad/s}$ 时,RLC 串联电路发生谐振,已知 $R=5\Omega$,$L=400\mathrm{mH}$,端电压 $U=1\mathrm{V}$。求电容 C 的值及电路中的电流和各元件电压的瞬时表达式。

解:如图 4-28 所示的电路为 RLC 串联电路,设 $\dot{U}=1\angle0°\mathrm{V}$。

由串联谐振条件:$\omega=\dfrac{1}{\sqrt{LC}}$,可得

$$C=\frac{1}{\omega^2 L}=\frac{1}{0.4\times25\times10^6}\mathrm{F}=0.1\mu\mathrm{F}$$

由串联谐振时电路的特点,可得各参数

$$\dot{I}=\frac{\dot{U}}{R}=0.2\angle0°\mathrm{A},\quad 得\quad i=0.2\sqrt{2}\cos(5000t)\,\mathrm{A}$$

$$\dot{U}_L=\mathrm{j}\omega L\,\dot{I}=400\angle90°\mathrm{V},\quad 得\quad u_L=400\sqrt{2}\cos(5000t+90°)\,\mathrm{V}$$

$$\dot{U}_C=-\dot{U}_L=400\angle-90°\mathrm{V},\quad 得\quad u_C=400\sqrt{2}\cos(5000t-90°)\,\mathrm{V}$$

$$\dot{U}_R=\dot{U}=1\angle0°\mathrm{V},\quad 得\quad u_R=\sqrt{2}\cos(5000t)\,\mathrm{V}$$

【例题 4-11】　求图 4-29 所示电路在发生谐振时端电压 u 的角频率。

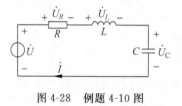

图 4-28　例题 4-10 图　　　　　　图 4-29　例题 4-11 图

解:设端电压、端电流的相量分别为 $\dot{U}$ 和 $\dot{I}$,感抗为 $X_L=\omega L=0.5\omega$,容抗为 $X_C=\dfrac{1}{\omega C}=\dfrac{10^4}{\omega}$,则有

$$\dot{U}=5\,\dot{I}+\mathrm{j}X_L\,\dot{I}-\mathrm{j}X_C(\dot{I}-0.5\,\dot{I})=\left(5+\mathrm{j}0.5\omega-\mathrm{j}0.5\,\frac{10^4}{\omega}\right)\dot{I}$$

二端网络的等效阻抗为

$$Z=\frac{\dot{U}}{\dot{I}}=5+\mathrm{j}\left(0.5\omega-\frac{5000}{\omega}\right)\Omega$$

欲使电路发生谐振,需阻抗为纯阻,即阻抗虚部为零

$$0.5\omega - \frac{5000}{\omega} = 0$$

解得谐振角频率为

$$\omega = 100 \text{rad/s}$$

【例题 4-12】 判断图 4-30 所示电路哪个电路在正弦稳态下能发生谐振,如果能发生谐振则求出其谐振频率。

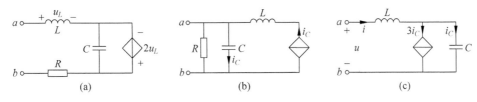

图 4-30 例题 4-12 图

解:图 4-30(a)中的电容 C 与受控电压源并联应被断开,图 4-30(b)中的电感与受控电流源串联应被短接,则图 4-30(a)、(b)两图只剩下一个电抗性元件,不符合谐振电路的定义,故这两个电路在正弦稳态下不能发生谐振。图 4-30(c)的受控电流源不影响电感和电容的存在,故在正弦稳态下能发生谐振。对图 4-30(c)电路有

$$\begin{cases} \dot{I} = 4\dot{I}_C \\ \dot{U} = j\omega L \dot{I} - j\frac{1}{\omega C}\dot{I}_C = j\left(\omega L - \frac{1}{4\omega C}\right)\dot{I} \end{cases}$$

当电路满足 $\omega_0 L = \dfrac{1}{4\omega_0 C}$ 时,电路发生谐振,则谐振频率为: $\omega_0 = \dfrac{1}{2\sqrt{LC}}$。

【例题 4-13】 在图 4-31(a)的 RLC 串联电路中,$R = 10\Omega$,$L = 1\text{H}$,端电压为 100V,电流为 10A,如把 R、L、C 改为并联接在同一电源上,求并联各支路的电流。电源的频率为 50Hz。

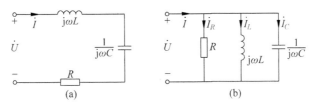

图 4-31 例题 4-13 图

解:

(1) R、L、C 串联时,$|Z| = \dfrac{U}{I} = \dfrac{100}{10}\Omega = 10\Omega = R$,所以电路发生串联谐振。可得

$$C = \frac{1}{\omega^2 L} = \frac{1}{(100\pi)^2 \times 1}\text{F} = 0.1 \times 10^{-4}\text{F} = 10\mu\text{F}$$

(2) 若 R、L、C 改为并联(如图 4-31(b)所示),仍然满足 $\omega L = \dfrac{1}{\omega C}$,电路发生并联谐振。

设 $\dot{U}=100\angle0°\mathrm{V}$,并联电路各支路的电流分别为

$$\dot{I}_R = \frac{\dot{U}}{R} = \frac{100}{10}\mathrm{A} = 10\mathrm{A}$$

$$\dot{I}_C = -\dot{I}_L = -\frac{\dot{U}}{\mathrm{j}\omega L} = \mathrm{j}\frac{100}{100\pi}\mathrm{A} = \mathrm{j}0.3185\mathrm{A}$$

【例题 4-14】 如图 4-32 所示电路中,$I_S=1\mathrm{A}$,当 $\omega_0=1000\mathrm{rad/s}$ 时电路发生谐振,$R_1=R_2=100\Omega$,$L=0.2\mathrm{H}$,求 C 值和电流源端电压 $\dot{U}$。

解:设 $\dot{I}_S=1\angle0°\mathrm{A}$,$\omega_0=1000\mathrm{rad/s}$,该电路的输入阻抗

$$Z = R_1 - \mathrm{j}\frac{1}{\omega_0 C} + \frac{\mathrm{j}\omega_0 R_2 L}{R_2 + \mathrm{j}\omega_0 L} = 180 + \mathrm{j}\left(40 - \frac{1}{10^3 C}\right)$$

电路发生谐振条件 $I_\mathrm{m}[Z]=0$,所以可以得出

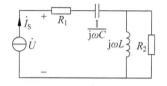

图 4-32 例题 4-14 图

$$40 - \frac{1}{10^3 C} = 0 \quad 即 \quad C = 25\mu\mathrm{F}$$

$$\dot{U} = \dot{I}_S Z = 1\angle0° \times 180\mathrm{V} = 180\angle0°\mathrm{V}$$

4.9 互感电路

4.9.1 互感的基本概念

在介绍"互感"之前,先要了解什么是"耦合"。

所谓"耦合"通常是指两个或两个以上的电路(系统)通过它们之间的某种元器件或联系方式,从一个电路向另一个电路传输电能的现象;比如两个放大器之间可以通过导线、电阻、电感、电容或互感等元件将前级放大器输出的信号传递到下级放大器。更一般地说,耦合就是对两个或两个以上的系统相互依赖于对方的一个量度。作为专业术语,"耦合"在电子工程、通信工程、软件工程、机械工程等领域都会出现。"耦合"概念示意图如图 4-33(a)所示。

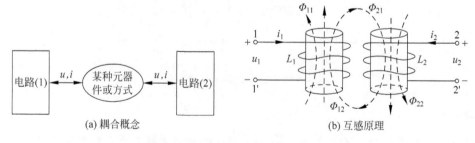

图 4-33 耦合概念及互感原理示意图

在电子及通信领域,常见的"耦合"有电耦合、磁耦合和光耦合三种形式。利用电流(电压)进行的耦合称为"电耦合",比如两级放大器之间利用电容或电阻将前级信号耦合到下一级;利用磁场进行的耦合称为"磁耦合",比如利用互感线圈;利用光波进行的耦合就是"光

耦合",比如光耦合器。

互感也称耦合电感,在人们的生产实践中有着广泛的应用。通常,把通电线圈之间通过磁场相互影响或作用的物理现象称为互感现象。也有人说,互感是一个电感引发其附近电感端电压的能力。互感的本质是磁耦合现象,即当把一个线圈 A 放在另一个通有变动电流的线圈 B 附近时,由于线圈 B 因变动电流产生的变动磁通会有一部分穿过线圈 A,则线圈 A 中也将产生感应电动势。

在图 4-33(b)中,画出两个距离很近的线圈 L_1 和 L_2,它们的匝数分别为 N_1 和 N_2。当给 L_1 施加变化电流 i_1 时,就会在 L_1 产生自感磁通 Φ_{11},则自感磁通量为 $\Psi_{11} = N_1 \Phi_{11}$。对于线性电感元件,自电感系数 L_1 为常数,且 $L_1 = \dfrac{\Psi_{11}}{i_1}$。由于两个线圈靠得很近,磁通 Φ_{11} 会穿过线圈 L_2 并在其中产生交链(互感)磁通 Φ_{21},进而产生交链(互感)磁通量 Ψ_{21},形成互感现象。注意 Φ_{21} 和 Ψ_{21} 的下标中第一个数字表示在线圈 L_2 中,第 2 个数字表示由线圈 L_1 产生。

由于 Φ_{11} 穿过 L_2 形成的 Φ_{21} 或 Ψ_{21} 受距离和损耗等因素的影响可大可小,所以为了衡量 L_1 对 L_2 影响(互感)的大小,定义互感系数为

$$M_{21} = \frac{\Psi_{21}}{i_1} \tag{4-113}$$

同样,若线圈 L_2 通以变化电流 i_2,则会产生 Φ_{22} 和 $\Psi_{22} = N_2 \Phi_{22}$,进而在线圈 L_1 中产生互磁通和互磁通量 Φ_{12} 和 Ψ_{12}。为了衡量 L_2 对 L_1 影响(互感)的大小,定义互感系数为

$$M_{12} = \frac{\Psi_{12}}{i_2} \tag{4-114}$$

可以证明,互感系数 $M_{12} = M_{21}$。这样,就可以把互感系数统一用 M 表示。

当 i_1 变化时,自感磁通量 $\Psi_{11} = N_1 \Phi_{11}$ 会在 L_1 两端产生自感电压 u_{11}(满足右手螺旋关系),且

$$u_{11} = \frac{\mathrm{d}\Psi_{11}}{\mathrm{d}t} = N_1 \frac{\mathrm{d}\Phi_{11}}{\mathrm{d}t} = L_1 \frac{\mathrm{d}i_1}{\mathrm{d}t} \tag{4-115}$$

互感磁通量 Ψ_{21} 会在线圈 L_2 上产生的互感电压 u_{21}(满足右手螺旋关系),且

$$u_{21} = \frac{\mathrm{d}\Psi_{21}}{\mathrm{d}t} = N_2 \frac{\mathrm{d}\Phi_{21}}{\mathrm{d}t} = M \frac{\mathrm{d}i_1}{\mathrm{d}t} \tag{4-116}$$

当 i_2 变化时,同样会有自感电压 u_{22} 和互感电压 u_{12}

$$u_{22} = \frac{\mathrm{d}\Psi_{22}}{\mathrm{d}t} = N_2 \frac{\mathrm{d}\Phi_{22}}{\mathrm{d}t} = L_2 \frac{\mathrm{d}i_2}{\mathrm{d}t} \tag{4-117}$$

$$u_{12} = \frac{\mathrm{d}\Psi_{12}}{\mathrm{d}t} = N_1 \frac{\mathrm{d}\Phi_{12}}{\mathrm{d}t} = M \frac{\mathrm{d}i_2}{\mathrm{d}t} \tag{4-118}$$

若两个线圈同时施加变化电流 i_1 和 i_2,则两个线圈的端电压满足叠加关系(因为自感和互感均为线性),则有

$$u_1 = u_{11} \pm u_{12} = L_1 \frac{\mathrm{d}i_1}{\mathrm{d}t} \pm M \frac{\mathrm{d}i_2}{\mathrm{d}t} \tag{4-119}$$

$$u_2 = u_{22} \pm u_{21} = L_2 \frac{\mathrm{d}i_2}{\mathrm{d}t} \pm M \frac{\mathrm{d}i_1}{\mathrm{d}t} \tag{4-120}$$

式中,当线圈中的自感磁通与互感磁通方向一致时,取＋号;反之,取－号。

为了便于研究,将图 4-33(b)的实物图抽象为电路模型如图 4-34(a)所示,也就是互感(耦合)元件模型。为了能够在模型图上判断互感电压的极性,人们在图 4-34(a)上标示了两个圆点。两个靠近圆点的线圈端点被称为"同名端",其概念是当电流 i_1 和 i_2 分别从 L_1 和 L_2 的某个端钮流入(流出)时,若在任一个线圈中产生的自感磁通和互感磁通方向一致时,这两个端钮就是"同名端"(比如图 4-34(a)的 1 和 2 端钮),反之,就是"异名端"(比如图 4-34(a)的 $1'$ 和 $2'$ 端钮)。

这样,在图 4-34(a)所示的电压电流关联方向下,当两个线圈的电流均从同名端流入(流出)时,M 为正,即互感电压为正,若一个流入同名端,而另一个流出同名端,M 为负,则互感电压为负。

式(4-119)和式(4-120)被称为互感元件的伏安关系。它们表明,耦合电感元件是一个动态元件,每个线圈上的电压只与电流(包括本线圈电流和另一个线圈的电流)的变化率有关,与电流本身的大小无关。如果施加的电流是不变化的,即直流电流,那么,虽然线圈中也产生自感磁链和互感磁链,但是,不会产生自感和互感电压。换句话说,就是产生"磁耦合"现象的前提"磁变化",即线圈的电流或电压必须是随时间变化的量。

综上所述,耦合电感元件的两个线圈之间存在磁耦合效应。当两个线圈分别通过变化的电流时,在每个线圈上会产生自感电压和互感电压,自感电压与各自的自感系数有关,而互感电压则与互感系数有关。

互感系数 M 表明了两个线圈耦合松紧的程度。两个线圈耦合越紧,M 越大;耦合越松,M 越小。可以证明,

$$M \leqslant \sqrt{L_1 L_2} \tag{4-121}$$

为了能进一步定量地说明两个线圈的耦合程度,人们定义了一个耦合系数 k 进行描述。

$$k = \frac{M}{\sqrt{L_1 L_2}} \tag{4-122}$$

k 的大小由两个线圈的结构、相互位置及线圈周围的磁介质等决定。显然,$0 \leqslant k \leqslant 1$。通常认为 $0.5 \leqslant k$ 时为紧耦合,$k < 0.5$ 为松耦合,$k = 0$ 为无耦合,$k = 1$ 为全耦合状态。耦合系数 k 具体体现了两个线圈互相影响的大小程度,k 越大,影响越大。

使用互感元件的最大好处是可以将电能(电压和电流)利用磁场从互感元件的一端传递(耦合)到另一端,从而实现两个电路的"电隔离",即两个电路没有导线或元器件的实体电连接(互感除外)。

4.9.2　互感元件的相量模型

根据相量概念,可以将图 4-34(a)所示的互感元件电路模型转化为互感元件相量模型如图 4-34(b)所示。

根据式(4-119)和式(4-120),结合图 4-34(b)可得互感元件相量伏安关系

$$\begin{cases} \dot{U}_1 = j\omega L_1 \dot{I}_1 + j\omega M \dot{I}_2 \\ \dot{U}_2 = j\omega L_2 \dot{I}_2 + j\omega M \dot{I}_1 \end{cases} \tag{4-123}$$

式中,$\omega L_1 = X_{L1}$,$\omega L_2 = X_{L2}$ 称为线圈 L_1 和 L_2 的自感抗,$\omega M = X_M$ 称为互感抗,单位都为欧(Ω)。

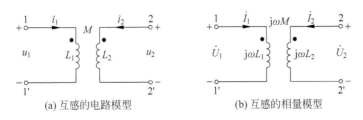

(a) 互感的电路模型　　　　　　　(b) 互感的相量模型

图 4-34　互感元件的电路与相量模型图

4.9.3　互感的去耦等效

由于两个互感线圈之间存在磁耦合，每个线圈上的电压不仅与本线圈的电流变化率有关，而且还与另一个线圈的电流变化率有关，其伏安关系表达式中的正、负号取决于同名端的位置及电压、电流的参考方向等，所以，对含有互感元件电路的分析就相对比较复杂。显然，如果能够将互感效应去掉，并将其影响等效到电路当中，肯定会使电路的分析得以简化。下面介绍去耦等效的具体方法。

1. 互感串联的去耦等效

互感串联有两种情况：两线圈的异名端相连，称为顺接串联，两线圈的同名端相连，称为反接串联，如图 4-35 所示。下面，讨论正弦稳态下耦合电感串联后的等效感抗。

图 4-35(a)中，由于两个线圈顺接串联，所以根据同名端的概念，在互感电压前应取正号，则 a、b 两端的电压为

$$\dot{U} = \dot{U}_1 + \dot{U}_2 = (\mathrm{j}\omega L_1 + \mathrm{j}\omega M)\,\dot{I} + (\mathrm{j}\omega L_2 + \mathrm{j}\omega M)\,\dot{I} = \mathrm{j}\omega(L_1 + L_2 + 2M)\,\dot{I}$$

令 $L = L_1 + L_2 + 2M$，则 $\dot{U} = \mathrm{j}\omega L\,\dot{I}$。显然，两个互感线圈在顺接串联时，可等效为一个电感，其电感量为

$$L = L_1 + L_2 + 2M \tag{4-124}$$

可见，等效后的电路互感被去掉了，电路得到了简化。

同理，对于图 4-35(b)的反接串联，其等效电感为

$$L = L_1 + L_2 - 2M \tag{4-125}$$

显然，上述等效体现了同名端的概念：同向电流起加强作用(顺串)，反向电流起抵消作用(反串)。

2. 互感并联的去耦等效

将互感线圈的两个同名端连在一起称为顺接并联，如图 4-36(a)所示。

由 KCL 和互感概念可得

$$\dot{I} = \dot{I}_1 + \dot{I}_2$$

$$\dot{U} = \mathrm{j}\omega L_1\,\dot{I}_1 + \mathrm{j}\omega M\,\dot{I}_2$$

$$\dot{U} = \mathrm{j}\omega L_2\,\dot{I}_2 + \mathrm{j}\omega M\,\dot{I}_1$$

联立以上三式可求得

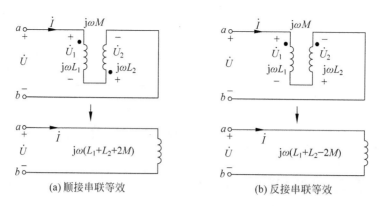

(a) 顺接串联等效　　　　　　　(b) 反接串联等效

图 4-35　互感元件的串联等效示意图

$$\dot{I}_1 = \frac{j(L_2 - M)}{-\omega L_1 L_2 + \omega M^2}\dot{U}$$

$$\dot{I}_2 = \frac{j(L_1 - M)}{-\omega L_1 L_2 + \omega M^2}\dot{U}$$

$$\dot{I} = \dot{I}_1 + \dot{I}_2 = \frac{(L_1 + L_2 - 2M)}{j\omega(L_1 L_2 - M^2)}\dot{U} \quad 即 \quad \dot{U} = j\omega\frac{L_1 L_2 - M^2}{L_1 + L_2 - 2M}\dot{I} = j\omega L\,\dot{I}$$

可见,互感线圈在顺接并联时,可以等效为一个电感,其等效电感为:

$$L = \frac{L_1 L_2 - M^2}{L_1 + L_2 - 2M} \tag{4-126}$$

同理可得互感反接并联的等效电感:

$$L = \frac{L_1 L_2 - M^2}{L_1 + L_2 + 2M} \tag{4-127}$$

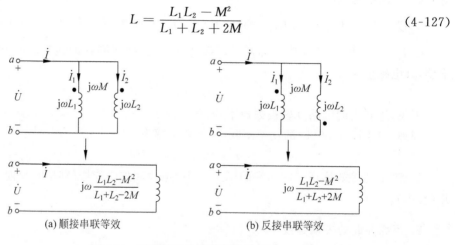

(a) 顺接串联等效　　　　　　　(b) 反接串联等效

图 4-36　互感元件的关联等效示意图

3. 互感的Y形去耦等效

把四端互感元件的两个端钮连接起来就变成了三端元件。根据连接方式的不同,也分为同名端相联和异名端相联两种。

图 4-37(a)给出了互感元件两个同名端联在一起的Y形电路。根据 KCL 和 KVL 有

$$\dot{I} = \dot{I}_1 + \dot{I}_2$$

$$\dot{U}_{ac} = j\omega L_1 \dot{I}_1 + j\omega M \dot{I}_2 = j\omega(L_1 - M)\dot{I}_1 + j\omega M \dot{I} \quad (4\text{-}128)$$

$$\dot{U}_{bc} = j\omega L_2 \dot{I}_2 + j\omega M \dot{I}_1 = j\omega(L_2 - M)\dot{I}_2 + j\omega M \dot{I} \quad (4\text{-}129)$$

根据 KVL,可以将式(4-128)和式(4-129)用图 4-37(b)描述,也就得到了去掉互感效应的丫形等效图。

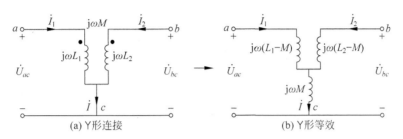

(a) 丫形连接　　　　(b) 丫形等效

图 4-37　互感元件丫形同名端相连等效示意图

同理,可得异名端相联的丫形去耦等效图如图 4-38 所示。

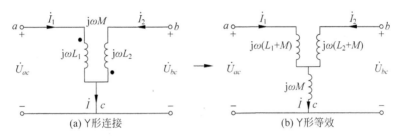

(a) 丫形连接　　　　(b) 丫形等效

图 4-38　互感元件丫形异名端相连等效示意图

4.10　空芯变压器

互感元件的主要用途之一是将交流电信号利用磁场进行传递,也就是"磁耦合",如在电视机、发射机等高频、超高频电子线路中,常常用到图 4-39(a)所示的互感耦合电路将初级电信号耦合到次级的负载上。由于这种电路的互感线圈通常是绕制在非磁性物质上的,所以也被称为空芯变压器。

注:变压器可以有铁芯或磁芯也可以没有,即空芯。铁芯变压器的耦合系数接近 1,属于紧耦合,而空芯变压器的耦合系数较小,属于松耦合。

在图 4-39(a)中,一个线圈 L_1 作为输入,接入电源或信号源 $\dot{U}_S$,称为原边电路或初级电路;另一个线圈 L_2 作为输出,连接负载 R_L,称为副边电路或次级电路。R_1 和 R_2 分别为初次级线圈的线阻。

设电压源是频率为 ω 的正弦电压 $\dot{U}_S$,若令初级回路电流为 $\dot{I}_1$(方向即为回路电流方向),次级回路电流为 $\dot{I}_2$(方向即为回路电流方向),按 KVL 可以列出如下方程(由于两电流

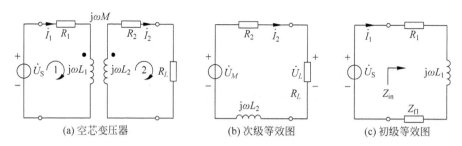

图 4-39　空芯变压器及其等效示意图

从异名端流入故互感电压取负值)

$$Z_{11}\dot{I}_1 - Z_M\dot{I}_2 = \dot{U}_S \tag{4-130}$$

$$-Z_M\dot{I}_1 + Z_{22}\dot{I}_2 = 0 \tag{4-131}$$

式中,$Z_{11}=R_1+jX_1=R_1+j\omega L_1$ 为回路 1 的自阻抗,$Z_{22}=R_2+R_L+jX_2=R_2+R_L+j\omega L_2$ 为回路 2 的自阻抗,$Z_M=j\omega M$ 是回路 1 与回路 2 间或回路 2 与回路 1 间的互阻抗。

由式(4-131)可得

$$\dot{I}_2 = \frac{Z_M}{Z_{22}}\dot{I}_1 = \frac{\dot{U}_M}{Z_{22}} \tag{4-132}$$

式中,$\dot{U}_M=Z_M\dot{I}_1$。显然初级电流对次级的影响可用一个等效电压源 $\dot{U}_M$ 表示,这样,即可得到图 4-39(b)的次级等效电路,只要知道初级电流 $\dot{I}_1$,就可在此图中分析次级回路的 $\dot{I}_2$、$\dot{U}_L$ 等相关参数。

将式(4-132)代入式(4-130)可以解得

$$\dot{I}_1 = \frac{Z_{22}\dot{U}_S}{Z_{11}Z_{22}-Z_M^2} = \frac{\dot{U}_S}{Z_{11}-\dfrac{(j\omega M)^2}{Z_{22}}} = \frac{\dot{U}_S}{Z_{11}+\dfrac{\omega^2 M^2}{Z_{22}}} = \frac{\dot{U}_S}{Z_{11}+Z_{f1}} \tag{4-133}$$

式中,$Z_{f1}=\dfrac{\omega^2 M^2}{Z_{22}}$ 被称为反射阻抗。可见,次级对初级的影响可以用一个与初级自阻抗 $R_1+j\omega L_1$ 相串联的反射阻抗 Z_{f1} 表示,于是可得初级等效电路如图 4-39(c)所示。

反射阻抗(也叫反映阻抗、引入阻抗)

$$Z_{f1} = \frac{\omega^2 M^2}{Z_{22}} = \frac{\omega^2 M^2}{(R_2+R_L)+jX_2}$$

$$= \frac{(R_2+R_L)\omega^2 M^2}{(R_2+R_L)^2+X_2^2} - j\frac{\omega^2 M^2}{(R_2+R_L)^2+X_2^2}X_2 = R_{f1}+jX_{f1} \tag{4-134}$$

式中,$R_{f1}=\dfrac{(R_2+R_L)\omega^2 M^2}{(R_2+R_L)^2+X_2^2}$ 称为反射电阻,$X_{f1}=-\dfrac{\omega^2 M^2}{(R_2+R_L)^2+X_2^2}X_2$ 称为反射电抗。

由式(4-134)可见,R_{f1} 恒为正值,这表示次级回路中的功率要依靠初级回路供给。由图 4-39(c)可得电源供给的功率

$$P_1 = (R_1+R_{f1})I_1^2 \tag{4-135}$$

它一部分消耗在初级电阻 R_1 上($R_1 I_1^2$),其余部分($R_{f1} I_1^2$)通过磁耦合传输到次级回路。取式(4-132)的绝对值的平方可得

$$I_2^2 = \frac{\omega^2 M^2}{(R_2 + R_L)^2 + X_2^2} I_1^2$$

两端同乘以 $(R_2 + R_L)$，得次级 $(R_2 + R_L)$ 上吸收的功率 P_2

$$P_2 = (R_2 + R_L) I_2^2 = (R_2 + R_L) \frac{\omega^2 M^2}{(R_2 + R_L)^2 + X_2^2} I_1^2 = R_{\text{fl}} I_1^2 \qquad (4\text{-}136)$$

可见反射电阻 R_{fl} 上吸收的功率就是次级回路中的总电阻 $(R_2 + R_L)$ 吸收的功率。

由图 4-39(c) 可得初级电路的输入阻抗为

$$Z_{\text{in}} = \frac{\dot{U}_S}{\dot{I}_1} = Z_{11} - Z_{\text{fl}} = Z_{11} - \frac{\omega^2 M^2}{Z_{22}} \qquad (4\text{-}137)$$

【**例题 4-15**】 在图 4-40(a)所示的电路中，如 $\dot{U}_S = 10\text{V}$，$\omega = 10^6 \text{rad/s}$，$L_1 = L_2 = 1\text{mH}$，$\dfrac{1}{\omega C_1} = \dfrac{1}{\omega C_2} = 1\text{k}\Omega$，$R_1 = 10\Omega$，$R_L = 40\Omega$。为使 R_L 上吸收功率最大，试求所需的 M 值和负载 R_L 上的功率以及 C_2 上的电压。

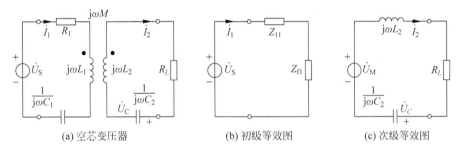

(a) 空芯变压器　　　　(b) 初级等效图　　　　(c) 次级等效图

图 4-40　例题 4-15 图

解：对于这一类问题，用初级等效回路比较简便。将图 4-40(a)简化成图 4-40(b)的初级等效回路以便求出 $\dot{I}_1$。电路中，因为

$$\omega L_1 = \omega L_2 = 1 \times 10^{-3} \times 10^6 = 1000\Omega$$

$$X_1 = \omega L_1 - \frac{1}{\omega C_1} = 1000 - 1000 = 0$$

$$X_2 = \omega L_2 - \frac{1}{\omega C_2} = 1000 - 1000 = 0$$

所以

$$Z_{11} = R_1 = 10\Omega$$

$$Z_{22} = R_L = 40\Omega$$

反射阻抗

$$Z_{\text{fl}} = \frac{\omega^2 M^2}{R_L^2 + X_2^2} R_L - j \frac{\omega^2 M^2}{R_L^2 + X_2^2} X_2 = \frac{\omega^2 M^2}{R_L} = R_{\text{fl}}$$

这时在初级等效回路中只有两个电阻，则有

$$\dot{I}_1 = \frac{\dot{U}_S}{R_1 + R_{\text{fl}}}$$

根据从电源获得最大功率的条件是 $R_1 = R_{\text{fl}}$，即

$$R_1 = R_{f1} = \frac{\omega^2 M^2}{R_L}$$

得

$$M = \frac{1}{\omega} \sqrt{R_1 R_L} = \frac{1}{10^6} \sqrt{10 \times 40} = 20\mu\text{H}$$

这时初级电流

$$\dot{I}_1 = \frac{\dot{U}_\text{S}}{R_1 + R_{f1}} = \frac{10\text{e}^{\text{j}0°}}{10 + 10} = 0.5\text{e}^{\text{j}0°}\,\text{A}$$

电阻 R_L 上吸收的功率

$$P_L = I_1^2 R_{f1} = (0.5)^2 \times 10 = 2.5\,\text{W}$$

为求得电流 $\dot{I}_2$，可根据式(4-132)画出次级回路，如图 4-40(c)所示。可得

$$\dot{I}_2 = \frac{\dot{U}_M}{Z_{22}} = \frac{\text{j}\omega M \dot{I}_1}{R_L} = \frac{\text{j}10^6 \times 20 \times 10^{-6} \times 0.5\text{e}^{\text{j}0°}}{40} = 0.25\text{e}^{\text{j}90°}\,\text{A}$$

电容 C_2 上的电压

$$\dot{U}_C = -\text{j}\frac{1}{\omega C_2} \dot{I}_2 = -\text{j}1000 \times 0.25\text{e}^{\text{j}90°} = 250\,\text{V}$$

4.11　理想变压器

电力系统和低频电子线路中使用的变压器大都是铁芯变压器。性能优异的铁芯能提供良好的磁通通路，有聚集磁力线的作用，使得漏磁很小，线圈的耦合系数非常接近于1，并且线圈的匝数足够多。对这种实际铁芯变压器进行抽象，就可以得到理想变压器模型。

理想变压器是一种理想化的模型，它必须满足以下三个条件。

(1) 变压器本身无电损耗。即线圈导线的电阻为零。

(2) 变压器本身无磁损耗，两个线圈全耦合，$k=1$，铁芯能百分之百地导磁。

(3) 自感 L_1、L_2 和互感 M 均为无穷大，但 $\sqrt{\dfrac{L_1}{L_2}}$ 为常数。可以证明 $\sqrt{\dfrac{L_1}{L_2}} = n$。

理想变压器和互感元件一样也是一种双端口元件，但它的外特性只有一个参数——变比或匝比，通常用 $n = \dfrac{N_1}{N_2}$ 表示，N_1、N_2 分别是原边线圈和副边线圈的匝数。其电路符号和等效模型如图 4-41(a)和图 4-41(b)所示。

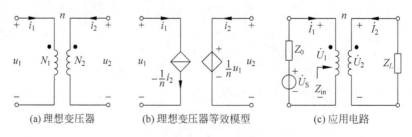

(a) 理想变压器　　　(b) 理想变压器等效模型　　　(c) 应用电路

图 4-41　理想变压器及其等效示意图

理想变压器的原、副边电压、电流满足如下关系

$$\begin{cases} u_1(t) = nu_2(t) \\ i_1(t) = -\dfrac{1}{n}i_2(t) \end{cases} \tag{4-138}$$

式(4-138)表明,原、副边电压、电流之比取决于变比 n。如果 $n>1$,则 $u_1>u_2$,称为降压变压器;如果 $n<1$,则 $u_1<u_2$,称为升压变压器。理想变压器不仅具有降压和升压作用,还有变流作用,且正好与变压作用相反。因此,对于变压器而言,高电压端必是小电流,而低电压端则为大电流。另外,任何时候理想变压器吸收的瞬时功率恒为零,即有

$$p_1 + p_2 = u_1i_1 + u_2i_2 = nu_2\left(-\frac{1}{n}i_2\right) + u_2i_2 = -u_2i_2 + u_2i_2 = 0 \tag{4-139}$$

式(4-139)说明理想变压器既不耗能也不储能。

将理想变压器接入电路如图 4-41(c)所示,则从初级看进去的等效输入阻抗为

$$Z_{in} = \frac{\dot{U}_1}{\dot{I}_1} = \frac{n\dot{U}_2}{-\frac{1}{n}\dot{I}_2} = n^2\frac{\dot{U}_2}{-\dot{I}_2} = n^2 Z_L \tag{4-140}$$

式(4-140)表明,理想变压器除了变压、变流之外,还有变换阻抗的作用。在信号处理技术中,常利用其阻抗变换特性实现信号的匹配传输。

需要指出的是,理想变压器是通过两个线圈相互之间的磁耦合来实现电压、电流传输的。也就是说,只有原边的电压、电流发生变化,副边才有输出电压和电流;若在原边施加直流电,则副边不会出现感应电压和电流。

"互感"作为一种元器件在通信和控制领域具有广泛的应用。其主要功能就是对两个电路实施"电隔离",同时通过磁场进行信号(电能量)的传递,实现"磁耦合"。

对"互感"进行分析的要旨就是"去耦合",即将互感作用等效到两个电感中(初、次级回路),从而可以像对待普通电感那样进行研究。

综上所述,本章的主要概念及内容可以用图 4-42 概括。

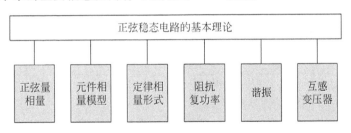

图 4-42　第 4 章主要概念及内容示意图

4.12　小知识——组合音箱

在音乐厅、影剧院甚至家庭中,人们经常会看到一些摆在台前或挂在墙上的具有多个喇叭(扬声器)的音箱——组合音箱。

为什么要用组合音箱呢?人耳可听到的音频信号范围是 20Hz～20kHz(低于 20Hz 的

声波叫次声波,高于 20kHz 的叫超声波)。而一个扬声器通常很难做到把这么宽的音频信号高质量地重放出来。为了高保真 Hi-Fi(High-Fidelity)地还原声音,人们把扬声器做成适合还原低音的低频扬声器,适合还原中音的中频扬声器和适合还原高音的高频扬声器,并把它们组合起来使用。在这种扬声器组合系统(组合音箱)中,扬声器各施所长,这样就会在全音域(20Hz~20kHz)得到高质量的声音还原,从而满足人们的听觉要求,尤其是在听交响音乐的时候,组合音箱可以带给听众满意的听觉享受,如图 4-43 所示。一般低音扬声器口径较大,中音次之,高音扬声器最小。

两分频音箱　　　　　　　三分频音箱

图 4-43　组合音箱

为了保证不同频率的音频信号可以进入适合其播放的扬声器,需要把两个或三个扬声器通过滤波器接到音频信号源上。比如,若用一个低频扬声器和一个中高频扬声器组合(称为两分频系统),就需要用一个低通滤波器和一个高通滤波器结合起来(称为两分频器),将音源的全频段信号分为低频和中高频两部分,分别进入低频扬声器和中高频扬声器。如果是将低、中、高频三个扬声器组合就构成了三分频系统。图 4-44 所示的是两分频和三分频系统频响特性。

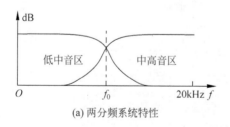 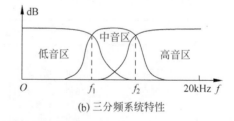

(a) 两分频系统特性　　　　　　　　　(b) 三分频系统特性

图 4-44　分频系统的频响特性

显然,分频器就是各种滤波器的组合,而常用的无源滤波器就是 LC 网络。图 4-45 是几种常用的分频器。图中分贝数表示频响曲线边缘下降的陡峭程度,分贝数大,边缘陡峭,分频性能好。边缘下降的陡峭程度和滤波器的阶数有关,一般不会超过三阶。图 4-45(a)是一阶滤波器,图 4-45(b)和图 4-45(c)都是二阶滤波器。

通常,儿童可以听到 300 00Hz 甚至 40 000Hz 的超声波;20 岁左右的青年人可以听到 20 000Hz 左右的高音;35 岁左右的中年人可以听到 15 000Hz 左右的高音;而 50 岁左右的老年人只能听到 13 000Hz 左右的高音了。音频分类见表 4-2。常见乐器和人声频谱范围见表 4-3。

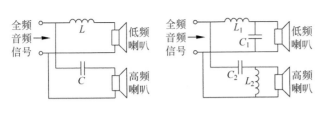
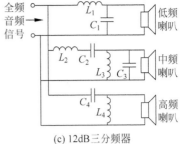

(a) 6dB两分频器　　(b) 12dB两分频器　　(c) 12dB三分频器

图 4-45　常用的分频器

表 4-2　音频分类（Hz）

超低音	低音	中低音	中音	高音
20～50	50～200	200～500	500～5000	5000～20 000

表 4-3　常见乐器和人声频谱范围（Hz）

钢琴	小提琴	管风琴	手风琴	定音鼓	吉他	小号	女高音	男高音	男低音
30～4200	200～3800	20～9000	50～1800	90～280	80～780	180～900	220～800	120～400	90～300

除了上述的分频式组合音箱，人们还经常看到具有多个相同大小喇叭的音箱。这类音箱的主要功能是可以提高喇叭的放音功率。

4.13　习题

4-1　试证明相量的积分性质。

4-2　把正弦量用相量表示的好处是什么？

4-3　正弦量可以用相量表示的实质是什么？

4-4　电压和电流相量以及阻抗都是复数，为什么阻抗 Z 上面不像 $\dot{U}$ 和 $\dot{I}$ 一样加点？

4-5　为什么要提出视在功率的概念？对于纯电阻电路视在功率是否有意义？

4-6　在 RLC 串联电路中，如何解释当谐振时总电压只与电阻的端电压有关，而与电感和电容的端电压无关？

4-7　在 RLC 并联电路中，如何解释当谐振时总电流只与电阻的电流有关，而与电感和电容的电流无关？

4-8　如何理解电路的"电隔离"。

4-9　试说明为什么交流电路中两个电压或电流之和可以小于分电压或分电流甚至可以为零？

4-10　如果把正弦量的相量表示法说成是频率域表示法是否可行？为什么？

4-11　为什么电压、电流相量可以不带（隐去）频率 ω，而电抗却必须带 ω？

4-12　汇集于一个节点的三个同频正弦电流的振幅 I_{m1}、I_{m2} 和 I_{m3} 是否满足 KCL，即

$I_{m1} + I_{m2} + I_{m3} = 0$? 为什么?

4-13 若正弦电流 i_1 和 i_2 的振幅为 I_{m1} 和 I_{m2},$i_1 + i_2 = i$ 的振幅为 I_m。问下列关系式何时成立?(1)$I_{m1} + I_{m2} = I_m$;(2)$I_{m1} - I_{m2} = I_m$;(3)$I_{m1}^2 + I_{m2}^2 = I_m^2$。

4-14 已知 $i_1 = 4\cos100\pi t$ A,$i_2 = 3\sin100\pi t$ A,求 $i_1 + i_2$。($5\cos(100\pi t - 36.87°)$ A)

4-15 已知电压 $u = 100\sqrt{2}\sin(100\pi t + 30°)$ V,$i = 7.07\cos(100\pi t - 45°)$ A。求(1)它们的有效值、最大值、角频率、频率、周期和初相位。(2)u 和 i 的相位差,谁超前?

(100V,141.4V,100πrad/s,50Hz,20ms,30°,7.07A,5A,45°;$-15°$,电流超前)

4-16 写出 $u = 10\sin(100\pi t - 30°)$ V 和 $i = 5\sqrt{2}\sin(100\pi t + 45°)$ A 的相量并画出相量图。

(7.07$\angle-30°$V,5$\angle45°$A)

4-17 写出电压相量 $\dot{U} = 6 - j8$V($\omega = 314$rad/s)的时域表达式。

($u = 10\sqrt{2}\sin(314t - 53.13°)$V)

4-18 电流振幅相量为 $\dot{I}_m = 30 - j10$mA,求该电流在 40Ω 电阻上产生的电压振幅相量 $\dot{U}_m$ 以及在 $t = 1$ms 时电阻的电压值 u。($\dot{U}_m = 1.2 - j0.4$V,0.985V)

4-19 一电感的电压为 $u = 80\cos(1000t + 105°)$V,若电感量 $L = 0.02$H,求电感电流 i。

($i = 4\cos(100\pi t + 15°)$A)

4-20 求如图 4-46 所示的电路的阻抗及导纳。($1 - j1$Ω,$0.1 - j0.1$S,j0.1S)

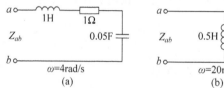
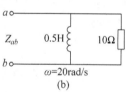
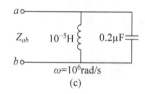

图 4-46 习题 4-20 图

4-21 电路如图 4-47 所示,已知 $u_S = 100\sin(314t)$V。求 $\dot{I}_m$,$\dot{U}_{mR}$,$\dot{U}_{mL}$ 和 $\dot{U}_{mC}$,写出 i,u_R,u_L 和 u_C,并画出相量图。($\dot{I}_m = 7.07\angle-45°$A)

4-22 电路如图 4-48 所示,已知 $i_S = \sin(314t + 90°)$A。求 u,并画出相量图。

($u = -4.48\sin(314t - 63.4°)$V)

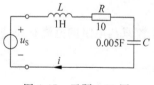

图 4-47 习题 4-21 图

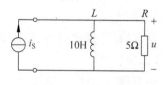

图 4-48 习题 4-22 图

4-23 电路如图 4-49 所示,已知 $\dot{U} = 100\angle0°$V,用分压公式求 $\dot{U}_{bc}$,并画出它们与 $\dot{U}$ 的相量图。

((a)$\dot{U}_{bc} = 75 + j43.3$V   (b)$\dot{U}_{bc} = 1.5 - j0.5$V   (c)$\dot{U}_{bc} = 60 - j20$V)

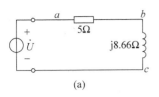
(a)

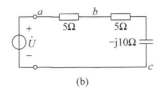
(b)

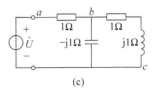
(c)

图 4-49　习题 4-23 图

4-24　电路如图 4-50 所示,已知 $\dot{I}$,用分流公式求 $\dot{I}_1$ 和 $\dot{I}_2$,并画出它们与 $\dot{I}$ 的相量图。
((a) $1.41\angle45°$A;(b) $1.41\angle45°$A;(c) $40\angle-60°$A)

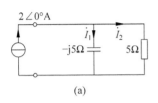
(a)

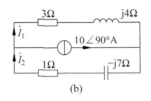
(b)

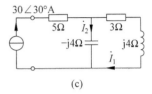
(c)

图 4-50　习题 4-24 图

4-25　电路如图 4-51 所示,$U_1=U_2$,$R_2=10\Omega$,$\dfrac{1}{\omega C_2}=10\Omega$,阻抗 Z_1 为感性,若 $\dot{U}$ 与 $\dot{I}$ 同相,求 Z_1。($Z_1=5+$j5Ω)

4-26　电路如图 4-52 所示,$R_1=R_2=|X_{C2}|=3200\Omega$,欲使电压 $\dot{U}_0$ 超前电压 $\dot{U}90°$,求 X_{C1}。(3200Ω)

4-27　如图 4-53 所示的三个负载并联到 220V 市电上,各自的功率和电流为 $P_1=$ 4.4kW,$I_1=44.7$A(感性);$P_2=8.8$kW,$I_2=50$A(感性);$P_3=6.6$kW,$I_3=66$A(容性)。求各负载的功率因数,总电流的有效值和总电路的功率因数,并说明总电路的性质。

$(0.45,0.8,0.45,90.7$A,感性$)$

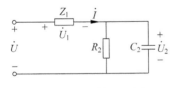

图 4-51　习题 4-25 图

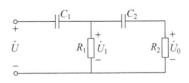

图 4-52　习题 4-26 图

4-28　在如图 4-54 所示的电路中,N 是无源网络,已知端电压 $\dot{U}=1\angle0°$V,端电流 $\dot{I}=\sqrt{2}\angle135°$A,求 N 的有功功率和无功功率。($1$W,$1$var)

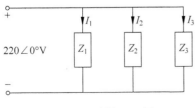

图 4-53　习题 4-27 图

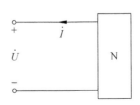

图 4-54　习题 4-28 图

4-29   电路如图 4-55 所示，已知 $\dot{U}_S = 10\angle 0°\text{V}$，$Z_L$ 是可调负载。在 (1) $Z_L = R_L + jX_L$；(2) $Z_L = R_L$ 两种情况下，Z_L 调到何值时可获得最大功率？并求此功率。（$5-j5\Omega$，5W；7.07Ω，4.19W）

4-30   电路如图 4-56 所示，已知 $\dot{U}_S = 10\angle 0°\text{V}$，$\dot{I}_S = 1\angle 20°\text{A}$，$Z_1 = 3 + j4\Omega$，$Z_2 = 10\Omega$，$Z_3 = 10 + j7\Omega$，$Z_4 = 35 - j14\Omega$，求 Z 为何值时，电流 I 最大？并求此值。

（$-j6.47\Omega$，1.95A）

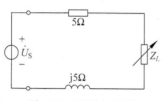

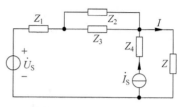

图 4-55   习题 4-29 图   　　　图 4-56   习题 4-30 图

4-31   电路如图 4-57 所示，现调节 C_1 使并联部分在 $f_1 = 10^4\text{Hz}$ 时，阻抗达到最大；然后调节 C_2 使整个电路在 $f_2 = 0.5 \times 10^4\text{Hz}$ 时，阻抗达到最小。求 (1) C_1 和 C_2。(2) 当 $U_S = 1\text{V}$，$f = 10^4\text{Hz}$ 时，电路的总电流 I。（$0.722\mu\text{F}$，$5.3\mu\text{F}$，29mA）

4-32   电路如图 4-58 所示，已知 $U = 120\text{V}$，$X_C = 40\Omega$，$R_1 = 10\Omega$，$R_2 = 20\Omega$，当 $f = 60\text{Hz}$ 时发生谐振，求电感 L 及电流有效值 I。（5.57mH，12.7A 或 127mH，1.7A）

4-33   电路如图 4-59 所示，(1) 当频率 $\omega_0 = \omega_1 = \dfrac{1}{\sqrt{LC_1}}$ 时，哪些电路相当于短路？哪些相当于开路？(2) 有人认为，对于图 (c) 和图 (d) 在另外一个频率 $\omega_0 = \omega_2$ 时，可以相当于开路。请问是否可能？若可能，ω_2 是大于还是小于 ω_1？

（a、c、d 短路，b 开路；可能，b 小于，d 大于）

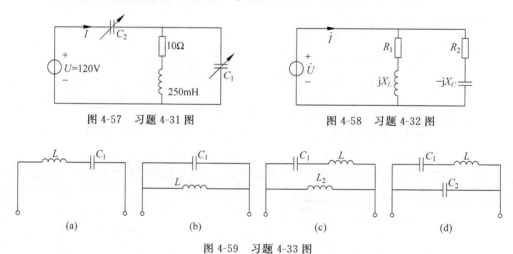

图 4-57   习题 4-31 图   　　　图 4-58   习题 4-32 图

图 4-59   习题 4-33 图

4-34   一 RLC 串联电路的谐振频率为 $\dfrac{1000}{2\pi}\text{Hz}$，通频带为 $\dfrac{100}{2\pi}\text{Hz}$，谐振阻抗为 100Ω，求 R、L、C。（100Ω，1H，$1\mu\text{F}$）

4-35　写出如图 4-60 所示的电路的 VCR 时域和相量表达式。

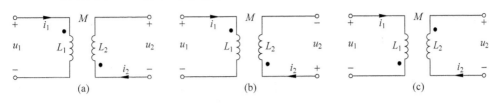

(a)　　　　　　(b)　　　　　　(c)

图 4-60　习题 4-35 图

4-36　电路如图 4-61 所示，已知 $i_S=2\sin314t\,\text{A}$，$M=1\text{H}$，求 a、b 端开路电压 u_{ab}。（$u_{ab}=628\cos314t\,\text{V}$）

4-37　电路如图 4-62 所示，$\omega L_1=6\Omega$，$\omega L_2=5\Omega$，$\omega M=3\Omega$，$\dfrac{1}{\omega C}=1\Omega$，$\dot{U}_S=12\angle0°\text{V}$，求电容电流 $\dot{I}_C$。（$\dot{I}_C=1.5\angle-90°\text{A}$）

4-38　电路如图 4-63 所示，求电路的谐振角频率。（$\omega_0=125\text{rad/s}$）

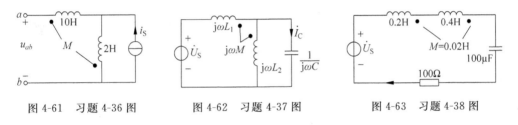

图 4-61　习题 4-36 图　　　图 4-62　习题 4-37 图　　　图 4-63　习题 4-38 图

4-39　电路如图 4-64 所示，理想变压器的变比 $n=5$，$\dot{U}_S=20\angle0°\text{V}$，问 R_L 为何值时可获得最大功率，最大功率为多少？（4Ω，0.25W）

4-40　电路如图 4-65 所示，理想变压器的变比 $n=4$，$\dot{I}_S=10\angle0°\text{A}$，求电压 $\dot{U}_2$ 和电流 $\dot{I}_1$。

（$\dot{U}_2=47.04\angle0°\text{V}$，$\dot{I}_1=0.588\angle0°\text{A}$）

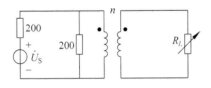 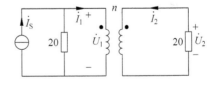

图 4-64　习题 4-39 图　　　　　图 4-65　习题 4-40 图

第 5 章

正弦交流电路分析法

从第 4 章中可以知道,由于引入了"相量"概念,动态元件电感和电容的微积分形式伏安关系就可转化为用相量表示的代数关系,从而使交流电路的分析方法可以像直流电路一样方便快捷,所以,"正弦量的相量表示"是交流电路分析法的精髓,而基于相量概念的"相量分析法"就是破解交流电路各种问题的利器。

相量分析法基于以下理论:

(1) 电阻、电感和电容的模型都用其相量模型表示,即复数阻抗或复数导纳。

(2) 电路基本定律用相量形式。主要包括欧姆定律、KCL 和 KVL。

(3) 由于电路中各支路的电流和电压都是同频率的正弦量,所以,电路中的激励和响应也都可以用相量形式表示。

相量分析法的一般步骤是:

第一步:将激励和响应正弦量都用相量表示,电阻、电感、电容元件也用相量模型表示,画出电路的相量模型图;

第二步:在电路相量模型图中,可用类似电阻电路的分析方法(主要包括网孔电流法、节点电压法和等效电路法等)求解各响应的相量;

第三步:将求得的响应相量转换成时域的正弦函数表达式,完成分析任务。

其实,利用相量进行交流电路分析的实质是,抽掉了交流电随时间变化的特性,而只用其不变的幅值或有效值以及初相位对交流电进行表示。这样,其分析方法与直流电路基本没有区别,最大的不同就是因为电感和电容的引入而带来的"滤波"和"移相"问题。甚至可以这样说,直流电路是交流电路频率为零时的特例。因此,只要熟悉和掌握了直流电路分析法,对交流电路的分析就会事半功倍。

为了便于对比学习和记忆,将相关直流电路分析方法中的重要概念在交流环境下重新给出,然后通过例题帮助大家理解和掌握。

5.1 阻抗网络的等效分析

通常,把由 RL、RC、LC 或 RLC 共同组成的工作于交流环境下的网络称为"阻抗网络"。

同纯电阻网络一样,多个电感或电容也可以互联形成纯电感网络或纯电容网络,因此,在进行阻抗网络分析之前,这里先参照纯电阻网络的等效方法对纯电感和纯电容网络的等效进行分析研究。

5.1.1　纯电感网络的等效

将多个电感首尾相连就构成了电感串联网络,如图 5-1(a)所示。因为所有电感流过同一电流,且各电感电压之和为总电压,则有

$$u = L_1 \frac{\mathrm{d}i}{\mathrm{d}t} + L_2 \frac{\mathrm{d}i}{\mathrm{d}t} + \cdots + L_n \frac{\mathrm{d}i}{\mathrm{d}t} = (L_1 + L_2 + \cdots + L_n) \frac{\mathrm{d}i}{\mathrm{d}t} = L \frac{\mathrm{d}i}{\mathrm{d}t} \qquad (5\text{-}1)$$

式中 L 是串联网络等效电感的电感量,满足

$$L = L_1 + L_2 + \cdots + L_n \qquad (5\text{-}2)$$

因此,可以得出结论:串联电感网络等效总电感的电感量等于各分电感电感量之和,如图 5-1(b)所示。

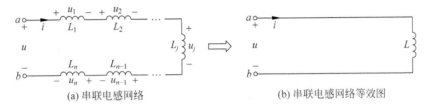

(a) 串联电感网络　　　　　　　　　　　(b) 串联电感网络等效图

图 5-1　串联电感网络及其等效图

将多个电感首和首、尾和尾相连就构成了电感并联网络,如图 5-2(a)所示。因为所有电感的端电压相同,且各电感电流之和为总电流,则有

$$i = \frac{1}{L_1} \int u \mathrm{d}t + \frac{1}{L_2} \int u \mathrm{d}t + \cdots + \frac{1}{L_n} \int u \mathrm{d}t$$

$$= \left(\frac{1}{L_1} + \frac{1}{L_2} + \cdots + \frac{1}{L_n} \right) \int u \mathrm{d}t = \frac{1}{L} \int u \mathrm{d}t \qquad (5\text{-}3)$$

式中 L 是并联网络的等效电感电感量,满足

$$\frac{1}{L} = \frac{1}{L_1} + \frac{1}{L_2} + \cdots + \frac{1}{L_n} \qquad (5\text{-}4)$$

因此,可以得出结论:并联电感网络等效总电感的电感量的倒数等于各分电感电感量倒数之和,如图 5-2(b)所示。

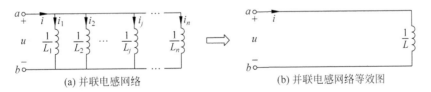

(a) 并联电感网络　　　　　　　　　　　(b) 并联电感网络等效图

图 5-2　并联电感网络及其等效图

特别地,当两个电感 L_1 和 L_2 并联时,等效电感的电感量 L 为

$$L = \frac{L_1 L_2}{L_1 + L_2} \qquad (5\text{-}5)$$

可见,电感网络的等效与电阻网络类似。

5.1.2 纯电容网络的等效

将多个电容首尾相连就构成了电容串联网络,如图 5-3(a)所示。因为所有电容流过同一电流,且各电容端电压之和为总电压,则有

$$u = \frac{1}{C_1}\int i\,\mathrm{d}t + \frac{1}{C_2}\int i\,\mathrm{d}t + \cdots + \frac{1}{C_n}\int i\,\mathrm{d}t$$

$$= \left(\frac{1}{C_1} + \frac{1}{C_2} + \cdots + \frac{1}{C_n}\right)\int i\,\mathrm{d}t = \frac{1}{C}\int i\,\mathrm{d}t \tag{5-6}$$

式中 C 是串联网络等效电容的电容量,满足

$$\frac{1}{C} = \frac{1}{C_1} + \frac{1}{C_2} + \cdots + \frac{1}{C_n} \tag{5-7}$$

因此,可以得出结论:串联电容网络等效总电容的电容量的倒数等于各分电容电容量倒数之和,如图 5-3(b)所示。

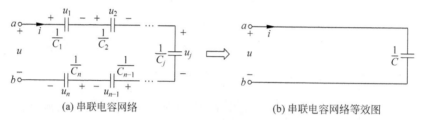

(a) 串联电容网络   (b) 串联电容网络等效图

图 5-3   串联电容网络及其等效图

特别地,当两个电容 C_1 和 C_2 串联时,等效电容的电容量 C 为

$$C = \frac{C_1 C_2}{C_1 + C_2} \tag{5-8}$$

将多个电容首和首、尾和尾相连就构成了电容并联网络,如图 5-4(a)所示。因为所有电容的端电压相同,且各电容电流之和为总电流,则有

$$i = C_1\frac{\mathrm{d}u}{\mathrm{d}t} + C_2\frac{\mathrm{d}u}{\mathrm{d}t} + \cdots + C_n\frac{\mathrm{d}u}{\mathrm{d}t} = (C_1 + C_2 + \cdots + C_n)\frac{\mathrm{d}u}{\mathrm{d}t} = C\frac{\mathrm{d}u}{\mathrm{d}t} \tag{5-9}$$

式中 C 是并联网络等效电容的电容量,满足

$$C = C_1 + C_2 + \cdots + C_n \tag{5-10}$$

因此,可以得出结论:并联电容网络等效总电容的电容量等于各分电容电容量之和,如图 5-4(b)所示。

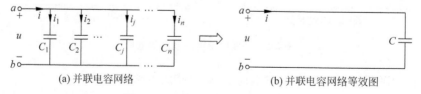

(a) 并联电容网络   (b) 并联电容网络等效图

图 5-4   并联电容网络及其等效图

显然,纯电感网络和纯电容网络的等效关系满足对偶特性。

需要说明的是,上述关于纯电感网络和纯电容网络等效的结论并没有涉及相量,而是直

接根据电感和电容的 VCR 得到的,其结论具有一般性,对动态电路也适用。其实,当纯电感网络和纯电容网络用于交流环境下,它们也就是一种"阻抗网络",用相量概念也很容易推出上述结论,读者可自行验证。

5.1.3　阻抗的串联分析

当电阻、电感和电容共同组成一个交流支路时,就出现了"阻抗"。由于一个交流电路一般由多个支路构成,所以,对交流电路的分析就不可避免地涉及到阻抗的各种连接和等效。

阻抗的串联分析与电阻的串联分析类似。设有阻抗 $Z_1 = R_1 + jX_1 = |Z_1| \angle \varphi_1$, $Z_2 = R_2 + jX_2 = |Z_2| \angle \varphi_2$, $\cdots$, $Z_n = R_n + jX_n = |Z_n| \angle \varphi_n$。根据 KVL 有,总的电压相量等于各阻抗电压相量之和,即

$$\dot{U} = \dot{U}_1 + \dot{U}_2 + \cdots + \dot{U}_n = \sum_{k=1}^{n} \dot{U}_k \qquad (5\text{-}11)$$

因为通过各阻抗的电流一样,均为 $\dot{I}$,所以总阻抗为

$$Z = \frac{\dot{U}}{\dot{I}} = \frac{\dot{U}_1}{\dot{I}} + \cdots + \frac{\dot{U}_n}{\dot{I}} = Z_1 + Z_2 + \cdots + Z_n$$

$$= \sum_{k=1}^{n} Z_k = \sum_{k=1}^{n} R_k + j \sum_{k=1}^{n} X_k \qquad (5\text{-}12)$$

即阻抗串联的总阻抗等于各分阻抗之和。

任一个串联分阻抗 Z_j 上的电压 $\dot{U}_j$ 与总电压 $\dot{U}$ 的关系为

$$\dot{U}_j = Z_j \times \dot{I} = \frac{Z_j}{\sum\limits_{k=1}^{n} Z_k} \dot{U} \qquad (5\text{-}13)$$

式(5-13)的分压公式表明,串联阻抗越大,其分得的电压也越大。若只有两个阻抗 Z_1 和 Z_2 相串联,则其各自的电压为

$$\begin{cases} \dot{U}_1 = \dfrac{Z_1}{Z_1 + Z_2} \dot{U} \\[2mm] \dot{U}_2 = \dfrac{Z_2}{Z_1 + Z_2} \dot{U} \end{cases} \qquad (5\text{-}14)$$

式(5-14)是常用的分压公式,希望读者熟记。另外,从式(5-14)可见,两个阻抗的电压比等于它们的阻抗比,即

$$\frac{\dot{U}_1}{\dot{U}_2} = \frac{Z_1}{Z_2} \qquad (5\text{-}15)$$

5.1.4　阻抗的并联分析

若把阻抗换为复导纳的话,即 $Y = \dfrac{1}{Z} = G + jB$,则根据 KCL 有总的电流相量等于各阻抗电流相量之和。即有

$$\dot{I} = \dot{I}_1 + \dot{I}_2 + \cdots + \dot{I}_n = \sum_{k=1}^{n} \dot{I}_k \qquad (5\text{-}16)$$

因为各阻抗的电压一样，均为 $\dot{U}$，所以可得阻抗并联的总复导纳为

$$Y = \frac{\dot{I}}{\dot{U}} = \frac{\dot{I}_1}{\dot{U}} + \cdots + \frac{\dot{I}_n}{\dot{U}} = Y_1 + Y_2 + \cdots + Y_n$$

$$= \sum_{k=1}^{n} Y_k = \sum_{k=1}^{n} G_k + j\sum_{k=1}^{n} B_k \tag{5-17}$$

若只有两个阻抗 Z_1 和 Z_2 相并联，根据式(5-17)可得等效总阻抗为

$$Z = Z_1 // Z_2 = \frac{Z_1 Z_2}{Z_1 + Z_2} \tag{5-18}$$

式(5-18)是常用的并联阻抗计算公式，请读者熟记。

任一个并联复导纳 Y_j 的电流相量 $\dot{I}_j$ 与总电流 $\dot{I}$ 的关系为

$$\dot{I}_j = Y_j \times \dot{U} = \frac{Y_j}{\displaystyle\sum_{k=1}^{n} Y_k} \dot{I} \tag{5-19}$$

式(5-19)的分流公式表明，并联的复导纳越大，其分得的电流也越大。

若只有两个阻抗并联，则其各自的电流根据式(5-19)有

$$\begin{cases} \dot{I}_1 = \dfrac{Y_1}{Y_1 + Y_2} \dot{I} \\[3mm] \dot{I}_2 = \dfrac{Y_2}{Y_1 + Y_2} \dot{I} \end{cases} \tag{5-20}$$

或

$$\begin{cases} \dot{I}_1 = \dfrac{Z_2}{Z_1 + Z_2} \dot{I} \\[3mm] \dot{I}_2 = \dfrac{Z_1}{Z_1 + Z_2} \dot{I} \end{cases} \tag{5-21}$$

式(5-21)是常用的分流公式，希望读者熟记。另外，两个阻抗的电流比与它们的阻抗比成反比，即

$$\frac{\dot{I}_1}{\dot{I}_2} = \frac{Z_2}{Z_1} \tag{5-22}$$

综上所述，对于由阻抗构成的交流电路，只要将时域电路图化为相量模型图，则对电路的分析方法与直流电阻电路基本相同。

5.1.5　滤波和移相

站在系统的角度来看，纯电阻网络的响应只能是对激励的分压或分流，而阻抗网络除了这两个功能外，还具有"滤波"和"移相"功能。

所谓"滤波"是指根据需要选择或去除某些频率交流信号的一种信号处理方法。其表现是滤波网络的输出(响应)比输入(激励)信号少了一些频率分量信号。根据选择信号频段的不同，滤波分为低通滤波(选择低频段信号)、高通滤波(选择高频段信号)、带通滤波(选择某一频段信号)和带阻滤波(去除某一频段信号)四种形式。能够实现滤波的网络(电路)被称为"滤波器"。"滤波器"的原理主要基于电感和电容的电抗特性。

所谓"移相"是指根据需要改变交流信号起始时刻的一种信号处理方法。其表现是移相网络(电路)的输出(响应)与输入(激励)信号的初相不一样。根据输出与输入的相位关系，"移相网络"可分为"前移(超前)网络"(输出领先输入)、"后移(滞后)网络"(输出滞后输入)及"同相网络"(输出与输入同相)。"移相器"的原理主要基于电感和电容的伏安相量特性。

实际应用中，多采用电阻和电感构成 R-L 低通滤波器(也是滞后网络)，电阻和电容构成 R-C 高通滤波器(也是超前网络)，电阻、电感和电容构成 R-L-C 带通滤波器(同相网络)。图 5-5 为各种常用滤波器(移相器)及其频率特性图。

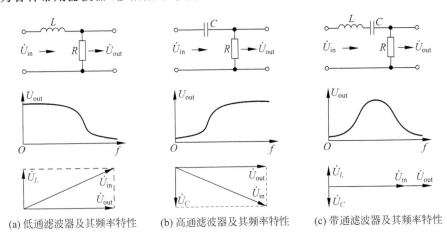

(a) 低通滤波器及其频率特性　(b) 高通滤波器及其频率特性　(c) 带通滤波器及其频率特性

图 5-5　滤波器及其频率特性

需要说明的是，因为滤波网络和移相网络都是具有动态元件的电路，所以，网络的"滤波"和"移相"功能是同时具备的，滤波器同时也是移相器，移相器也是滤波器。实际中，滤波器的输入常为多频交流信号的组合，人们对其关注点是"选频"而不在意"移相"；移相器的输入多为单频交流信号，人们主要关心输出与输入的相位差。

"滤波"和"移相"在信号处理(通信和控制)领域非常有用，希望读者能够深刻领会其中的奥秘。

【例题 5-1】　电路如图 5-6(a)所示，已知 $I_2 = 10\text{A}$，$U_S = \dfrac{10}{\sqrt{2}}\text{V}$，求电压 $\dot{U}_S$ 及感抗 ωL，并画出相量图。

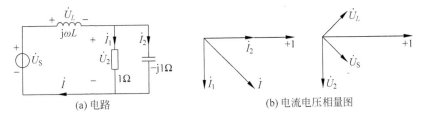

(a) 电路　　　　　　　(b) 电流电压相量图

图 5-6　例题 5-1 图

解：设参考相量 $\dot{I}_2 = 10\angle 0°\text{A}$，则有

$$\dot{U}_2 = \dot{I}_2(-\text{j}1) = 10\angle -90°\text{V}, \qquad \dot{I}_1 = \dot{U}_2/1 = 10\angle -90°\text{A}$$

由 KCL 可得

$$\dot{I} = \dot{I}_1 + \dot{I}_2 = 10 - j10 = 10\sqrt{2} \angle -45° \text{A}$$

又因为阻抗为

$$Z = j\omega L + \frac{1 \times (-j1)}{1 - j1} = \frac{1}{2} + j\left(\omega L - \frac{1}{2}\right) \tag{1}$$

且阻抗模满足

$$|Z| = \frac{U_s}{I} = \frac{10/\sqrt{2}}{10\sqrt{2}} = \frac{1}{2} \Omega \tag{2}$$

显然,在式(1)中,只有虚部为零,阻抗模才能等于 $\frac{1}{2}$,因此,可得

$$Z = \frac{1}{2} \Omega, \quad \omega L = \frac{1}{2}$$

这样,电压 $\dot{U}_s$ 即为

$$\dot{U}_s = Z\dot{I} = \frac{1}{2} \times 10\sqrt{2} \angle -45° = 5\sqrt{2} \angle -45° \text{V}$$

电流和电压相量图如图 5-6(b)所示。可见,电压 $\dot{U}_2$ 滞后于 $\dot{U}_s$。

【例题 5-2】 电路如图 5-7(a)所示,已知 $u(t) = 220\sqrt{2}\cos\omega t \text{V}$,$i_1(t) = 2\sqrt{2}\cos(\omega t - 30°)\text{A}$,$i_2(t) = 1.82\sqrt{2}\cos(\omega t - 60°)\text{A}$,$\omega = 314\text{rad/s}$。欲使 $u(t)$ 与 $i(t)$ 同相,求容抗 X_C。

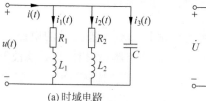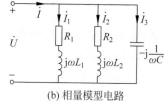

(a)时域电路   (b)相量模型电路

图 5-7 例题 5-2 图

解:将时域电路化为相量模型如图 5-7(b)所示。设 $u(t)$ 初相为零,则

$$\dot{U} = 220\angle 0° \text{V}, \quad \dot{I}_1 = 2\angle -30° \text{A}, \quad \dot{I}_2 = 1.82\angle -60° \text{A}$$

根据 KCL 有

$$\dot{I} = \dot{I}_1 + \dot{I}_2 + \dot{I}_3$$

$$= 2\angle -30° + 1.82\angle -60° + \frac{220}{-jX_C}$$

$$= 2.642 - j\left(2.576 - \frac{220}{X_C}\right)$$

欲使 $u(t)$ 与 $i(t)$ 同相,需要 $\dot{I}$ 的虚部为零,即有

$$2.576 - \frac{220}{X_C} = 0$$

解得

$$X_C = 85.4\Omega$$

【例题 5-3】 若要图 5-8 电路中 R 改变而电流有效值 I 保持不变,L 和 C 应满足什么条件?

解:电路等效阻抗为

$$Z = \frac{1}{j\omega C} // (R + j\omega L) = \frac{R + j\omega L}{j\omega CR - \omega^2 CL + 1} = \frac{1}{j\omega C} \frac{R + j\omega L}{R + j\left(\omega L - \frac{1}{\omega C}\right)} \tag{1}$$

根据欧姆定律则有

$$I = \frac{U}{|Z|} = \left| j\omega C \frac{R + j\left(\omega L - \frac{1}{\omega C}\right)}{R + j\omega L} \right| U \tag{2}$$

显然,只要 $\left| \omega L - \frac{1}{\omega C} \right| = \omega L$, $I = \frac{U}{|Z|} = \omega C U$ 不随 R 变化,$\left| \omega L - \frac{1}{\omega C} \right| = \omega L$ 可等效为 $\left(\omega L - \frac{1}{\omega C} \right)^2 = (\omega L)^2$,从中可解出 $LC = \frac{1}{2\omega^2}$。

【例题 5-4】 电路如图 5-9 所示,已知 $u_1(t) = 5\sqrt{2}\sin 336\,000\pi t\,\text{V}$,输入阻抗的模为 $100\sqrt{5}\,\Omega$。试问(1)该网络是超前还是滞后网络?是低通还是高通滤波器?(2)若要求 u_2 与 u_1 相位差为 $60°$,求 R 和 C 的值。

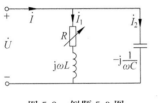

图 5-8 例题 5-3 图

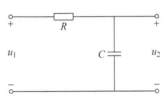

图 5-9 例题 5-4 图

解:由已知条件得

$$|Z_{\text{in}}| = \sqrt{R^2 + \left(\frac{1}{\omega C}\right)^2} = 100\sqrt{5}$$

解出

$$(\omega CR)^2 + 1 = 50\,000(\omega C)^2 \tag{1}$$

由分压公式可得

$$\frac{\dot{U}_2}{\dot{U}_1} = \frac{\frac{1}{j\omega C}}{R + \frac{1}{j\omega C}} = \frac{1}{1 + (\omega CR)^2}(1 - j\omega CR) \tag{2}$$

显然,u_2 滞后 u_1,该网络为滞后网络。又因为频率越高,u_2 的有效值越小,所以是低通滤波器。

若要求 u_2 与 u_1 相位差为 $60°$,即需满足

$$\frac{\omega CR}{1} = \text{tg}60° = \sqrt{3} \tag{3}$$

将式(3)代入式(1),得

$$\omega C = 4\sqrt{5} \times 10^{-3} \tag{4}$$

由式(4)和式(3)解出

$$C = 8.5\text{nF}, \quad R = 193.6\Omega$$

本题的重点是告诉大家,与图 5-5(b)相比,同样的 RC 网络,输出量的选择不同,(u_R 或 u_C)网络特性就不同。

5.2　独立电源电路的等效分析

5.2.1　电源的串联与并联

只要将电源电压 U 或电源电流 I 用电压相量 $\dot{U}$ 或电流相量 $\dot{I}$ 代替,则第 2 章中的相关内容对交流电路也适用。

1. 理想电源的串并联

理想电压源可以串联,串联后总电源的电压相量是各子电源电压相量之和。串联电压源允许各子电源的电压相量不一样。因此,在需要高电压供电的场合,可以考虑电压源串联。

设有理想电压源 $\dot{U}_1, \dot{U}_2, \cdots, \dot{U}_n$,则串联后的总电压为

$$\dot{U} = \dot{U}_1 + \dot{U}_2 + \cdots + \dot{U}_n = \sum_{k=1}^{n} \dot{U}_k \tag{5-23}$$

理想电流源可以并联,并联后总电源的电流相量是各子电源电流相量之和。并联电流源允许各子电源的电流相量不一样。因此,在需要大电流输出的场合,可以考虑电流源并联。

设有理想电流源 $\dot{I}_1, \dot{I}_2, \cdots, \dot{I}_n$,则并联后的总电流为

$$\dot{I} = \dot{I}_1 + \dot{I}_2 + \cdots + \dot{I}_n = \sum_{k=1}^{n} \dot{I}_k \tag{5-24}$$

2. 实际电源的串并联

实际电压源可等效为一个理想电压源 $\dot{U}$ 和一个电源内阻抗 Z_0 相串联。

实际电压源可以串联,串联后总电源的电压相量和总内阻抗分别是各子电源电压相量及内阻抗之和。

设有实际电压源 $\dot{U}_1$(内阻抗 Z_{01}),$\dot{U}_2$(内阻抗 Z_{02}),$\cdots$,$\dot{U}_n$(内阻抗 Z_{0n}),则串联后电源的总电压相量和总内阻抗为

$$\begin{cases} \dot{U} = \dot{U}_1 + \dot{U}_2 + \cdots + \dot{U}_n = \sum_{k=1}^{n} \dot{U}_k \\ Z_0 = Z_{01} + Z_{02} + \cdots + Z_{0n} = \sum_{k=1}^{n} Z_{0k} \end{cases} \tag{5-25}$$

实际电流源可等效为一个理想电流源 $\dot{I}$ 和一个电源内复导纳 Y_0 相并联。

实际电流源可以并联,并联后总电源的电流相量和复导纳分别是各子电源电流相量和

复导纳之和。并联电流源允许各子电源的电流相量不一样。

设有实际电流源 $\dot{I}_1$（内复导纳 Y_{01}），$\dot{I}_2$（内复导纳 Y_{02}），$\cdots$，$\dot{I}_n$（内复导纳 Y_{0n}），则并联后电源的总电流相量和总内复导纳为

$$\begin{cases} \dot{I} = \dot{I}_1 + \dot{I}_2 + \cdots + \dot{I}_n = \sum_{k=1}^{n} \dot{I}_k \\ Y_0 = Y_{01} + Y_{02} + \cdots + Y_{0n} = \sum_{k=1}^{n} Y_{0k} \end{cases} \tag{5-26}$$

图 5-10 给出了交流电源串并联示意图。

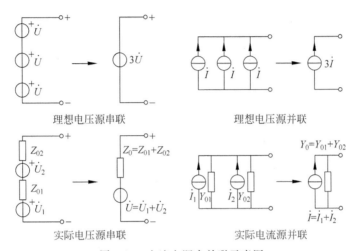

理想电压源串联　　　　　　　　理想电压源并联

实际电压源串联　　　　　　　　实际电流源并联

图 5-10　交流电源串并联示意图

5.2.2　有伴电源的相互等效

具有串联阻抗的理想电压源称为有伴电压源，具有并联阻抗（复导纳）的理想电流源称为有伴电流源。图 5-11(a) 和图 5-11(b) 所示电路分别是有伴电压源和有伴电流源。实际应用中的电压源和电流源均为有伴电源，换句话说，有伴电源也就是实际电源的模型。

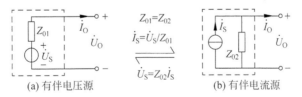

(a) 有伴电压源　　　　　　　　(b) 有伴电流源

图 5-11　交流有伴电源转换示意图

在电路分析中为方便计，常常需要将有伴电压源转换为有伴电流源，或相反。而这种转换必须保证对外电路（负载）没有影响，即转换前后的电路是等效的。所谓等效，就是端钮处的电压和电流相等或具有相同的伏安关系。对于图 5-11(a) 所示的有伴电压源，端钮处的伏安关系为

$$\dot{U}_O = \dot{U}_S - Z_{01} \dot{I}_O \tag{5-27}$$

对于图 5-11(b)所示的有伴电流源,端钮处的伏安关系为

$$\dot{U}_O = Z_{02}\dot{I}_S - Z_{02}\dot{I}_O \tag{5-28}$$

比较式(5-27)和式(5-28),若要两式的 $\dot{U}_O$ 或 $\dot{I}_O$ 相等,则需 $\dot{U}_S = Z_{02}\dot{I}_S$ 和 $Z_{01} = Z_{02}$。

显然,有伴电压源和有伴电流源可以相互等效,其等效的条件是:电压源的电压相量等于电流源的电流相量乘以内阻抗或电流源的电流相量等于电压源的电压相量除以内阻抗,而两者的内阻抗相等,即

$$\begin{cases} \dot{U}_S = Z_0\dot{I}_S, \quad \dot{I}_S = \dfrac{\dot{U}_S}{Z_0} \\ Z_{01} = Z_{02} = Z_0 \end{cases} \tag{5-29}$$

5.2.3 理想电源与任意元件的连接等效

对于外电路(端钮右端)而言,任意元件(除了理想电压源)与理想电压源并联并不改变端钮处的电流和电压,因此,该元件的并入没有意义,可以认为不存在。同样,任意元件(除了理想电流源)与理想电流源串联也不改变端钮处的电流和电压,因此,该元件的串入也没有意义,可以认为不存在。显然,在上述两种情况下,接入的元件可以去掉。图 5-12 给出了两种情况下的等效电路。注意:不同电压的理想电压源不能并联,不同电流的理想电流源不能串联。

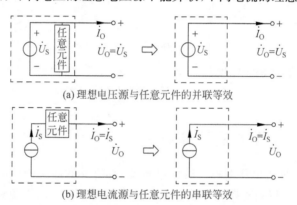

(a) 理想电压源与任意元件的并联等效

(b) 理想电流源与任意元件的串联等效

图 5-12 交流理想电源与任意元件的连接等效图

【例题 5-5】 化简图 5-13 中各二端网络。

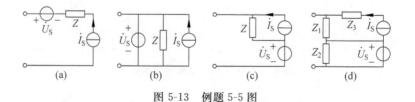

图 5-13 例题 5-5 图

解:因为图(a)的电压源 $\dot{U}_S$ 和阻抗 Z 均串接在电流源 $\dot{I}_S$ 中,所以可以去掉,只剩 $\dot{I}_S$。

因为图(b)的电流源 $\dot{I}_S$ 和阻抗 Z 均并接在电压源 $\dot{U}_S$ 中,所以可以去掉,只剩 $\dot{U}_S$。

图(c)中,电流源 $\dot{I}_S$ 和阻抗 Z 可先化为电压源 $\dot{U}_E = Z\dot{I}_S$ 和阻抗 Z 串接在电压源 $\dot{U}_S$,然

后再合并 $\dot{U}_E$ 和 $\dot{U}_S$ 为 $\dot{U}_{ES}=\dot{U}_E+\dot{U}_S$。

图(d)中,先去掉 Z_2 和 Z_3,就变为图 5-13(c)形式了,由 $\dot{U}_{ES}=\dot{U}_E+\dot{U}_S$ 和 Z_1 串联而成。最后,化简图如图 5-14 所示。

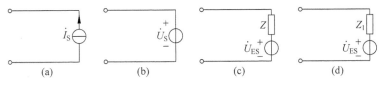

图 5-14 例题 5-5 答案示意图

5.3 受控电源电路的等效分析

与第 2 章相关概念类似,对含有受控源的电路通常可按下列步骤进行等效分析:

第一步:将受控源当作独立源看待,列写其相量伏安表达式。

第二步:补充列写一个受控源的受控关系表达式。

第三步:联立求解上述两个方程,得到最简的端钮相量伏安关系表达式。

第四步:依据第三步的伏安表达式画出该二端网络(受控源)的最简等效电路。

在含有受控源电路的分析中,最重要的就是要理解和掌握受控电源的参数(电压或电流)是电路中另外一个参数的函数,或者说被另一个参数所控制。分析过程中,只要保证不丢掉和改变这个控制参数,则受控源即可按照独立电源处理这个概念。有了这个前提,上述有些步骤就可以合并或省略。

【例题 5-6】 在图 5-15(a)中,已知 $Z_1=10+\mathrm{j}50\Omega$,$Z_2=400+\mathrm{j}1000\Omega$,若要 $\dot{I}_2$ 与 $\dot{U}_S$ 正交(相位差为 90^0),β 应为多大?若受控源换为电容 C,如图 5-15(b)所示,同样要求 $\dot{I}_2$ 与 $\dot{U}_S$ 正交,求 ωC 为多少?

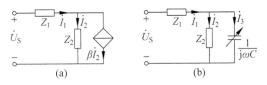

图 5-15 例题 5-6 示意图

解:由 KCL 可得

$$\dot{I}_1=\dot{I}_2+\beta\dot{I}_2=(1+\beta)\dot{I}_2$$

由 KVL 可得

$$\dot{U}_S=Z_1\dot{I}_1+Z_2\dot{I}_2=Z_1(1+\beta)\dot{I}_2+Z_2\dot{I}_2$$
$$=[10+10\beta+400+\mathrm{j}(50+50\beta+1000)]\dot{I}_2 \qquad (1)$$

显然,要 $\dot{I}_2$ 与 $\dot{U}_S$ 正交,需式(1)中的实部为零,即有

$$10+10\beta+400=0$$

解出

$$\beta = -41$$

换为电容后, 由欧姆定律可得

$$\dot{I}_3 = \frac{Z_2 \dot{I}_2}{\dfrac{1}{\mathrm{j}\omega C}} = \mathrm{j}\omega C Z_2 \dot{I}_2 = (-1000\omega C + \mathrm{j}400\omega C)\dot{I}_2$$

由 KCL 得

$$\dot{I}_1 = \dot{I}_2 + \dot{I}_3 = (1 - 1000\omega C + \mathrm{j}400\omega C)\dot{I}_2$$

由 KVL 得

$$\dot{U}_S = Z_1 \dot{I}_1 + Z_2 \dot{I}_2 = [(1 - 1000\omega C + \mathrm{j}400\omega C)(10 + \mathrm{j}50) + 400 + \mathrm{j}1000]\dot{I}_2$$

$$= [410 - 30\,000\omega C + \mathrm{j}(1050 - 46\,000\omega C)]\dot{I}_2 \tag{2}$$

要 $\dot{I}_2$ 与 $\dot{U}_S$ 正交, 需式(2)中的实部为零, 即有

$$410 - 30\,000\omega C = 0$$

解出

$$\omega C = \frac{410}{30\,000} \approx 1.37 \times 10^{-2}\,\mathrm{S}$$

本题主要应用了 KCL、KVL 和相量正交的概念。注意, 受控源的引入可以改变电路的性质。

5.4　叠加定理和齐次定理

交流电路的相量模型也满足叠加定理和齐次定理。

叠加定理: 在有两个或两个以上电源作用的线性交流电路中, 任意支路上的电流相量或任意两点间电压相量都等于各电源相量单独作用而其他电源相量为零(电压源短路, 电流源开路)时, 在该支路产生的各电流相量或在该两点间产生的各电压相量的代数和。

齐次定理: 在只有一个电源作用的线性交流电路中, 任意支路上的电流相量或任意两点间的电压相量, 都与该电源相量的变化成正比。

将二者结合起来考虑, 则有:

在线性交流电路中, 若所有电源相量同时扩大 k 倍或缩小为 $1/k$, 则电路中任一支路的电流相量或任意两点间的电压相量也扩大 k 倍或缩小为 $1/k$。

应用叠加定理需要注意的问题与直流电路相同。

5.5　替代定理

替代定理: 在一个交流电路中, 一个已知的电压相量可以用一个大小和方向相同的理想电压源的相量模型代替; 一个已知的电流相量可以用一个大小和方向相同的理想电流源的相量模型代替。替代之后, 电路中其他支路的电压和电流相量均不变。

在图 5-16(a)的电路中, 设 U_{ab} 或 I 已知。为计算 A 电路中的未知量, B 电路可用一个恒压源 U_{ab} 代替(如图 5-16(b)所示), 也可用一个恒流源 I 代替(如图 5-16(c))。

特别地, 若 U_{ab} 或 I 为零, 则从图 5-16(b)和图 5-16(c)中可得到结论: <u>零电压可以用短</u>

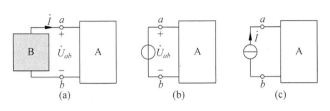

图 5-16 交流电路替代定理示意图

<u>路线代替,零电流可以用开路线代替。</u>

需要说明的是,替代定理对于线性电路和非线性电路都成立。

5.6 戴维南定理和诺顿定理

戴维南定理和诺顿定理对于交流电路同样适用。

戴维南定理:任意一个含有独立电源的二端网络(电路)都可以简化为一个由恒压源 $\dot{U}_{OC}$ 和内阻抗 Z_0 串联而成的电压源。其中 $\dot{U}_{OC}$ 是网络中各独立电源单独作用下的端口开路电压相量的代数和,Z_0 是网络内部所有电源为零时从端口看进去的等效阻抗。

诺顿定理:任意一个含有独立电源的二端网络(电路)都可以简化为一个由恒流源 $\dot{I}_{SC}$ 和内复导纳 Y_0 并联而成的电流源。其中 $\dot{I}_{SC}$ 是网络中各独立电源单独作用下的端口短路电流相量的代数和,Y_0 是网络内部所有电源为零时从端口看进去的等效复导纳。

注:所谓"所有电源为零"指的是电压源短路和电流源开路的情况。

戴维南定理和诺顿定理的等效原理如图 5-17。当然,根据有伴电源互换原理,戴维南定理和诺顿定理模型也可相互转换,即有:$Z_0=\dfrac{1}{Y_0}$,$\dot{I}_{SC}=\dfrac{\dot{U}_{OC}}{Z_0}=Y_0\dot{U}_{OC}$。

(a) 原始网络   (b) 戴维南定理等效图   (c) 诺顿定理等效图

图 5-17 戴维南及诺顿定理示意图

实际应用中,究竟是采用戴维南定理还是诺顿定理,主要由二端网络的开路电压和短路电流的计算难易程度决定。

【例题 5-7】 电路如图 5-18(a)所示,其中 $u_S=100\cos 20\,000t\,\text{V}$,$i_S=2\sin 20\,000t\,\text{A}$。

(1) 求电路中负载得到的功率。(2)负载获得最大功率需要什么负载?求出元件参数及负载可得到的最大功率。

解:设电流源的初相为零,则有效值相量 $\dot{U}_S=50\sqrt{2}\angle 90°=\text{j}50\sqrt{2}\,\text{V}$,$\dot{I}_S=\sqrt{2}\angle 0°\text{A}$

(1) 由叠加定理得负载端开路电压为

$$\dot{U}_{OC}=\frac{-\text{j}50}{50-\text{j}50}\text{j}50\sqrt{2}+\frac{-\text{j}50\times 50}{50-\text{j}50}\sqrt{2}=50\sqrt{2}\,\text{V}$$

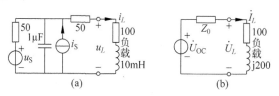

图 5-18 例题 5-7 示意图

等效内阻抗为

$$Z_0 = 50 + \frac{-\mathrm{j}50 \times 50}{50 - \mathrm{j}50} = 75 - \mathrm{j}25\,\Omega$$

这样可得戴维南等效电路如图 5-18(b)所示。则负载电流为

$$\dot{I}_L = \frac{50\sqrt{2}}{75 - \mathrm{j}25 + 100 + \mathrm{j}200} = \frac{\sqrt{2}}{7}(1 - \mathrm{j}) = \frac{\sqrt{2}}{7}\angle 45°\,\mathrm{A}$$

负载得到的功率为

$$P = 100I^2 = 100\left(\frac{2}{7}\right)^2 = \frac{400}{49} \approx 8.16\,\mathrm{W}$$

（2）当共轭匹配时，负载获得最大功率，即当 $Z_L = Z_0^* = 75 + \mathrm{j}25\,\Omega$ 时，负载得到的最大功率为

$$P_{L\max} = \frac{U_{OC}^2}{4R_0} = \frac{(50\sqrt{2})^2}{4 \times 75} = \frac{50}{3} \approx 16.7\,\mathrm{W}$$

本题主要应用了叠加定理、戴维南定理和最大功率传输的概念。

5.7 其他定理

除了上述等效方法外，根据第 2 章的内容，本章还应该有"特勒根定理"、"互易定理"、"置换定理"和"互易定理"的相应介绍，但为了节省篇幅，我们不再详细讨论这些定理的相量形式，实际使用时，读者只需将电压和电流相量（$\dot{U}$ 和 $\dot{I}$）以及阻抗或导纳（Z 或 Y）代入这些定理的相关公式中即可。

【例题 5-8】 证明图 5-19(a)虚框内的网络在正弦稳态下为互易网络。已知 $i_S = 2\sin(2t + 30°)\,\mathrm{A}$。

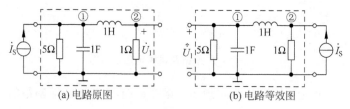

(a) 电路原图   (b) 电路等效图

图 5-19 例题 5-8 示意图

证：根据互易定理，若网络互易，则图 5-19(a)中的 $\dot{U}_1$ 应该与图 5-19(b)中的 $\hat{U}_1$ 相同。对图 5-19(a)列写节点电压方程：

$$\begin{cases} \left(\dfrac{1}{5} + \mathrm{j}2 + \dfrac{1}{\mathrm{j}2}\right)\dot{U}_{n1} - \dfrac{1}{\mathrm{j}2}\dot{U}_{n2} = \sqrt{2}\angle 30° \\[2mm] -\dfrac{1}{\mathrm{j}2}\dot{U}_{n1} + \left(1 + \dfrac{1}{\mathrm{j}2}\right)\dot{U}_{n2} = 0 \end{cases}$$

可以解得

$$\dot{U}_1 = \dot{U}_{n2} = 0.49\angle -9.6°\text{V}$$

对图 5-19(b)列写节点电压方程

$$\begin{cases} \left(\dfrac{1}{5} + \text{j}2 + \dfrac{1}{\text{j}2}\right)\dot{U}_{n1} - \dfrac{1}{\text{j}2}\dot{U}_{n2} = 0 \\[2mm] -\dfrac{1}{\text{j}2}\dot{U}_{n1} + \left(1 + \dfrac{1}{\text{j}2}\right)\dot{U}_{n2} = \sqrt{2}\angle 30° \end{cases}$$

可以解得

$$\hat{U}_1 = \dot{U}_{n1} = 0.49\angle -9.6°\text{V}$$

因为 $\hat{U}_1 = \dot{U}_1$，所以网络互易。

5.8 基本定律分析法

基本定律分析法主要指以 KCL 和 KVL 为基础的节点电压法、网孔电流法和回路电流法。只要将直流电压与电流用复电压和复电流替代，电阻用阻抗替代，电导由复导纳替代，直流电源用复电源替代，则第 3 章的直流电路分析法相关内容就很容易移植到交流电路上来。据此，这里给出交流电路节点电压法、网孔电流法和回路电流法的分析步骤。

（1）节点电压法分析交流电路的一般步骤

第一步：将时域电路化为相量模型。

第二步：选取参考节点，并给其他独立节点编号。

第三步：按

自复导纳 × 本节点复电压 − $\sum$（互复导纳 × 相邻节点复电压）

= 流入本节点所有复电流源的代数和

形式列写独立节点的节点复电压方程。

第四步：求解节点复电压方程，得到各节点电压相量。

第五步：根据各节点复电压再求电路其他变量，如支路复电流、复电压、元件参数和功率等。

（2）网孔电流法分析交流电路的一般步骤

第一步：将时域电路化为相量模型。

第二步：确定电路中网孔数，并设定各网孔复电流的符号及方向。通常网孔复电流统一取顺时针或逆时针方向。

第三步：按

自阻抗 × 本网孔复电流 − $\sum$（互阻抗 × 相邻网孔复电流）

= 本网孔所有复电压源的代数和

列写网孔电流方程。

第四步：由网孔电流方程求得网孔复电流。

第五步：根据各网孔复电流再求其他电路变量，如支路复电流、复电压、元件参数和功率等。

（3）回路电流法分析交流电路的一般步骤

第一步：将时域电路化为相量模型。

第二步：确定电路中网孔数，根据实际情况选取数目与网孔数相等的回路，并设定各回路复电流的符号及方向。通常回路复电流统一取顺时针或逆时针方向。

第三步：按

$$\text{自阻抗}\times\text{本回路复电流}-\sum(\text{互阻抗}\times\text{相邻回路复电流})$$

$$=\text{本回路所有复电压源的代数和}$$

列写回路电流方程。

第四步：由回路电流方程求得回路复电流。

第五步：根据各回路复电流再求其他电路变量，如支路复电流、复电压、元件参数和功率等。

【例题 5-9】 电路如图 5-20(a)所示，已知 $u_1=20\cos4000t\,\text{V}$，$u_2=50\sin4000t\,\text{V}$，求电压 u_{ab}。注：$1\text{F}=10^9\text{nF}$。

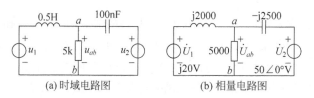

(a) 时域电路图　　　　　(b) 相量电路图

图 5-20　例题 5-9 图

解：画出幅值相量模型如图 5-20(b)。选取 b 点为参考点。该电路没有互导纳。设 u_2 的初相为零相位。节点电压方程为

$$\left(\frac{1}{5000}-\text{j}\,\frac{1}{2000}+\text{j}\,\frac{1}{2500}\right)\dot{U}_{ab}=\frac{\text{j}20}{\text{j}2000}+\frac{50}{-\text{j}2500}$$

整理得

$$(1-\text{j}2.5+\text{j}2)\dot{U}_{ab}=50+\text{j}100$$

求出

$$\dot{U}_{ab}=\text{j}100\,\text{V}$$

化为时域表达式

$$u_{ab}=100\sin(4000t+90^\circ)\,\text{V}=100\cos4000t\,\text{V}$$

注意：①本题全部采用幅值（最大值）计算，没有化为有效值。②正弦表达式和余弦表达式的相位差为 90°。

【例题 5-10】 电路如图 5-21(a)所示，已知 $u_\text{S}=6\sin3000t\,\text{V}$，用网孔电流法求 i。

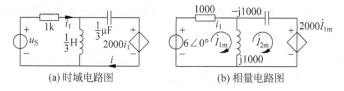

(a) 时域电路图　　　　　(b) 相量电路图

图 5-21　例题 5-10 图

解：画出幅值相量图如图 5-21(b)。标出网孔电流。列出方程

$$\begin{cases} (1000+j1000)\dot{I}_{1m}-j1000\,\dot{I}_{2m}=6 \\ -j1000\,\dot{I}_{1m}+(j1000-j1000)\dot{I}_{2m}=-2000\,\dot{I}_{1m} \end{cases}$$

解出

$$\dot{I}_{1m}=0,\ \dot{I}_{2m}=j\frac{6}{1000}=6\angle 90°\text{mA}=\dot{I}_{m}$$

则有

$$i=6\sin(3000t+90°)\text{A}=6\cos 3000t\text{A}$$

5.9　综合练习

【练习题 5-1】　在图 5-22(a)所示的正弦电路中，$L=1\text{mH}$，$R=1\text{k}\Omega$。求(1)$\dot{I}_0=0$ 时，C 为多少？(2)在满足(1)条件下，等效阻抗 Z_{in} 为多少？

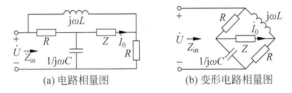

(a) 电路相量图　　　(b) 变形电路相量图

图 5-22　练习题 5-1 图

解：将图 5-22(a)画为图 5-22(b)，可见该电路为一电桥。

(1) $\dot{I}_0=0$ 时，电桥平衡，则根据平衡条件 $j\omega L\dfrac{1}{j\omega C}=R^2$ 可以解出

$$C=\frac{L}{R^2}=\frac{1\times 10^{-3}}{(10^3)^2}=10^{-9}\text{F}=10^3\text{pF}$$

(2) 电桥平衡时，桥支路可以开路，也可以短路。若按开路计的话，等效阻抗 Z_{in} 为

$$Z_{\text{in}}=\frac{\left(R+\dfrac{1}{j\omega C}\right)(R+j\omega L)}{\left(R+\dfrac{1}{j\omega C}\right)+(R+j\omega L)}=\frac{2R^2+jR\left(\omega L-\dfrac{1}{\omega C}\right)}{2R+j\left(\omega L-\dfrac{1}{\omega C}\right)}=R$$

此题的知识点是电桥和阻抗串并联。

【练习题 5-2】　在图 5-23 所示的正弦电路中，$R_1=R_2=10\Omega$，$L=0.25\text{H}$，$C=10^{-3}\text{F}$，电压表的读数为 20V，功率表的读数为 120W。求 $\dfrac{\dot{U}_2}{\dot{U}_s}$ 及电压源的复功率。

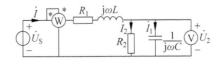

图 5-23　练习题 5-2 图

解：设 $\dot{U}_2 = 20\angle 0°V$，则电流 $\dot{I}_1$、$\dot{I}_2$ 和 $\dot{I}$ 分别为

$$\dot{I}_1 = j\omega C \dot{U}_2 = j0.02\omega A, \quad \dot{I}_2 = \frac{\dot{U}_2}{R_2} = \frac{20\angle 0°}{10} = 2\angle 0°A, \quad \dot{I} = \dot{I}_1 + \dot{I}_2 = 2 + j0.02\omega A$$

电路的有功功率为 R_1 和 R_2 消耗功率之和，即 $P = R_1 I^2 + R_2 I_2^2$，代入数字有

$$120 = 10 \times (2^2 + 0.02^2\omega^2) + 10 \times 2^2，从中可解得 \omega = 100\text{rad/s}$$

则

$$\dot{I}_1 = j\omega C \dot{U}_2 = j0.02\omega = j2A, \quad \dot{I} = \dot{I}_1 + \dot{I}_2 = 2 + j0.02\omega = 2 + j2A$$

由 KVL 可得电源电压 $\dot{U}_S$ 为

$$\dot{U}_S = (R_1 + j\omega L)\dot{I} + \dot{U}_2 = -10 + j70 = 70.7\angle 98.13°V$$

这样，就有

$$\frac{\dot{U}_2}{\dot{U}_S} = \frac{20\angle 0°}{70.7\angle 98.13°} = 0.283\angle -98.13°$$

$\dot{U}_S$ 的复功率 $\overline{S}$ 为

$$\overline{S} = \dot{U}_S \dot{I}^* = 70.7\angle 98.13° \times (2 - j2) = 70.7\angle 98.13° \times 2\sqrt{2}\angle -45°$$
$$= 200\angle 53.13° = 120 + j160\text{VA}$$

把复功率化为代数形式的目的是展现其由有功功率和无功功率构成的物理实质。

此题的知识点主要是电表的用法和交流电路功率的概念。电压、电流表的示数均为有效值，功率表给出的是有功功率。电压表和功率表在计算时均可去掉。

【练习题 5-3】 在图 5-24(a)所示的正弦电路中，若 a、b 端的戴维南等效阻抗 $Z_0 = -j2\Omega$ 时，图中压控电流源的控制系数 g 为多大？

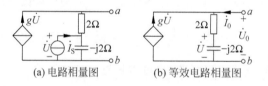

(a) 电路相量图   (b) 等效电路相量图

图 5-24　练习题 5-3 图

解：令图 5-24(a)中的独立电流源 $\dot{I}_S$ 为零，即将电流源开路，并在 a、b 端外加电压 $\dot{U}_0$，得等效图如图 5-24(b)所示。则由 KCL 和分压公式得

$$\dot{I}_0 = \frac{\dot{U}_0}{2 - j2} - g\dot{U} \quad 和 \quad \dot{U} = \frac{-j2}{2 - j2}\dot{U}_0$$

解出 $\dot{I}_0 = \frac{1 + j2g}{2 - j2}\dot{U}_0$，则戴维南等效阻抗为

$$Z_0 = \frac{\dot{U}_0}{\dot{I}_0} = \frac{2 - j2}{1 + j2g}\Omega$$

若需 $Z_0 = -j2\Omega$，则有 $\frac{2 - j2}{1 + j2g} = -j2$，可以解得

$$g=0.5\text{S}$$

此题的知识点是戴维南内阻的外加电压法和受控源的分析法。

【练习题 5-4】 在图 5-25 所示的正弦电路中,已知 $I_s=10\text{A}$, $\omega=5000\text{rad/s}$, $R_1=R_2=10\Omega$, $C=10\mu\text{F}$, $\beta=0.5$。试用节点电压法求解各支路电流。

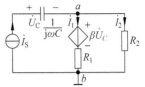

图 5-25 练习题 5-4 图

解:选择 b 点为参考点,设 $\dot{I}_s=10\angle 0°\text{A}$。因为电容串接在电流源中,所以,根据 5.2.3 节内容,该电容可以去掉,在列写节点 a 电压方程时可以不考虑它。但又因为其他支路上的受控源被该电容电压控制,所以,还必须列写一个和电容电压有关的方程才行,即有

$$\begin{cases}\left(\dfrac{1}{R_1}+\dfrac{1}{R_2}\right)\dot{U}_a=\dot{I}_s+\dfrac{\beta\dot{U}_C}{R_1}\\[2mm] \dot{U}_C=\dfrac{1}{\text{j}\omega C}\dot{I}_s\end{cases}$$

代入已知量可得

$$\frac{1}{5}\dot{U}_a=10\angle 0°+\frac{0.5}{10}\times\frac{10\angle 0°}{\text{j}5000\times 10^{-5}}$$

解得 $\dot{U}_a=50\sqrt{2}\angle 45°\text{ V}$。则各支路电流为

$$\dot{I}_2=\frac{\dot{U}_a}{R_2}=\frac{50\sqrt{2}\angle 45°}{10}=5\sqrt{2}\angle 45°\text{A},\qquad \dot{I}_1=\dot{I}_s-\dot{I}_2=5\sqrt{2}\angle -45°\text{A}$$

此题的知识点是节点电压法和电源等效及受控源的分析法。

【练习题 5-5】 在图 5-26 所示的正弦电路中,已知 $R_1=100\Omega$, $R_2=200\Omega$, $L_1=1\text{H}$, $\dot{I}_2=0\text{A}$, $\omega=100\text{rad/s}$, $\dot{U}_s=100\sqrt{2}\angle 0°\text{V}$。试求解其他各支路电流。

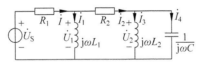

图 5-26 练习题 5-5 图

解:由题意知,因为 $\dot{I}_2=0\text{A}$,则

$$\dot{I}_1=\dot{I},\dot{I}_3=-\dot{I}_4$$

$$\dot{I}=\frac{\dot{U}_s}{R_1+\text{j}\omega L_1}=\frac{100\sqrt{2}\angle 0°}{100+\text{j}100}=1\angle -45°\text{A}$$

$$\dot{U}_1=\text{j}\omega L_1\dot{I}_1=\text{j}100\times 1\angle -45°=100\angle 45°\text{V}$$

因为 $\dot{I}_2=0\text{A}$,所以,$\dot{U}_2=\dot{U}_1=100\angle 45°\text{ V}$,则

$$\dot{I}_3=\frac{\dot{U}_2}{\text{j}\omega L_2}=\frac{100\angle 45°}{\text{j}100}=1\angle -45°\text{A}$$

$$\dot{I}_4=-\dot{I}_3=1\angle(180°-45°)=1\angle 135°\text{A}$$

此题的关键是要理解 L_2 与 C 发生并联谐振时才会使得 $\dot{I}_2=0\text{A}$。

【练习题 5-6】 列写图 5-27(a)电路的回路电流方程和节点电压方程。已知 $u_S = 10\sqrt{2}\sin 2t\,\mathrm{V}$，$i_S = \sqrt{2}\sin(2t+30°)\,\mathrm{A}$。

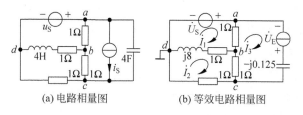

(a) 电路相量图　　　　　(b) 等效电路相量图

图 5-27　练习题 5-6 图

解： 将原时域电路转化为相量电路如图 5-27(b)所示。选取 d 点为参考点，设置回路电流方向。由题意得 $\dot{U}_S = 10\angle 0°\,\mathrm{V}$，$\dot{I}_S = 1\angle 30°\,\mathrm{A}$，$\omega L = 8\,\Omega$，$\dfrac{1}{\omega C} = 0.125\,\Omega$。因为恒流源的存在，不利于列写回路电流方程，所以将恒流源和容抗等效为电压源

$$\dot{U}_E = -\mathrm{j}\frac{1}{\omega C}\dot{I}_S = -\mathrm{j}0.125 \times 1\angle 30° = 0.125\angle -60°\,\mathrm{V}$$

注意： 在列写节点电压方程时，电流源 $\dot{I}_S$ 可以不做电压源等效。

节点电压方程

$$\begin{cases} \dot{U}_a = \dot{U}_S \\ -\dot{U}_a + \left(2 + \dfrac{1}{1+\mathrm{j}8}\right)\dot{U}_b - \dot{U}_c = 0 \\ -\mathrm{j}8\dot{U}_a - \dot{U}_b + (2+\mathrm{j}8)\dot{U}_c = \dot{I}_S \end{cases}$$

回路电流方程

$$\begin{cases} (2+\mathrm{j}8)\dot{I}_1 - (1+\mathrm{j}8)\dot{I}_2 - \dot{I}_3 = \dot{U}_S \\ -(1+\mathrm{j}8)\dot{I}_1 + (3+\mathrm{j}8)\dot{I}_2 - \dot{I}_3 = 0 \\ -\dot{I}_1 - \dot{I}_2 - (2-\mathrm{j}0.125)\dot{I}_3 = \dot{U}_E \end{cases}$$

此题的知识点是节点电压法如何处理理想电压源和回路电流法如何处理有伴电流源。

【练习题 5-7】 求图 5-28(a)、(b)电路的谐振频率。

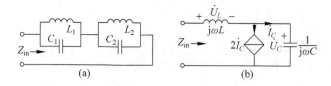

图 5-28　练习题 5-7 图

解： 图(a)电路的输入阻抗为

$$Z_{\mathrm{in}} = \frac{\mathrm{j}\omega L_1 \dfrac{1}{\mathrm{j}\omega C_1}}{\mathrm{j}\omega L_1 + \dfrac{1}{\mathrm{j}\omega C_1}} + \frac{\mathrm{j}\omega L_2 \dfrac{1}{\mathrm{j}\omega C_2}}{\mathrm{j}\omega L_2 + \dfrac{1}{\mathrm{j}\omega C_2}} = \frac{\mathrm{j}\omega L_1}{1-\omega^2 L_1 C_1} + \frac{\mathrm{j}\omega L_2}{1-\omega^2 L_2 C_2} \qquad (1)$$

我们知道，一个 LC 是否发生谐振，可以从输入阻抗判断。若输入阻抗为零，电路为串联谐振状态；若输入阻抗为无穷大，电路为并联谐振状态。据此可以判断当式(1)为零时，即有 $\dfrac{j\omega L_1}{1-\omega^2 L_1 C_1}+\dfrac{j\omega L_2}{1-\omega^2 L_2 C_2}=0$ 时，可解出 $\omega=\sqrt{\dfrac{L_1+L_2}{L_1 L_2(C_1+C_2)}}$ 时，电路发生串联谐振。

当式(1)为无穷大时，即 $1-\omega^2 L_1 C_1=0$ 或 $1-\omega^2 L_2 C_2=0$ 时，解出 $\omega=\dfrac{1}{\sqrt{L_1 C_1}}$ 或 $\omega=\dfrac{1}{\sqrt{L_2 C_2}}$ 时，电路发生并联谐振。

图(b)输入阻抗为

$$Z_{\text{in}}=\frac{\dot{U}_L+\dot{U}_C}{2\dot{I}_C+\dot{I}_C}=\frac{j\omega L\cdot 3\dot{I}_C+\dfrac{1}{j\omega C}\dot{I}_C}{3\dot{I}_C}=j\omega L+\frac{1}{j3\omega C}=j\left(\omega L-\frac{1}{3\omega C}\right) \qquad (2)$$

显然，式(2)不能为无穷大，只有当 $\omega L-\dfrac{1}{3\omega C}=0$，即 $\omega=\dfrac{1}{\sqrt{3LC}}$ 时，电路发生串联谐振。

此题的主要知识点是串并联谐振电路的阻抗特性。

【练习题 5-8】　在图 5-29(a)中，已知 $R_1=1\Omega,R_2=2\Omega,L=0.4\text{mH},C=10^3\mu\text{F},\omega=1000\text{rad/s},\dot{U}_S=10\angle-45°\text{V}$。求 Z_L 为多少时能获得的最大功率。

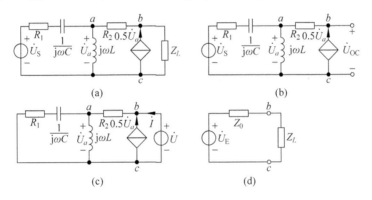

图 5-29　练习题 5-8 图

解：显然，首先要用戴维南定理将 Z_L 左端的电路等效为电压源。断开 Z_L 的电路如图 5-29(b)所示。先求开路电压 $\dot{U}_{OC}$。列写节点电压方程

$$\begin{cases}\left(\dfrac{1}{1-j}+\dfrac{1}{j0.4}+\dfrac{1}{2}\right)\dot{U}_a-\dfrac{1}{2}\dot{U}_{OC}=\dfrac{10\angle-45°}{1-j}\\[2mm]-\dfrac{1}{2}\dot{U}_a+\dfrac{1}{2}\dot{U}_{OC}=0.5\dot{U}_a\end{cases} \qquad (1)$$

求得 $\dot{U}_a=j5\sqrt{2}\text{V},\dot{U}_{OC}=j5\sqrt{2}\text{V}$。

需要注意的是，在列写 a 点电压方程时，受控电流源可以不考虑，因为 b 点电压是 $\dot{U}_{OC}$；但在列写 b 点电压方程时，受控电流源就必须考虑。

有了等效电压源的电压 $\dot{U}_E=\dot{U}_{OC}$，下面就要求等效内阻抗 Z_0。因为电路中含有受控源，所以不能用普通方法求内阻抗。可以采用外加电源法求解，即假设给 b、c 端施加一个电

压源 $\dot{U}$,就会产生电流 $\dot{I}$,那么,从 b、c 端看进去的等效阻抗 Z_0 就为 $Z_0 = \dfrac{\dot{U}}{\dot{I}}$。

对于图 5-29(c),列写节点电压方程

$$\left(\frac{1}{1-\mathrm{j}} + \frac{1}{\mathrm{j}0.4} + \frac{1}{2} \right)\dot{U}_a - \frac{1}{2}\dot{U} = 0 \tag{2}$$

求得

$$\dot{U}_a = (0.1 + \mathrm{j}0.2)\dot{U} \tag{3}$$

由 KCL 和式(3)可得

$$\dot{I} = \frac{\dot{U} - \dot{U}_a}{2} - 0.5\dot{U}_a = (0.4 - \mathrm{j}0.2)\dot{U} \tag{4}$$

由式(4)可得

$$Z_0 = \frac{\dot{U}}{\dot{I}} = 2 + \mathrm{j}1\,\Omega$$

这样,即可得到戴维南等效电路如图 5-29(d)所示。根据最大功率传输定理可知当 $Z_L = Z_0^*$ 时,即 $Z_L = 2 - \mathrm{j}1\,\Omega$ 时,Z_L 获得最大功率

$$P_{L\max} = \frac{\dot{U}_E}{4R_0} = \frac{(5\sqrt{2})^2}{4 \times 2} = 6.25\,\mathrm{W}$$

此题的知识点主要是对于含受控源的电路如何进行戴维南电路等效以及最大功率传输。

【练习题 5-9】 在图 5-30(a)中,已知 Z_1 消耗的功率为 80W,功率因数为 0.8(感性)。Z_2 消耗的功率为 30W,功率因数为 0.6(容性)。求电路总阻抗的功率因数。

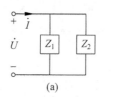 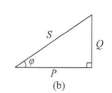

解:本题可利用功率三角形(如图 5-30(b))计算。

图 5-30 练习题 5-9 图

由公式 $P = S\cos\varphi$ 可得

$$S_1 = \frac{P_1}{\cos\varphi_1} = \frac{80}{0.8} = 100\,\mathrm{VA}$$

则有

$$Q_1 = \sqrt{S_1^2 - P_1^2} = \sqrt{100^2 - 80^2} = 60\,\mathrm{var}$$

同理,

$$S_2 = \frac{P_2}{\cos\varphi_2} = \frac{30}{0.6} = 50\,\mathrm{VA}, \quad Q_2 = -\sqrt{S_2^2 - P_2^2} = -\sqrt{50^2 - 30^2} = -40\,\mathrm{var}$$

电路总有功功率和无功功率为

$$P = P_1 + P_2 = 100 + 30 = 110\,\mathrm{W}, \quad Q = Q_1 + Q_2 = 60 - 40 = 20\,\mathrm{var}$$

总视在功率为

$$S = \sqrt{P^2 + Q^2} = \sqrt{110^2 + 20^2} = 111.8\,\mathrm{VA}$$

总功率因数为

$$\lambda = \cos\varphi = \frac{P}{S} = \frac{110}{\sqrt{110^2 + 20^2}} = 0.98$$

因为 $Q>0$，所以总功率因数 λ 为感性。

注意：功率因数的性质，即感性或容性体现在无功功率的正负极性上。

【练习题 5-10】 在图 5-31(a)中，已知 $R=10\Omega$，$L=0.01$H，$n=5$，$u_S=20\sqrt{2}\sin1000t$V。求电容 C 为多大时电流 i 的有效值最大，并求此时的电压 u_2。

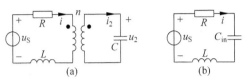

图 5-31　练习题 5-10 图

解：根据理想变压器阻抗变换特性，即式(4-140)可得等效图如图 5-31(b)所示。

$$Z_{in}=R_{in}+j(X_{Lin}-X_{Cin})=n^2Z_L=5^2\frac{1}{j\omega C}=-j25X_C \rightarrow X_{Cin}=25X_C$$

显然，在图 5-31(b)中，当 $X_L=X_{Cin}=25X_C$ 时，电路发生串联谐振，电流 I 最大，即有

$$1000L=25\frac{1}{1000C}$$

解出

$$C=25\times10^{-4}\text{F}=2500\mu\text{F}$$

初级电流

$$i=\frac{u_S}{R}=2\sqrt{2}\sin1000t\text{A}$$

次级电流

$$i_2=ni=10\sqrt{2}\sin1000t\text{A}$$

则

$$u_2=-j\frac{1}{\omega C}i_2=\frac{1}{1000\times0.0025}10\sqrt{2}\sin(1000t-90°)=4\sqrt{2}\sin(1000t-90°)\text{V}$$

此题的知识点主要是理想变压器的特性及谐振概念。

【练习题 5-11】 在图 5-32(a)中，已知，$L_1=L_2=L$，互感 M 和电源频率 ω。若要求 Z_L 改变时 $\dot{I}_L$ 保持不变，阻抗 Z 应取什么性质的元件并计算其参数。

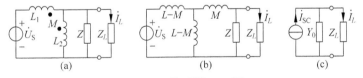

图 5-32　练习题 5-11 图

解：先根据图 4-37 消去互感，得等效图如图 5-32(b)所示。然后利用诺顿定理化简为图 5-32(c)。显然，若等效复导纳 $Y_0=0$，即 Y_0 支路开路，则 $\dot{I}_L$ 就等于恒流源的电流 $\dot{I}_{SC}$ 而与 Z_L 无关。

等效复导纳

$$Y_0=\frac{1}{j\omega\dfrac{L-M}{2}+j\omega M}+\frac{1}{Z}=\frac{1}{j\omega\dfrac{L+M}{2}}+\frac{1}{Z} \tag{1}$$

令 $Y_0=0$，即有 $\dfrac{1}{j\omega\frac{L+M}{2}}+\dfrac{1}{Z}=0$，可以解出

$$Z=-j\omega\frac{L+M}{2} \tag{2}$$

也就是说，当 Z 为容抗时，$Y_0=0$，电流 $\dot{I}_L$ 就与 Z_L 无关。

设 $Z=-j\dfrac{1}{\omega C}$，代入式(2)，得

$$\frac{1}{\omega C}=\omega\frac{L+M}{2}\rightarrow C=\frac{2}{\omega^2(L+M)}\text{F}$$

因为 $\dot{I}_{sc}$ 的具体数值与求解无关，所以不用求出 $\dot{I}_{sc}$。

此题的主要知识点：一是互感去耦，二是诺顿定理，三是恒流源回路电流大小与负载无关。

通过上述例题的求解，我们发现在对正弦稳态电路应用相量法分析时，需格外注意以下两点：

（1）在电压或电流的叠加时，也就是 KCL 和 KVL 的应用时，会出现两个叠加电压或电流的和小于分电压或分电流，甚至会出现"和相量"为零的情况。其原因是"相量"的叠加类似于"向量"，其"和"与两个叠加量的相位角有关。

（2）正弦稳态电路的功率问题比直流电路复杂。除了电阻吸收或消耗的有功功率外，要深刻理解储能元件（电感和电容）所吸收的无功功率以及将有功功率和无功功率联系起来的视在功率的概念以及计算方法。

综上所述，本章的主要概念及内容可以用图 5-33 概括。

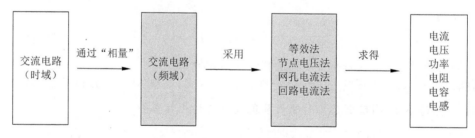

图 5-33　第 5 章概念及内容示意图

5.10　小知识——触电

人们常说的"触电"，是指人体某一部分接触了电线（电极）从而导致电流通过人体的现象。有资料表明，2mA 以下的电流通过人体，仅产生麻感，对人体影响不大；8～12mA 电流通过人体，肌肉自动收缩，身体可自动脱离电源，除感到"被打了一下"外，对身体损害不大；但超过 20mA 的电流可导致接触部位皮肤灼伤，皮下组织也可因此而碳化；25mA 以上的电流即可引起心室起颤、导致循环停顿而死亡。

1984 年颁布的国家标准 GB 3805—83《安全电压》中规定，安全的交流电压有效值为

50V；安全电压值的等级有42V、36V、24V、12V、6V五种；当电器设备采用了超过24V时，必须采取防直接接触带电体的保护措施。安全电压指不戴任何防护设备，接触时对人体各部位不造成任何损害的电压值。

如图5-34所示人们通常"触电"的原理是身体的某一部分碰触到了裸露的带电电线（相当于电源的一个正极），然后，电流在电压的作用下通过人体进入大地回到电源的负极，相当于电源利用人体和大地构成了回路。因此，对于市电而言，如果仅仅是碰触到了电极，但没有构成回路，即没有电流通过人体，就不会产生"触电"伤害。这也就是平常人们要求在脚下垫上木制品（起绝缘作用），不让人体与大地直接接触，再进行相关电操作（换灯泡、装灯具、接插座等）的原因。

一旦遇到触电事故，要做到如下几点：

（1）首先要使触电者迅速脱离电源，越快越好。应设法迅速切断电源，如拉开电源开关或刀闸、拔除电源插头等。

（2）施救者不可直接用手或身体其他部位碰触触电者。可用绝缘物体，比如木制品、绳索等将触电者与电线或电极分离；也可抓住触电者干燥而不贴身的衣服，将其拖开。

（3）触电者脱离电源后，要让其平躺，不可摇动其头部。

（4）若触电者没有了呼吸或心跳，则须进行口对口或口对鼻的人工呼吸以及胸外挤压，以恢复其心肺功能。通常，胸外按压与口对口（鼻）人工呼吸同时进行，其节奏为：单人抢救时，每按压15次后吹气2次，反复进行。

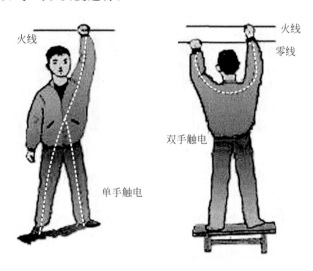

图5-34 人体触电示意图

5.11 习题

5-1 两只工作电压都是110V，功率相同的灯泡（阻性负载）理论上可以串联接在220V电源上使用。若两者的功率不同，请问是否还可以这样使用？为什么？

5-2 交流电路如图5-35所示，请问电压表V₂的读数是多少？（80V，80V，160V）

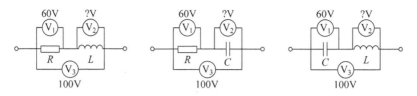

图 5-35　习题 5-2 图

5-3　电路如图 5-36 所示,求图 5-36(a) 和图 5-36(b) 等效时,阻抗中 R 和 X_C 与导纳中 G 和 B_C 的关系。$\left(R=\dfrac{G}{G^2+B_C^2},X_C=\dfrac{-B_C}{G^2+B_C^2}\right)$

(a)　　　　　　(b)

图 5-36　习题 5-3 图

5-4　电路如图 5-37 所示,$\omega=5000\text{rad/s}$。求使输入阻抗 Z_{in} 为纯阻时的 C 值,及此时的 Z_{in} 值。$(2\mu\text{F},50\Omega)$

5-5　电路如图 5-38 所示,写出输入阻抗 Z_{in},并求使 Z_{in} 虚部为零时的角频率 ω_0。$\left(\omega_0=\sqrt{\dfrac{1}{LC}-\left(\dfrac{R}{L}\right)^2}\right)$

5-6　如图 5-39 所示的一实际电容加 500V 直流电压时,测得通过其电流为 0.1A。而加 50Hz 的 500V 交流电压时,测得电流为 0.4A。求该电容的电容量 C 和漏电导 G。$(2.47\mu\text{F},0.2\text{mS})$

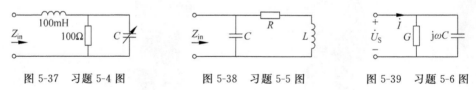

图 5-37　习题 5-4 图　　　图 5-38　习题 5-5 图　　　图 5-39　习题 5-6 图

5-7　电路如图 5-40 所示,$\omega=2000\text{rad/s}$,$\dot{U}_\text{S}=10\angle0°\text{ V}$,求 $\dot{I}$、$\dot{U}_L$ 和 $\dot{U}_C$,并画出相量图。$\left(\dfrac{\sqrt{2}}{6}\angle45°\text{ A},\dfrac{10\sqrt{2}}{3}\angle135°\text{ V},\dfrac{25\sqrt{2}}{3}\angle-45°\text{ V}\right)$

5-8　电路如图 5-41 所示,$i_\text{S}=2\sqrt{2}\sin(1592\pi t)\text{mA}$,求端电压和各支路电流,并画出相量图。$(2\sqrt{2}\angle45°\text{V},\sqrt{2}\angle45°\text{mA},\sqrt{2}\angle135°\text{mA},2\sqrt{2}\angle-45°\text{mA})$

图 5-40　习题 5-7 图　　　　　图 5-41　习题 5-8 图

5-9 电路如图 5-42 所示,已知 $\dot{U}_{S1}=100\angle0°\text{ V},\dot{U}_{S2}=100\angle120°\text{ V},\dot{I}_S=2\angle0°\text{ A},$ $X_L=X_C=R=5\Omega$,试用叠加定理求 $\dot{I}_1$ 和 $\dot{I}_2$。$(40\angle137°\text{ A},39.2\angle-72.2°\text{ A})$

5-10 电路如图 5-43 所示,已知 $i_{S1}=0.5\sin(50\,000t)\text{A},i_{S2}=0.25\sin(50\,000t)\text{A},u_S=$ $2\sin(50\,000t)\text{V}$,试用叠加定理求 u_x。$(u_x=1.6\sin(50\,000t+36.87°)\text{V})$

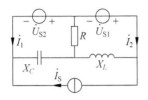

图 5-42 习题 5-9 图

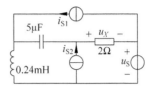

图 5-43 习题 5-10 图

5-11 电路如图 5-44 所示,已知 $U=100\text{V},I_L=10\text{A},I_C=15\text{A},\dot{U}$ 比 $\dot{U}_{ab}$ 超前 $\dfrac{\pi}{4}$,求 R, X_L 和 X_C。$\left(10\sqrt{2}\,\Omega,5\sqrt{2}\,\Omega,\dfrac{10}{3}\sqrt{2}\,\Omega\right)$

5-12 电路如图 5-45 所示,已知 $Z_1=1-\text{j}1\Omega,Z_2=\text{j}0.4\Omega,Z_3=2\Omega,Z_L=1+\text{j}2\Omega,\dot{U}_S=$ $10\angle-45°\text{ V}$,求阻抗电流 $\dot{I}_L$。$\left(\dfrac{5}{3}\angle45°\text{ A}\right)$

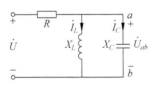

图 5-44 习题 5-11 图

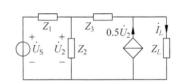

图 5-45 习题 5-12 图

5-13 已知一个交流电压源 $\dot{U}_S=100\angle0°\text{ V},\omega=1000\text{rad/s}$,内阻抗 $Z_S=50+\text{j}75\Omega$;一个负载 $R=100\Omega$。问在电源与负载之间用电容接成怎样的电路才能使负载 R 获得最大功率? 画出电路图并求出元件参数和最大功率值。

(两个电容接成"7"字型,$40\mu\text{F}$,$10\mu\text{F}$,50W)

5-14 一个电压信号源角频率为 $\omega=1000\text{rad/s}$,内阻 $R_S=100\Omega$,一个负载阻抗为 $R_L=75\Omega$。在信号源与负载之间设计一个电路"N",要求 R_L 获得最大功率,并使负载电流 $\dot{I}_2$ 超前信号源电流 $\dot{I}_1$ $30°$。

$\left(\text{电容和电感接成倒"L"型。}23.1\mu\text{F},0.1732\text{H},\dot{I}_2=\dfrac{2}{\sqrt{3}}\angle30°\times\dot{I}_1\text{A}\right)$

5-15 求如图 5-46 所示的电路的戴维南等效相量图。$\left(-\text{j}110\text{V},\dfrac{2}{3}(6-\text{j})\Omega\right)$

5-16 电路如图 5-47 所示,当 $Z_L=0$ 时,$\dot{I}=3.6-\text{j}4.8\text{mA}$,当 $Z_L=-\text{j}40\Omega$ 时,$\dot{I}=10-\text{j}0\text{mA}$。求网络 N 的戴维南等效电路。$(0.3\angle0°\text{ V},30+\text{j}40\Omega)$

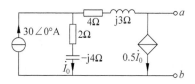

图 5-46 习题 5-15 图

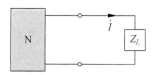

图 5-47 习题 5-16 图

5-17 用节点电压法求如图 5-48 所示的电路中的 u_X。已知 $u_1 = 20\cos(4000t)$V，$u_2 = 50\sin(4000t)$V。$\left(u_X = 100\sin\left(4000t + \dfrac{\pi}{2}\right)V\right)$

5-18 用节点电压法求如图 5-49 所示的电路中的 i_X。已知 $u = 20\sin(4t)$V。$(i_X = 7.59\sin(4t + 108.4°)A)$

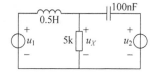

图 5-48 习题 5-17 图

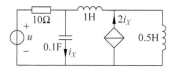

图 5-49 习题 5-18 图

5-19 电路如图 5-50 所示，已知 $u_S = 6\sin(3000t)$V，用网孔电流法求 i。$(i = 6\sin(3000t + 90°)$mA$)$

5-20 用网孔电流法求图 5-51 所示的电路的输入阻抗 Z_{in}。$(1.9 \angle 19.1°$ Ω$)$

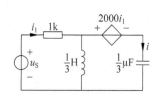

图 5-50 习题 5-19 图

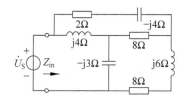

图 5-51 习题 5-20 图

5-21 设计图 5-52 所示的接口电路中的电抗 X_1 和 X_2 值，使得从电源端向右看进去的等效阻抗（输入阻抗）为 50Ω，从负载端向左看进去的等效阻抗（输出阻抗）为 600Ω。若 $\omega = 10^6$ rad/s，求 X_1 和 X_2 所需的电感和电容值。$(\mp 165.8$Ω，± 180.9Ω，165.8μH，5.53nF$)$

5-22 图 5-53 所示的电路为雷达指示器的移相电路，R_1 的中点接地。证明当 $R = X_C$ 时，$\dot{U}_1, \dot{U}_2, \dot{U}_3$ 和 $\dot{U}_4$ 大小相同，相位依次差 90°。设 $\dot{U}_S = U \angle 0°$ V。

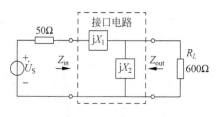

图 5-52 习题 5-21 图

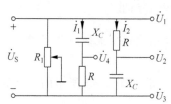

图 5-53 习题 5-22 图

5-23　图 5-54 所示的理想变压器电路，已知 $\dot{U}_S=100\angle0°$ V，$\dot{I}_S=100\angle0°$ A，且它们同频率；$R_1=R_2=1\Omega$，$R_L=10\Omega$。求负载获得最大功率时的匝比、最大功率和次级电流。($n=\sqrt{20}$，5kW，$20\sqrt{5}\angle0°$A)

5-24　求图 5-55 所示的电路的输入电阻。已知 $n=0.5$。($8/3\Omega$)

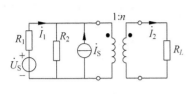

图 5-54　习题 5-23 图

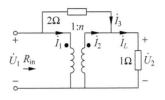

图 5-55　习题 5-24 图

5-25　求图 5-56 所示的电路的输入阻抗 Z_{in} 电流 $\dot{I}_1$ 和 $\dot{I}_2$。已知 $\dot{U}_S=100\angle0°$ V。($4.9\angle85.3°\Omega$，$20.4\angle-85.3°$A，$4.01\angle-6°$A)

5-26　求图 5-57 所示的电路的输入阻抗 Z_{in}。($4-j4\Omega$)

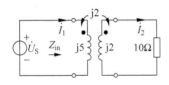

图 5-56　习题 5-25 图

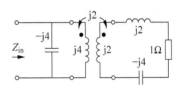

图 5-57　习题 5-26 图

第 6 章

三相交流电路分析法

前面介绍的交流电主要是普通民用的单相电或交流信号,其分析方法适用于市电交流电路和电子设备中的交流信号处理电路。而在现实生活中,世界各国电力系统中电能的生产、传输和配电方式绝大多数都采用三相制,且工业用电也大多采用三相交流电。那么,什么是三相交流电? 它有什么特点? 正弦稳态分析方法是否适用于它?

6.1   三相交流电的概念

首先给出单相交流电的概念。通常,把只有一个初相、一个频率、一个振幅的交流电压或电流称为单相交流电。或者说,只用一个正弦函数表达式描述的电压或电流被称为单相交流电。

实际上,交流电是通过交流发动机产生的,而最常用的交流发动机是"三相"交流发电机,即可同时产生(输出)三个不同相位交流电的发电机。这种发动机主要由一个嵌入具有结构相同但安放位置不同的三个绕组(线圈)的定子和一个在定子中间可以转动的转子构成,三个绕组分别是 AX、BY 和 CZ,如图 6-1(a)所示。当转子受外力作用在定子中按一定的角频率 ω 转动时,就会在三个绕组中分别感应出交流电动势,也就是可以输出交流电压。由于三个绕组的结构完全相同,所以产生的三个交流电动势幅值是一样的,而且因为三个绕组在空间上的排放位置互相间隔 $120°$,所以三个绕组输出的交流电动势(电压)也相差 $120°$,这样,就得到发电机输出的交流电波形和相量图如图 6-1(b)和图 6-1(c)所示。

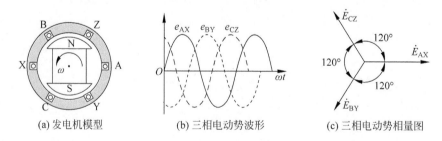

(a) 发电机模型   (b) 三相电动势波形   (c) 三相电动势相量图

图 6-1   三相电原理示意图

三个绕组产生电动势的瞬时值为

$$\begin{cases} e_{AX}(t) = E_m \sin\omega t \\ e_{BY}(t) = E_m \sin(\omega t - 120°) \\ e_{CZ}(t) = E_m \sin(\omega t - 240°) = E_m \sin(\omega t + 120°) \end{cases} \qquad (6\text{-}1)$$

如果把电动势用绕组(线圈)端电压表示的话,则有

$$\begin{cases} u_{AX}(t) = U_m \sin\omega t = U\sqrt{2}\sin\omega t \\ u_{BY}(t) = U_m \sin(\omega t - 120°) = U\sqrt{2}\sin(\omega t - 120°) \\ u_{CZ}(t) = U_m \sin(\omega t + 120°) = U\sqrt{2}\sin(\omega t + 120°) \end{cases} \tag{6-2}$$

其有效值相量表达式为

$$\begin{cases} \dot{U}_A = U\angle 0° \\ \dot{U}_B = U\angle -120° \\ \dot{U}_C = U\angle 120° \end{cases} \tag{6-3}$$

可见,发电机输出的三个独立电压具有不同的相位。通常,把一个绕组称为"相",每"相"输出的电压称为相电压。因此,这种发电机被称为三相交流发电机。由三相交流发电机产生的电压和电流被统称为三相交流电,简称"三相电"。

从图 6-1(b)可以看到三相交流电到达最大值的次序为 A-B-C,通常称为"顺序";当然,若转子顺时针旋转,次序就会变为 A-C-B,称之为"逆序"。

这样,可以得到如下结论:

(1) 具有频率相同、振幅相同、彼此相差 120°特征的三个正弦电压被称为对称三相电压,它们满足公式

$$\dot{U}_A + \dot{U}_B + \dot{U}_C = 0 \tag{6-4}$$

(2) 对称"三相电"必须用三个不同相位的正弦函数表达式描述。

(3) 由三个频率相同、振幅相同、彼此相差 120°的交流电动势供电的体系被称为"对称三相制",简称"三相制"。

(4) 由一个绕组构成的发电机产生的电压或电流就是"单相电",由单相电源供电的体系就是"单相制"。

6.2 三相电源的连接

6.2.1 星形连接

根据绕制方法,三相交流发电机的绕组规定了"始端"和"末端"。如图 6-1(a)中,A、B、C 分别为三个绕组的始端,而 X、Y、Z 则为末端。

若把三个末端连接起来,构成一个公共点 N,并引出连接线,三个始端分别引出连接线,就构成了电源的星形连接,也称为 Y 形连接或三相四线制供电系统,如图 6-2(a)所示。

在星形连接法中,公共点 N 被称为零点,其连接线被称为中线或地线;始端连接线被称为端线或火线。

三相电源按星形连接时可对外提供两种电压:一是火线与地线之间的电压,称为"相电压",也就是式(6-3)中的 $\dot{U}_A$、$\dot{U}_B$ 和 $\dot{U}_C$;二是各火线之间的电压,称为"线电压"。在对称条件下,有

$$\begin{cases} \dot{U}_{AB} = \dot{U}_A - \dot{U}_B = U\angle 0° - U\angle -120° = \sqrt{3}U\angle 30° \\ \dot{U}_{BC} = \dot{U}_B - \dot{U}_C = U\angle -120° - U\angle 120° = \sqrt{3}U\angle -90° \\ \dot{U}_{CA} = \dot{U}_C - \dot{U}_A = U\angle 120° - U\angle 0° = \sqrt{3}U\angle -210° \end{cases} \quad (6\text{-}5)$$

若把相电压相量代入式(6-5),则线电压相量和相电压相量的关系为

$$\begin{cases} \dot{U}_{AB} = \sqrt{3}\,\dot{U}_A\angle 30° \\ \dot{U}_{BC} = \sqrt{3}\,\dot{U}_B\angle 30° \\ \dot{U}_{CA} = \sqrt{3}\,\dot{U}_C\angle 30° \end{cases} \quad (6\text{-}6)$$

可见,三个线电压有效值相等,因此,统一用 U_l 表示,并把相电压有效值用 U_p 表示,这样,线电压有效值和相电压有效值及其初相位的关系就是

$$\begin{cases} U_l = \sqrt{3}U_p \\ \varphi_l = \varphi_p + 30° \end{cases} \quad (6\text{-}7)$$

注意,"U_l"的下标是字母"L"的小写"l",不是数字"1"。

相电压和线电压的相量图如图 6-2(b)所示。

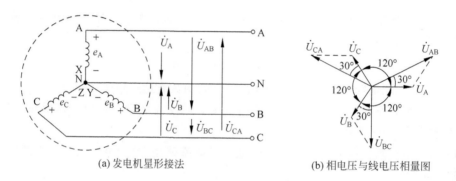

(a) 发电机星形接法　　　　　　(b) 相电压与线电压相量图

图 6-2　发电机星形连接及电压相量图

常见的工业用电就是由线电压为 380V 的发电机产生的,而 220V 的市电则是由其中的一路相电压得到的。因此,单相电与三相电没有本质区别。一个"三相电路"可以看成是一个由三个不同相位的单相电源同时作用的电路,显然,前面介绍的正弦稳态电路分析方法同样适用于三相交流电路。

6.2.2　三角形连接

对称三相电源除了星形连接之外,还可进行三角形连接。将三相对称电源各相电压的正、负极依次相连,就形成了三角形连接,如图 6-3(a)所示。此时三相电源引出三条线与外电路相连,因此这种连接称为三相三线制。

从每相电源的正极引出的三条线(A 线,B 线,C 线)称为端线。显然,三角形连接的对称三相电源其线电压和相电压是相等的,即

$$\begin{cases} \dot{U}_{AB} = \dot{U}_A \\ \dot{U}_{BC} = \dot{U}_B \\ \dot{U}_{CA} = \dot{U}_C \end{cases} \tag{6-8}$$

或

$$\begin{cases} U_l = U_p \\ \varphi_l = \varphi_p \end{cases} \tag{6-9}$$

相电压与线电压的相量关系如图 6-3(b)所示。

在图 6-3(a)中,由于是对称三相电源,所以,$\dot{U}_A + \dot{U}_B + \dot{U}_C = 0$,因此,三角形内部回路不会形成电流。若电源不对称或将绕组接反,三角形内部回路就会产生电流,使发电机发热,严重时会将烧坏发电机(电源),这一点应引起注意。而实际电源的三相电动势(电压)之和不可能绝对为零,因此,三相电源通常都接成星形。

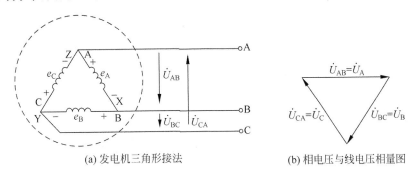

(a) 发电机三角形接法　　　　(b) 相电压与线电压相量图

图 6-3 发电机三角形连接及电压相量图

6.3 三相负载的连接

6.3.1 星形连接

生产三相电的目的是为了应用,也就是要为各种负载供电。设有三个负载 Z_A、Z_B、Z_C,若把它们与三相电源作如图 6-4 所示的连接,就称为负载的星形连接,也就形成了常见的"三相四线制"用电系统。

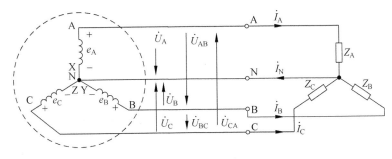

图 6-4 负载的星形连接图

若把流过各负载的电流称为相电流、各端线的电流称为线电流的话,显然,图 6-4 中线电流与相电流相等。根据 KCL 可得中线电流为

$$\dot{I}_N = \dot{I}_A + \dot{I}_B + \dot{I}_C \tag{6-10}$$

若负载也完全对称,即 $Z_A = Z_B = Z_C = Z$,则此时中线电流为零,即

$$\dot{I}_N = \dot{I}_A + \dot{I}_B + \dot{I}_C = 0 \tag{6-11}$$

式(6-11)表明,若负载对称,则中线可以去掉,此时系统为三相三线制。

若各相负载的吸收平均功率为

$$P_A = U_A I_A \cos\varphi_A, \quad P_B = U_B I_B \cos\varphi_B, \quad P_C = U_C I_C \cos\varphi_C$$

则三相负载吸收的平均功率等于各相负载平均功率之和,即

$$P = P_A + P_B + P_C \tag{6-12}$$

因为电源和负载均对称,即有

$$\begin{cases} U_A = U_B = U_C = U_P \\ I_A = I_B = I_C = I_P \\ \varphi_A = \varphi_B = \varphi_C = \varphi \end{cases} \tag{6-13}$$

则总功率为

$$P = 3U_P I_P \cos\varphi \tag{6-14}$$

式中,I_P 为相电流有效值。φ 为各相电压超前各相电流的相角,切不可认为是线电压与线电流的相位差。

设 I_l 为线电流有效值,将 $U_l = \sqrt{3}\,U_P$ 代入式(6-14),可得总功率与线电压和线电流的关系为

$$P = \sqrt{3}\,U_l I_l \cos\varphi \tag{6-15}$$

【例题 6-1】 在图 6-5(a)所示的星形连接中,设 $Z_A = Z_B = Z_C = 8 + j6\,\Omega$,线电压为 380V,求各相电流和负载吸收的功率。

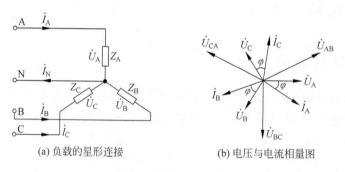

(a) 负载的星形连接　　　　(b) 电压与电流相量图

图 6-5　例题 6-1 图

解:由于电路对称,则各相电压有效值为

$$U_P = \frac{U_l}{\sqrt{3}} = \frac{380}{\sqrt{3}} = 220\text{V}$$

设 A 相的相电压 $\dot{U}_A$ 初相为零,则各相电压的复有效值为

$$\dot{U}_A = 220\angle 0°\text{V}, \quad \dot{U}_B = 220\angle -120°\text{V}, \quad \dot{U}_C = 220\angle 120° = 220\angle -240°\text{V}$$

A 相的相电流为

$$\dot{I}_A = \frac{\dot{U}_A}{Z_A} = \frac{220\angle0°}{8+j6} = 22\angle-36.9° \text{ A}$$

因为电路对称,各相电流大小相等,相差120°,则有

$$\dot{I}_B = \frac{\dot{U}_B}{Z_B} = \frac{220\angle-120°}{8+j6} = 22\angle-156.9° \text{A}$$

$$\dot{I}_C = \frac{\dot{U}_C}{Z_C} = \frac{220\angle-240°}{8+j6} = 22\angle-276.9° \text{A}$$

由于各相电流滞后相电压的相角为 $\varphi=36.9°$,故 $\cos\varphi=\cos36.9°=0.8$,则负载吸收功率为

$$P = 3U_P I_P \cos\varphi = 3 \times 220 \times 22 \times 0.8 \approx 11.6 \text{kW}$$

可见,若电源和负载均对称,只需分析其中"一相"的电流或电压,其余两相的电流或电压顺序移相120°即可。电压与电流的相量关系如图6-5(b)所示。这种只需研究分析"一相电路"即可得到全部电路特性的方法称为"一相电路分析法"。

6.3.2 三角形连接

图6-6是负载的三角形连接示意图。由于每相负载直接连接在电源两个端线之间,所以各相负载的相电压等于线电压。

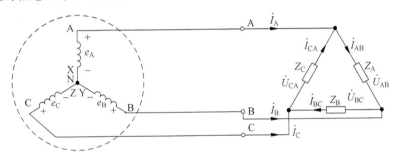

图6-6 负载的三角形连接图

从图6-6可见,线电流$\dot{I}_A$、$\dot{I}_B$、$\dot{I}_C$与相电流$\dot{I}_{AB}$、$\dot{I}_{BC}$、$\dot{I}_{CA}$的关系由 KCL 决定

$$\begin{cases} \dot{I}_A = \dot{I}_{AB} - \dot{I}_{CA} \\ \dot{I}_B = \dot{I}_{BC} - \dot{I}_{AB} \\ \dot{I}_C = \dot{I}_{CA} - \dot{I}_{BC} \end{cases} \tag{6-16}$$

若三相电流对称,即

$$\begin{cases} \dot{I}_{AB} = \dot{I}_P\angle0° \\ \dot{I}_{BC} = \dot{I}_P\angle-120° \\ \dot{I}_{CA} = \dot{I}_P\angle-240° \end{cases} \tag{6-17}$$

则各线电流为

$$\begin{cases} \dot{I}_{A} = \dot{I}_{AB} - \dot{I}_{CA} = I_{p}(\angle 0° - \angle -240°) = \sqrt{3}\,I_{p}\angle -30° \\ \dot{I}_{B} = \dot{I}_{BC} - \dot{I}_{AB} = I_{p}(\angle -120° - \angle 0°) = \sqrt{3}\,I_{p}\angle -150° \\ \dot{I}_{C} = \dot{I}_{CA} - \dot{I}_{BC} = I_{p}(\angle -240° - \angle -120°) = \sqrt{3}\,I_{p}\angle -270° \end{cases} \qquad (6-18)$$

式(6-18)表明,在三角形连接中,若相电流对称,则线电流等于相电流的$\sqrt{3}$倍,即

$$I_{1} = \sqrt{3}\,I_{p} \qquad (6-19)$$

若各相负载的吸收平均功率为

$$\begin{cases} P_{A} = U_{AB}I_{AB}\cos\varphi_{AB} \\ P_{B} = U_{BC}I_{BC}\cos\varphi_{BC} \\ P_{C} = U_{CA}I_{CA}\cos\varphi_{CA} \end{cases} \qquad (6-20)$$

则三相负载吸收的平均功率等于各相负载平均功率之和,即

$$P = P_{A} + P_{B} + P_{C} = U_{AB}I_{AB}\cos\varphi_{AB} + U_{BC}I_{BC}\cos\varphi_{BC} + U_{CA}I_{CA}\cos\varphi_{CA} \qquad (6-21)$$

若电流电压均对称,则有

$$U_{AB} = U_{BC} = U_{CA} = U_{p}, \quad I_{AB} = I_{BC} = I_{CA} = I_{p}, \quad \varphi_{AB} = \varphi_{BC} = \varphi_{CA} = \varphi$$

那么,负载吸收的总功率即为

$$P = 3U_{p}I_{p}\cos\varphi \qquad (6-22)$$

又由于在对称的三角形连接中,$U_{1}=U_{p}$,$I_{1}=\sqrt{3}\,I_{p}$,则式(6-22)可写为

$$P = \sqrt{3}\,U_{1}I_{1}\cos\varphi \qquad (6-23)$$

需要强调的是,式(6-22)和式(6-23)只适用于对称三相制,它们与式(6-14)和式(6-15)形式上完全相同。式中的$\cos\varphi$均为各相负载的功率因数,相角φ是各相电流落后于各相电压的角度,而不是线电流与线电压的相位差。

【例题 6-2】　在图 6-7(a)所示的三角形连接中,设 $Z_{A}=Z_{B}=Z_{C}=8+j6\,\Omega$,线电压为220V,求各相电流、线电流和负载吸收的功率。

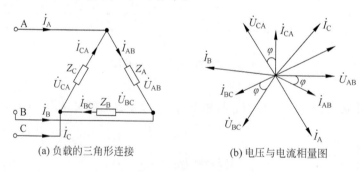

(a) 负载的三角形连接　　　　(b) 电压与电流相量图

图 6-7　例题 6-2 图

解: 设线电压$\dot{U}_{AB}$初相为零。由欧姆定律可得各相电流为

$$\dot{I}_{AB} = \frac{\dot{U}_{AB}}{Z_{A}} = \frac{220\angle 0°}{8+j6} = 22\angle -36.9°\text{A}$$

$$\dot{I}_{BC} = \frac{\dot{U}_{BC}}{Z_{B}} = \frac{220\angle -120°}{8+j6} = 22\angle -156.9°\text{A}$$

$$\dot{I}_{CA} = \frac{\dot{U}_{CA}}{Z_C} = \frac{220\angle -240°}{8+j6} = 22\angle -276.9°A$$

由 KCL 可得线电流为

$$\begin{cases} \dot{I}_A = \dot{I}_{AB} - \dot{I}_{CA} = 22\angle -36.9° - 22\angle -276.9° = 38\angle -71.9°A \\ \dot{I}_B = \dot{I}_{BC} - \dot{I}_{AB} = 22\angle -156.9° - 22\angle -36.9° = 38\angle -191.9°A \\ \dot{I}_C = \dot{I}_{CA} - \dot{I}_{BC} = 22\angle -276.9° - 22\angle -156.9° = 38\angle -311.9°A \end{cases}$$

因为 $\varphi = 36.9°$，所以 $\cos\varphi = 0.8$，那么，负载吸收的功率为

$$P = 3U_pI_p\cos\varphi = 3\times220\times22\times0.8 \approx 11.6kW$$

或

$$P = \sqrt{3}U_lI_l\cos\varphi = \sqrt{3}\times220\times38\times0.8 \approx 11.6kW$$

电压与电流的相量关系如图 6-7(b) 所示。

需要说明的是，由于负载不一定是纯阻，所以无论是星形连接还是三角形连接，三相负载除了吸收有功功率外，也包括无功功率。设三个负载的无功功率为 Q_A、Q_B 和 Q_C，则总的无功功率为各相无功功率之和。对于对称负载而言，即有

$$Q = Q_A + Q_B + Q_C = 3U_pI_p\sin\varphi = \sqrt{3}U_lI_l\sin\varphi \qquad (6-24)$$

这样，三相负载的总视在功率 S 即可写为

$$S = \sqrt{P^2 + Q^2} \qquad (6-25)$$

【例题 6-3】　线电压为 380V 的对称三相电源为星形连接的对称三相感性负载供电。已知负载的有功功率为 2.4kW，功率因数为 0.6，求各相负载 Z。

解： 由式(6-23)可得

$$I_l = \frac{P}{\sqrt{3}U_l\cos\varphi} = \frac{2400}{\sqrt{3}\times380\times0.6} \approx 6.08A$$

因为负载为星形连接，有相电流等于线电流，即 $I_p = I_l$，同时，有线电压等于 $\sqrt{3}$ 倍的相电压，即 $U_p = \frac{1}{\sqrt{3}}U_l = \frac{380}{\sqrt{3}} = 220V$。则由欧姆定律可得负载 Z 的模值为

$$|Z| = \frac{U_p}{I_p} = \frac{220}{6.08} \approx 36.18\Omega$$

又因功率因数为 0.6，且负载为感性，则 $\varphi = \cos^{-1}0.6 = 53.13°$。这样，各相负载为

$$Z = |Z|\angle\varphi = 36.18\angle 53.13° = 21.71 + j28.94\Omega$$

*6.4　不对称三相电路

三相电路中，若电源不对称，或负载不对称，或两者都不对称，就称该三相电路为不对称三相电路。常见的不对称三相电路主要是由负载不对称引起的，电源一般认为是对称的。本节将简要介绍不对称三相电路的一些基本概念及其分析方法。

图 6-8 所示电路是一个三相四线制的电路。设其电源 $\dot{U}_A$、$\dot{U}_B$、$\dot{U}_C$ 是对称的，负载是不对称的，即 $Z_A \neq Z_B \neq Z_C$，因此这是一个不对称三相电路。

　　显然，对于不对称三相电路的分析，由于负载不对称，负载的电压、电流也不对称，所以，就不能用对称三相电路中介绍的"一相电路分析方法"来分析。实际上，不对称三相电路就是一个复杂正弦交流电路，依然可采用前面介绍的正弦稳态分析方法来进行分析，比如节点电压法、回路电流法等。下面通过一个例题介绍"节点电压法"的使用。

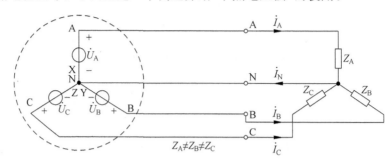

图 6-8   不对称三相电路示意图

　　【例题 6-4】   在实际应用中，常常需要搞清楚三相电源的相序才可以连接负载，比如，三相电动机的相序如果接错了，就会出现反转。为了判断电源的相序，人们设计了一个由电容和灯泡构成的"相序仪"，如图 6-9 所示。使用时，将相序仪的三根线随便接到电源的三根线上，那么，较亮的灯泡端线是电容端线的后续相，即若设电容端所接的为 A 相，则较亮的灯泡端就是 B 相，较暗的灯泡端即为 C 相。试证明该结论。

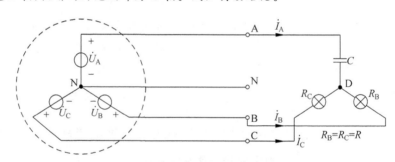

图 6-9   例题 6-4 图

　　证明：设电容端所接的为 A 相，因为三相电源对称，则有

$$\dot{U}_{AB} = U_1 \angle 0°, \quad \dot{U}_{BC} = U_1 \angle -120°, \quad \dot{U}_{CA} = U_1 \angle -240°$$

　　根据题意，电路接好后 B 相灯泡要比 C 相亮，也就是说，灯泡 R_B 的端电压 U_{BD} 要大于灯泡 R_C 的端电压 U_{CD}，因此，只需证明 $U_{BD} > U_{CD}$ 即可。为此，需要求得 D 点的电位 U_D。

　　设 B 点为参考点，则 A 点电位 $\dot{U}_A = \dot{U}_{AB}$，C 点电位 $\dot{U}_C = \dot{U}_{CB} = -\dot{U}_{BC}$。根据节点电压法可得 D 点电位方程

$$\left(\frac{1}{R_B} + \frac{1}{R_C} + j\omega C \right) \dot{U}_D = j\omega C \dot{U}_A + \frac{1}{R_C} \dot{U}_C$$

　　因为 $R_B = R_C = R$，所以上式两端乘以 R，并令 $\omega CR = a$，则有

$$(2 + ja) \dot{U}_D = ja \dot{U}_A + \dot{U}_C$$

　　将 $\dot{U}_A = \dot{U}_{AB} = U_1 \angle 0°$，$\dot{U}_C = \dot{U}_{CB} = -\dot{U}_{BC} = -U_1 \angle -120° = U_1 \angle 60°$ 代入上式

$$(2+\mathrm{j}a)\dot{U}_{\mathrm{D}} = \mathrm{j}aU_1 + U_1\angle 60° = U_1\left[\frac{1}{2} + \mathrm{j}\left(a + \frac{\sqrt{3}}{2}\right)\right]$$

则有

$$\dot{U}_{\mathrm{D}} = \frac{U_1\left[\frac{1}{2} + \mathrm{j}\left(a + \frac{\sqrt{3}}{2}\right)\right]}{2+\mathrm{j}a}$$

这样，

$$\dot{U}_{\mathrm{CD}} = \dot{U}_{\mathrm{C}} - \dot{U}_{\mathrm{D}} = U_1\angle 60° - \frac{U_1\left[\frac{1}{2} + \mathrm{j}\left(a + \frac{\sqrt{3}}{2}\right)\right]}{2+\mathrm{j}a}$$

$$= U_1\frac{\left(\frac{1}{2} - \frac{\sqrt{3}}{2}a\right) + \mathrm{j}\left(\frac{\sqrt{3}}{2} - \frac{a}{2}\right)}{2+\mathrm{j}a}$$

其有效值为

$$U_{\mathrm{CD}} = U_1\sqrt{\frac{1 - \sqrt{3}\,a + a^2}{4 + a^2}}$$

而 $\dot{U}_{\mathrm{BD}} = -\dot{U}_{\mathrm{D}}$，其有效值为

$$U_{\mathrm{BD}} = U_1\sqrt{\frac{1 + \sqrt{3}\,a + a^2}{4 + a^2}}$$

显然，因为 $1+\sqrt{3}\,a+a^2 > 1-\sqrt{3}\,a+a^2$，所以 $U_{\mathrm{BD}} > U_{\mathrm{CD}}$。这就证明了较亮灯泡的端线是电容端线的后续相。

需要说明的是，对称三相电路中，有无中线都不会影响电压、电流的对称性；但在不对称三相电路中，中线是必不可少的。实际中，为了保证中线不断开，不允许在中线上接保险丝或开关，并且用机械强度好的导线作为中线。因此，在电力工程中，不对称负载作丫形连接时，都必须接到三相四线制的供电系统中。

不对称三相电路的功率还是等于各相负载吸收功率之和，只不过由于电压、电流都不对称，因此，每相负载吸收的功率都不同。

综上所述，三相交流电路与前面的交流电路(单相)相比没有本质区别，从形式上它可以看作是三个初相不同的普通交流电源共同作用于一个负载电路。因此，在分析上可以沿用普通(单相)交流电路的方法，需要格外注意的只是相电压(相电流)和线电压(线电流)的区别。本章的主要概念及内容可以用图 6-10 概括。

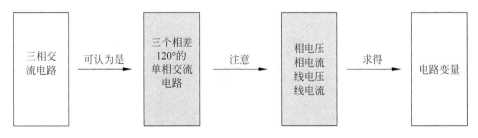

图 6-10 第 6 章主要概念及内容示意图

6.5 小知识——跨步电压

所谓跨步电压就是指电器设备发生接地故障时,在接地电流入地点周围电位分布区行
走的人两脚之间的电压,如图 6-11 所示。或者说

是指当人的两脚分别站在地面上具有不同电位的两处时,在两脚之间所承受的电压。

当架空线路的一根带电导线断落在地面时,落地点与带电导线的电位相同,电流就会从导线落地点向大地四周流散,在地面上形成一个以落地点为中心的电位分布区域,离落地点越远,电流越分散,地面电位也越低。如果人或牲畜站在距离电线落地点 8～10m 以内,就可能发生触电事故,这种触电叫做跨步电压触电。跨步电压触电时,电流虽然是在人的下半身从脚经腿、胯部又到脚与大地形成通路,没有经过人体的重要器官,好像比较安全,但实际情况并非如此! 因为人受到较高的跨步电压作

图 6-11 跨步电压示意图

用时,双脚会抽筋,从而瘫倒在地上。这不仅使作用于身体上的电流增加,还会使电流经过人体的路径改变,完全可能使电流流经人体重要器官,如从头到手或脚。经验证明,人倒地后电流在体内持续作用 2s 就会使人致命。

跨步电压触电虽然多发生在高压电线落地时,但对低压电线落地也不可麻痹大意。根据试验,当牛站在水田里时,如果前后腿之间的跨步电压达到 10V 左右,牛就会倒下,电流常常会流经其心脏,若触电时间较长,牛就会死亡。

根据对土壤中电场的分析、计算可知,跨步电压的大小主要与接地电流的大小、人与接地点之间的距离、跨步的大小和方向及土壤电阻率等因素有关。一般距接地点愈远,跨步电压愈小,跨步愈小,跨步电压愈小。

一个人当发觉自己受到跨步电压威胁时,应赶快把双脚并在一起(或用一条腿)跳着离开危险区。

6.6 习题

6-1 已知一星形连接的对称三相电源线电压 $\dot{U}_{AB}=380\angle15°$ V,角频率 $\omega=314\text{rad/s}$,写出各相电源的相电压时域表达式。($u_A(t)=220\sqrt{2}\sin(314t-15°)$V,$u_B(t)=220\sqrt{2}\sin(314t-135°)$V,$u_C(t)=220\sqrt{2}\sin(314t+105°)$V)

6-2 已知一三角形对称负载,每相负载为 $Z=10+j10\Omega$,负载线电压为 380V。求线电流。($I_1=46.54$A)

6-3 已知一个 Y-Y 连接的三相对称电路每相负载为 $Z=30+j40\Omega$,负载线电压为 380V。求负载的相电压、相电流及三相负载吸收的总功率。(220V,4.4A,1742.4W)

对于一个动态电路而言，$t=0_-$ 时刻表示电路还未换路，还处于原来的稳定状态；而 $t=0_+$ 时刻则表示电路已经换路，开始进入过渡过程。对动态电路的分析主要就是指从 $t=0_+$ 时刻开始，一直到电路进入新的稳定状态的整个过程中响应的变化规律。

由于电阻是即时元件，当前的响应仅决定于当前的激励，所以其端电压或流过的电流在 $t=0_-$ 和 $t=0_+$ 时刻（换路前后）是可以突变的。因此，对于电阻来说，研究其 $t\geqslant 0_+$ 的响应只需考虑 $t=0_+$ 时刻的初始条件及 $t=0_+$ 以后的激励即可。

而电感和电容因为是记忆元件，电感的电流和电容的电压作为响应在换路前后是不能突变的。如果设一个电感的电流响应为 $i_L(t)$，换路前的值为 $i_L(0_-)$，换路后的值为 $i_L(0_+)$，一个电容的电压响应为 $u_C(t)$，换路前的值为 $u_C(0_-)$，换路后的值为 $u_C(0_+)$，则有

$$\begin{cases} i_L(0_+) = i_L(0_-) \\ u_C(0_+) = u_C(0_-) \end{cases} \tag{7-1}$$

式(7-1)被称为"换路定律"。它告诉我们一个重要结论："电感的电流不能突变，电容的电压不能突变"。

若称 $i_L(0_+)$ 和 $u_C(0_+)$ 为电路的初始状态，$i_L(0_-)$ 和 $u_C(0_-)$ 为电路的起始状态，则根据换路定律可知，初始状态可以由起始状态得到。这样，就引出一个新概念——系统状态。

系统状态是指：一组必须知道的最少数据，利用这组数据和 $t\geqslant 0$ 时接入系统的激励，就能够完全确定 $t\geqslant 0$ 以后任何时刻的系统响应。一般而言，这组数据代表了系统各储能元件在没有加入激励前（换路前）的储能情况。

假设"换路"由激励的接入或改变引起（大多数情况如此），则系统状态有可能在 $t=0$ 时刻发生跳变。为区分跳变前后的数值，以"0_-"表示激励接入或改变之前的瞬时，以"0_+"表示激励接入或改变以后的瞬时，则换路前一刹那系统的状态被称为系统的起始状态，记为 $x_1(0_-)$、$x_2(0_-)$、$\cdots$、$x_n(0_-)$，显然，这组数据记录了系统过去所有的相关信息；而换路后一刹那系统的状态就叫系统的初始状态，记为 $x_1(0_+)$、$x_2(0_+)$、$\cdots$、$x_n(0_+)$。

需要说明的是，有些教材只用"初始"状态，但却有"0_-"初始状态和"0_+"初始状态之分，且多采用"0_-"初始状态，也就是本教材的起始状态。

如果把电路中的电源叫做激励，用 $f(t)$ 表示，电路中某一处因激励而产生的电压或电流叫作响应，用 $y(t)$ 表示的话，那么，从系统状态的概念中可知，系统在 $t\geqslant 0$ 时的响应 $y(t)$ 是系统在 $t=0$ 时刻的起始状态和 $t\geqslant 0$ 时存在的输入 $f(t)$ 的函数，可以表示为

$$y(t) = T[x_1(0_-), x_2(0_-), \cdots, x_n(0_-), f(t)] \quad t \geqslant 0 \tag{7-2}$$

式中 T 表示系统对信号的某种变换或处理。

为方便起见，将 $t=0$ 时刻的起始状态：$x_1(0_-), x_2(0_-), \cdots, x_n(0_-)$ 用符号 $\{x(0_-)\}$ 表示。则式(7-2)可表示为

$$y(t) = T[\{x(0_-)\}, f(t)] \quad t \geqslant 0 \tag{7-3}$$

我们用图 7-2(b)来表示式(7-3)的关系。

综上所述，系统在 $t\geqslant 0$ 后任意时刻的响应 $y(t)$ 由起始状态 $\{x(0_-)\}$ 和区间 $(0,t)$ 上的激励 $f(t)$ 共同决定。这个结论同样适用于多输入多输出系统，在任意给定时刻上系统的每一个输出（响应）完全由当时系统的状态和当时的输入（激励）来决定。可见，系统在某一时刻的状态，可以显示关于当时系统的全部信息。对于电路（电系统）而言，所谓"状态"主要指

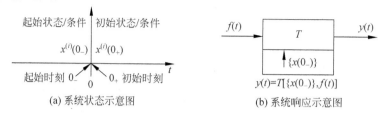

图 7-2　系统状态及响应示意图

"电压值"和"电流值"。

注意：状态$\{x(0_-)\}$在功能上可以看作是另一个"激励"，但这个激励是在系统内部作用的，而不是像$f(t)$来自系统外部。

动态电路的"状态"通常是由独立电感的电流和独立电容的电压在$t=0_-$和$t=0_+$时刻的值表示出来。一般称$i_L(0_-)$和$u_C(0_-)$为"起始状态值"，$i_L(0_+)$和$u_C(0_+)$为"初始状态值"。一般情况下，起始状态值与初始状态值相等。例如，在图 7-3 中，电路处于稳定状态，即起始状态为$u_C(0_-)=E_1$。$t=0$时刻把开关 S 从 1 位扳到 2 位，根据换路定律可知，电容的端电压不能突变，则初始状态为$u_C(0_+)=u_C(0_-)=E_1$。此时根据 KVL 可得$t>0$后的电路模型为

$$RC\frac{\mathrm{d}u_C(t)}{\mathrm{d}t}+u_C(t)-E=0 \tag{7-4}$$

显然，这是一个一阶线性微分方程。我们用"高等数学"中的方法求解。

式(7-4)的特征方程为$RC\lambda+1=0$，解得特征根为$\lambda=-\dfrac{1}{RC}$。

设$\tau=RC$，并称其为时间常数，则式(7-4)的齐次解为

$$u_{Cc}(t)=ke^{\lambda t}=ke^{-\frac{t}{\tau}}$$

设式(7-4)的特解为$u_{Cp}(t)=A$，代入式(7-4)可得

$$A-E=0\rightarrow A=E$$

则式(7-4)的全解为

$$u_C(t)=u_{Cc}(t)+u_{Cp}(t)=ke^{-\frac{t}{\tau}}+E \tag{7-5}$$

将初始状态$u_C(0_+)=u_C(0_-)=E_1$代入式(7-5)，可得$k=E_1-E$，则式(7-5)变为

$$u_C(t)=E+(E_1-E)e^{-\frac{t}{\tau}}=E_1e^{-\frac{t}{\tau}}+E(1-e^{-\frac{t}{\tau}}) \tag{7-6}$$

式(7-6)就是我们想要的结果。

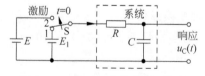

图 7-3　一阶 RC 动态电路示意图

可见全响应$u_C(t)$由两部分组成：第一部分$E_1e^{-\frac{1}{\tau}t}$是由电容在$t=0$时刻前存储的电压（能量）E_1产生的；第二部分$E(1-e^{-\frac{1}{\tau}t})$是由$t=0$时刻后的激励$E$造成的，如图 7-4 所示。

电容在$t=0$时刻前存储的电压就是起始状态，第一部分响应就是由这个起始状态产生的，它与$t=0$时刻后的激励无关。注意：E_1在形式上虽然也是激励，但在$t=0$时刻后它已

不起作用,其作用已经转化为电容的储能——起始状态。因此,把只由起始状态产生的响应叫作"零输入响应",通常用符号 $y_x(t)$ 表示;把只由激励产生的响应叫作"零状态响应",用符号 $y_f(t)$ 表示。这样,就得到如下结论

$$全响应\ y(t) = 零输入响应\ y_x(t) + 零状态响应\ y_f(t) \tag{7-7}$$

这种将全响应分解为零输入响应和零状态响应以进行电路分析的方法被称为"响应分解法",是动态电路分析的常用方法,也是"信号与系统"课程中的一种基本分析方法。

需要说明的是,式(7-5)中响应 $u_C(t)$ 的系数 k 可以直接由起始状态 $u_C(0_-) = E_1$ 确定。在实际中,系统的响应常常不是动态元件上的参数(电流或电压),而是电阻上的电压或电流。这时的响应有可能在换路时发生突变,导致最后不能代入起始状态确定系数,而必须根据起始状态计算出响应在初始时刻($t = 0_+$)的值(初始值)才行。也就是说,在响应的求解过程中,有时直接用"起始状态"就可以确定系数,而有时却需要利用"起始状态"计算出响应的"初始值",然后通过这个"初始值"确定系数。为此,人们用"初始条件"统一描述这两种情况。即系统响应的系数由"初始条件"决定。显然,初始条件可以是初始状态,也可以是响应的初始值。这样,初始状态一定是初始条件,而初始条件不一定是初始状态。相对应的是,起始条件可以是起始状态,也可以是响应的起始值。

在"信号与系统"课程中,由于涉及高阶系统求解,所以,起始/初始条件会推广为:响应及其各阶导函数的起始/初始值。对电系统而言,也就是电压或电流响应及其各阶导函数的起始/初始值。

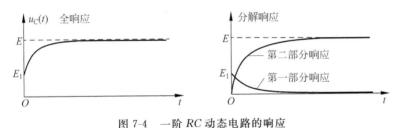

图 7-4　一阶 RC 动态电路的响应

7.3　一阶动态电路分析

动态电路的数学模型是线性微分方程,而微分方程的阶数等于动态电路中独立动态元件的个数。

仅含一个独立动态元件的电路称为一阶动态电路,其数学模型为一阶微分方程。一阶电路有两种:含有电阻和一个独立电容的一阶 RC 电路以及含有电阻和一个独立电感的一阶 RL 电路。根据响应分解法的概念,首先讨论一阶电路零输入响应的求解方法。

7.3.1　一阶动态电路的零输入响应

1. RL 电路的零输入响应

在图 7-5(a)的一阶 RL 电路中,开关 S 处于位置 1,直流电流源 I_S 对电感 L 充磁,电路已处于稳定状态,等效电路如图 7-5(b)所示。$t = 0_-$ 时刻,电感电流等于电流源的电流,即

$i_L(0_-)=I_S$。$t=0$ 时刻,电路换路,开关 S 由位置 1 拨到位置 2,电感与电流源断开,而与电阻 R 形成新的回路,等效电路如图 7-5(c)所示。此时电路中无外加激励作用,而是由电感的初始电流对电阻 R 放电,电路中各处的响应就属于零输入响应。

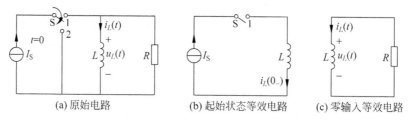

(a)原始电路   (b)起始状态等效电路   (c)零输入等效电路

图 7-5 一阶 RL 电路零输入响应分析图

由换路定律得换路后电感电流的初始值,即 $i_L(0_+)=i_L(0_-)=I_S$

由图 7-5(c)可得电感电压的初始值为 $u_L(0_+)=-Ri_L(0_+)=-RI_S$,根据 KVL 可得

$$L\frac{\mathrm{d}i_L(t)}{\mathrm{d}t}+Ri_L(t)=0 \tag{7-8}$$

式(7-8)是一阶齐次微分方程,可采用积分变量分离法进行求解。

式(7-8)可写为 $\frac{1}{i_L(t)}\mathrm{d}i_L(t)=-\frac{R}{L}\mathrm{d}t$,对该式两边积分得其通解为

$$\ln i_L(t)=-\frac{R}{L}t+A_1 \tag{7-9}$$

式中 A_1 是积分常数。将式(7-9)改写为

$$i_L(t)=\mathrm{e}^{-\frac{R}{L}t+A_1}=\mathrm{e}^{A_1}\mathrm{e}^{-\frac{R}{L}t}=A\mathrm{e}^{-\frac{R}{L}t} \tag{7-10}$$

将初始状态 $i_L(0_+)=i_L(0_-)=I_S$ 代入上式,可得 $i_L(0_+)=A=I_S$,则式(7-10),即换路后的电感电流变为

$$i_L(t)=I_S\mathrm{e}^{-\frac{R}{L}t}=i_L(0_+)\mathrm{e}^{-\frac{R}{L}t} \tag{7-11}$$

电感电压为

$$u_L(t)=L\frac{\mathrm{d}i_L(t)}{\mathrm{d}t}=-RI_S\mathrm{e}^{-\frac{R}{L}t}=u_L(0_+)\mathrm{e}^{-\frac{R}{L}t} \tag{7-12}$$

令 $\tau=\frac{L}{R}$,称之为 RL 电路的时间常数。当 R 的单位为 Ω,L 的单位为 H 时,τ 的单位为 s。这样,RL 电路的零输入响应也可写成

$$i_L(t)=i_L(0_+)\mathrm{e}^{-\frac{t}{\tau}} \quad (t\geqslant 0) \tag{7-13}$$

相关的电压响应为:$u_L(t)=u_L(0_+)\mathrm{e}^{-\frac{t}{\tau}}$。

式(7-13)表明,RL 电路的零输入响应是从初始值开始,按指数规律衰减,其衰减的快慢由其时间常数 τ 决定,τ 越大,响应衰减得越慢;τ 越小,响应衰减得越快。

从能量交换的角度看,电路换路之前电感处于充磁状态,电感从电源吸收电场能量并转换成磁场能量储存起来;电路换路之后,电感又开始放磁,将储存的磁场能量再转换成电场能量释放给电路,被电阻 R 所消耗。

2. RC 电路的零输入响应

图 7-6(a)是一阶 RC 动态电路。电路换路之前开关 S 处于位置 1,直流电压源 U_S 对电

容 C 充电,电路已处于稳定状态,等效电路如图 7-6(b)所示。$t=0_-$ 时刻,电容电压等于直流电压源的电压 U_s,即 $u_c(0_-)=U_s$。

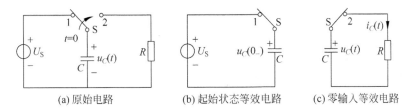

(a) 原始电路 　　　(b) 起始状态等效电路 　　(c) 零输入等效电路

图 7-6 　一阶 RC 电路零输入响应分析图

当 $t=0$ 时,电路换路,开关 S 由位置 1 拨到位置 2,电容与电压源断开,而与电阻 R 形成新的回路,等效电路如图 7-6(c)所示。电路中无外激励作用,而是由电容的初始电压对电阻 R 放电,电路中各处的响应就属于零输入响应。

由换路定律得换路后电容电压的初始值,即 $u_c(0_+)=u_c(0_-)=U_s$

由图 7-6(c)可得电容电流的初始值为 $i_c(0_+)=\dfrac{u_c(0_+)}{R}=\dfrac{U_s}{R}$,根据 KVL 可得

$$RC\frac{\mathrm{d}u_c(t)}{\mathrm{d}t}+u_c(t)=0 \tag{7-14}$$

式(7-14)也是一阶齐次微分方程,可采用积分变量分离法进行求解。

式(7-14)可写为 $\dfrac{1}{u_c(t)}\mathrm{d}u_c(t)=-\dfrac{1}{RC}\mathrm{d}t$,对该式两边积分得其通解为

$$\ln u_c(t)=-\frac{1}{RC}t+\mathrm{B}_1 \tag{7-15}$$

式中 B_1 是积分常数。

将式(7-15)改写为

$$u_c(t)=\mathrm{e}^{-\frac{1}{RC}t+\mathrm{B}_1}=\mathrm{e}^{\mathrm{B}_1}\mathrm{e}^{-\frac{1}{RC}t}\xrightarrow{e^{\mathrm{B}_1}=\mathrm{B}}\mathrm{B}\mathrm{e}^{-\frac{1}{RC}t} \tag{7-16}$$

将初始状态 $u_c(0_+)=u_c(0_-)=U_s$ 代入上式可得 $u_c(0_+)=\mathrm{B}=U_s$,则式(7-16),即换路后的电容感电压变为

$$u_c(t)=U_s\mathrm{e}^{-\frac{1}{RC}t}=u_c(0_+)\mathrm{e}^{-\frac{1}{RC}t} \tag{7-17}$$

电容电流为

$$i_c(t)=-C\frac{\mathrm{d}u_c(t)}{\mathrm{d}t}=\frac{U_s}{R}\mathrm{e}^{-\frac{1}{RC}t}=i_c(0_+)\mathrm{e}^{-\frac{1}{RC}t} \tag{7-18}$$

令 $\tau=RC$,称之为 RC 电路的时间常数,它是反映一阶电路过渡过程进展快慢的一个重要参数。当 R 的单位为 Ω,C 的单位为 F 时,τ 的单位为 s。这样,RC 电路的零输入响应也可写成

$$u_c(t)=u_c(0_+)\mathrm{e}^{-\frac{1}{\tau}t}\quad(t\geqslant 0) \tag{7-19}$$

相关的电流响应为 $i_c(t)=i_c(0_+)\mathrm{e}^{-\frac{1}{\tau}t}$。

由式(7-19)和式(7-13)比较可知,对于一阶电路,电路换路后各处的零输入响应都是从初始值开始,按指数规律衰减,且衰减时间的长短与时间常数 τ 密切相关,τ 越大,响应的衰减时间也越长,电路过渡过程进展得也就越慢。

由于式(7-19)和式(7-13)很相似,所以为方便计,假设用一个一般信号(函数)$r_x(t)$用来表示一阶电路 $i_L(t)$ 和 $u_C(t)$ 的零输入响应。这样,就可把式(7-13)和式(7-19)统一为一个标准式

$$r_x(t) = r_x(0_+)\mathrm{e}^{-\frac{1}{\tau}t} \quad (t \geqslant 0) \tag{7-20}$$

式(7-20)可以称之为一阶动态电路零输入响应的一般形式。

根据式(7-20)计算可知,经过一个 τ 的时间,响应衰减到初始值的 36.8%;经过 5τ 的时间,响应衰减到初始值的 0.67%。从理论上讲,需要经过无限长的时间,响应才会衰减到 0,过渡过程结束,电路达到新的稳定状态;但实际上响应开始衰减得很快,随着时间的增加,响应衰减得越来越慢,一般认为经过 $(4 \sim 5)\tau$ 的时间,响应就衰减到可以忽略不计的程度,这时可认为过渡过程结束,电路达到稳定状态。图 7-7 给出了零输入响应 $r_x(t)$ 在不同时间常数下的波形。

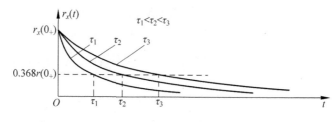

图 7-7　一阶动态电路的零输入响应

对于一阶电路,可以通过改变电阻 R、电感 L 或电容 C 的大小来改变时间常数 τ 的大小,从而达到调节电路过渡过程长短的目的。

最后,给出一阶电路零输入响应的求解步骤:

第一步:画出换路前($t=0_-$ 时刻)的等效电路。这时电路已达到稳态,在直流激励作用时,将电感当作短路,将电容当作开路,求出 $i_L(0_-)$ 或 $u_C(0_-)$,并根据换路定律,求得电路的初始状态 $i_L(0_+)=i_L(0_-)$ 或 $u_C(0_+)=u_C(0_-)$。

第二步:画出换路后($t \geqslant 0$)的等效电路。根据 $u_C(0_+)$ 和 $i_L(0_+)$ 计算电路中其他响应的初始值。

第三步:在换路后的等效电路中求时间常数 τ。对于 RL 电路,$\tau = \dfrac{L}{R}$;对于 RC 电路,$\tau = RC$。其中,R 为从电容 C 或电感 L 两端看进去的戴维南等效电阻。

第四步:由式(7-20)写出相应的零输入响应表达式:

对于 RL 电路,零输入响应为 $i_L(t)=i_L(0_+)\mathrm{e}^{-\frac{t}{\tau}}$。

对于 RC 电路,零输入响应为 $u_C(t)=u_C(0_+)\mathrm{e}^{-\frac{1}{\tau}t}$。

【**例题 7-1**】　在图 7-8 所示的电路中,开关 S 在位置 1 处于稳态,$t=0$ 时刻把 S 扳到位置 2,求 $u_C(t)$、$i_C(t)$ 和 $i(t)$。

解:(1)画出初始状态等效图如图 7-8(b),求初始值 $u_C(0_+)$、$i_C(0_+)$ 和 $i(0_+)$。

此时电路处于稳态,电容电压等于 $100\mathrm{k}\Omega$ 电阻电压。由换路定律和分压公式得

$$u_C(0_+) = u_C(0_-) = \frac{100}{100+25} \times 5 = 4\mathrm{V}$$

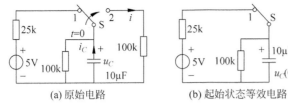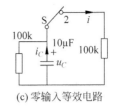

$$\text{(a) 原始电路}\qquad\qquad\text{(b) 起始状态等效电路}\qquad\qquad\text{(c) 零输入等效电路}$$

图 7-8　例题 7-1 图

（2）换路后的等效图如图 7-8(c)。由欧姆定律和分流公式得

$$i_C(0_+) = \frac{u_C(0_+)}{100//100} = \frac{4}{50} = 0.08\text{mA}, \quad i(0_+) = \frac{1}{2}i_C(0_+) = 0.04\text{mA}$$

（3）在图 7-8(c) 中，从电容两端看进去的电阻为两个 $100\text{k}\Omega$ 电阻的并联，等于 $50\text{k}\Omega$，因此，时间常数为

$$\tau = RC = 50 \times 10^3 \times 10 \times 10^{-6} = 0.5\text{s}$$

（4）根据式(7-19)可以写出零输入响应

$$u_C(t) = u_C(0_+)\text{e}^{-\frac{1}{\tau}t} = 4\text{e}^{-2t}\text{V}$$

$$i_C(t) = i_C(0_+)\text{e}^{-\frac{1}{\tau}t} = 0.08\text{e}^{-2t}\text{mA}$$

$$i(t) = i(0_+)\text{e}^{-\frac{1}{\tau}t} = 0.04\text{e}^{-2t}\text{mA}$$

【例题 7-2】　汽车的汽油发动机工作时，需要气缸里的火花塞定时产生电火花以点燃气缸中的油气混合物，从而推动活塞往复运动并带动曲轴旋转产生动力，如图 7-9(a) 所示。点火电路原理图如图 7-9(b) 所示。其工作原理是，在 $t<0$ 时，电路处于稳态，电感储存磁能，并相当于短路；$t=0$ 时，开关 S 断开，电感将释放储存的磁能，则电感两端将产生很高的感应电压，而该电压作用在火花塞两个电极上，就会在两个电极之间产生电火花。设限流电阻为 4Ω，点火线圈电感为 6mH，电池电压为 12V，(1) 求开关 S 动作前，点火线圈中的电流 i 和线圈储存的磁能大小。(2) $t=0$ 时，开关断开，动作持续时间 $1\mu\text{s}$，求火花塞两个电极之间的电压(点火电压)。

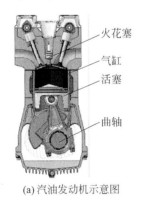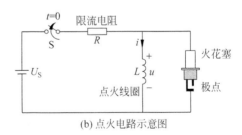

$$\text{(a) 汽油发动机示意图}\qquad\qquad\text{(b) 点火电路示意图}$$

图 7-9　例题 7-2 图

解：(1) 开关 S 动作前，电路处于稳态，点火线圈中的电流为

$$i = \frac{U_s}{R} = \frac{12}{4} = 3\text{A}$$

线圈储存的磁能为

$$W = \frac{1}{2} L i^2 = \frac{1}{2} \times 6 \times 10^{-3} \times 3^2 = 27\text{mJ}$$

(2) 换路后的瞬间,点火电压为

$$u = L \frac{\mathrm{d}i}{\mathrm{d}t} = L \frac{\Delta i}{\Delta t} = 6 \times 10^{-3} \times \frac{3-0}{1 \times 10^{-6}} = 18\text{kV}$$

本题通过实例说明零输入响应的用途。同时,可以看到换路能使线圈产生很高的端电压。

7.3.2 一阶动态电路的零状态响应

1. RL 电路的零状态响应

在图 7-10(a)所示电路中,$t<0$ 时开关 S 处于闭合状态,电感的初始状态(也就是电路的初始状态)$i_L(0_+) = i_L(0_-) = 0$。$t=0$ 时开关 S 打开,直流电流源 I_S 开始对电感充磁。这时,根据 KCL 和电感的伏安特性有

$$\frac{L}{R} \frac{\mathrm{d}i_L(t)}{\mathrm{d}t} + i_L(t) = I_S \tag{7-21}$$

式(7-21)是一个非齐次微分方程,可直接给出其解,也就是电路的零状态响应

$$\begin{cases} i_L(t) = I_S(1 - e^{-\frac{R}{L}t}) = I_S(1 - e^{-\frac{1}{\tau}t}) \\ u_L(t) = L \frac{\mathrm{d}i_L(t)}{\mathrm{d}t} = RI_S e^{-\frac{1}{\tau}t} \end{cases} \quad (t \geqslant 0) \tag{7-22}$$

由式(7-22)可画出 RL 电路的零状态响应波形,如图 7-10(b)所示。

当 $t \to \infty$ 时,$i_L(\infty) = I_S$,$u_L(\infty) = 0$,则式(7-22)中的 $i_L(t)$ 可写为

$$i_L(t) = I_S(1 - e^{-\frac{R}{L}t}) = i_L(\infty)(1 - e^{-\frac{1}{\tau}t}) \quad (t \geqslant 0) \tag{7-23}$$

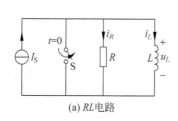
(a) RL电路

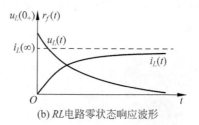
(b) RL电路零状态响应波形

图 7-10 一阶 RL 电路零状态响应分析图

2. RC 电路的零状态响应

在图 7-11(a)所示 RC 电路中,开关 S 闭合之前电路已处于稳态,且电容中无储能,$u_C(0_+) = 0$。$t=0$ 时开关 S 闭合,则由换路定律得初始状态 $u_C(0_+) = u_C(0_-) = 0$。这时直流电压源 U_S 与 R 和 C 构成回路。由 KVL 得

$$RC \frac{\mathrm{d}u_C(t)}{\mathrm{d}t} + u_C(t) = U_S \tag{7-24}$$

式(7-24)也是一阶非齐次微分方程,也可直接给出其解,即 RC 电路电容电压的零状态

响应为

$$u_C(t) = U_S(1 - e^{-\frac{1}{\tau}t}) \quad (t \geqslant 0) \tag{7-25}$$

式中,$\tau = RC$。

同时可得电容的电流零状态响应为

$$i_C(t) = C\frac{\mathrm{d}u_C(t)}{\mathrm{d}t} = \frac{U_S}{R}e^{-\frac{1}{\tau}t} \quad (t \geqslant 0) \tag{7-26}$$

观察式(7-25)和式(7-26)可知,当 $t=0_+$ 时,电容初始状态为零,即 $u_C(0_+)=0$,这时电容相当于短路,电流 $i_C(0_+)=\dfrac{U_S}{R}$;当 $t \rightarrow \infty$ 时,$u_C(\infty)=U_S$,$i_C(\infty)=0$,电路达到新的稳态,电容电压已被充电到电压源电压 U_S,而电阻上已无电压和电流,这时的电容相当于开路。这样,式(7-25)可写为

$$u_C(t) = u_C(\infty)(1 - e^{-\frac{1}{\tau}t}) \quad (t \geqslant 0) \tag{7-27}$$

由式(7-27)可知,在直流电压源的激励下,RC 电路的零状态响应 $u_C(t)$ 从零开始,按指数规律逐渐上升到稳态值,其上升的快慢由时间常数 τ 决定。RC 电路 $u_C(t)$ 和 $i_C(t)$ 的零状态响应波形如图 7-11(b)所示。

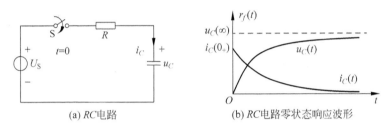

(a) RC电路   (b) RC电路零状态响应波形

图 7-11 一阶 RC 电路零状态响应分析图

设 $r_f(t)$ 为一阶 RL 电路 $i_L(t)$ 或 RC 电路 $u_C(t)$ 的零状态响应,则由式(7-23)和式(7-27)可得一阶电路零状态响应一般式(通式)为

$$r_f(t) = r_f(\infty)(1 - e^{-\frac{1}{\tau}t}) \quad (t \geqslant 0) \tag{7-28}$$

综上所述,一阶电路 $i_L(t)$ 或 $u_C(t)$ 的零状态响应都是从零开始,按指数规律逐渐上升到稳态值,其上升的快慢由时间常数 τ 决定。

下面给出一阶电路零状态响应的一般求解步骤:

第一步:求 $t \rightarrow \infty$ 时的稳态值 $r_f(\infty)$。对于 RL 电路为 $i_L(\infty)$,对于 RC 电路为 $u_C(\infty)$。

第二步:求时间常数 τ。对于 RL 电路 $\tau = \dfrac{L}{R}$,对于 RC 电路 $\tau = RC$。其中,R 为从电感 L 或电容 C 两端看进去的戴维南等效电阻。

第三步:根据 $r_f(t) = r_f(\infty)(1 - e^{-\frac{1}{\tau}t})$ $(t \geqslant 0)$,写出电路的零状态响应。

对于 RL 电路为 $\quad i_L(t) = i_L(\infty)(1 - e^{-\frac{1}{\tau}t}) \quad (t \geqslant 0)$

对于 RC 电路为 $\quad u_C(t) = u_C(\infty)(1 - e^{-\frac{1}{\tau}t}) \quad (t \geqslant 0)$

第四步:如有需要,可根据已求得的 $i_L(t)$ 和 $u_C(t)$ 去求解其他响应。

【例题 7-3】 在图 7-12 所示的电路中,开关 S 在位置 1 处于稳态,此时电感无储能。$t=0$ 时刻把 S 扳到位置 2,求 $t \geqslant 0$ 的 $u_L(t)$ 和 $i_L(t)$。

解： 显然，这是要求电路的零状态响应 $i_L(t)$ 和电压的零状态响应 $u_L(t)$。

（1）因为电感初始无储能，则根据换路定律有电路初始状态为 $i_L(0_+)=i_L(0_-)=0$。

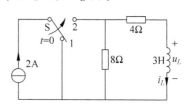

（2）换路后，电感两端看进去的戴维南电阻为 $R=4+8=12\Omega$。$\tau=\dfrac{L}{R}=\dfrac{3}{12}=0.25\text{s}$。

图 7-12　例题 7-3 图

（3）根据分流公式可得

$$i_L(\infty)=\frac{8}{8+4}\times 2=\frac{4}{3}\text{A}$$

（4）由 $i_L(t)=i_L(\infty)(1-\mathrm{e}^{-\frac{1}{\tau}t})$（$t\geqslant 0$），得

$$i_L(t)=\frac{4}{3}(1-\mathrm{e}^{-4t})\quad(t\geqslant 0)$$

（5）根据电感的伏安特性得

$$u_L(t)=L\frac{\mathrm{d}i_L(t)}{\mathrm{d}t}=3\times\left(-\frac{4}{3}\mathrm{e}^{-4t}\right)\times(-4)=16\mathrm{e}^{-4t}\text{V}$$

7.3.3　一阶动态电路的全响应

从 7.2 节可知，一个动态电路的全响应可以分解为零输入响应和零状态响应，而 7.3.1 和 7.3.2 两节又给出了一阶电路零输入响应和零状态响应的具体求解方法。显然，一阶电路的全响应可以利用叠加原理由零输入响应和零状态响应叠加而成。

若设一阶电路的全响应为 $r(t)$，零输入响应为 $r_x(t)$，零状态响应为 $r_f(t)$，则有

$$r(t)=r_x(t)+r_f(t)=r_x(0_+)\mathrm{e}^{-\frac{1}{\tau}t}+r_f(\infty)(1-\mathrm{e}^{-\frac{1}{\tau}t})\quad(t\geqslant 0)\tag{7-29}$$

对于 RL 电路有

$$\begin{aligned}i_L(t)&=i_L(0_+)\mathrm{e}^{-\frac{1}{\tau}t}+i_L(\infty)(1-\mathrm{e}^{-\frac{1}{\tau}t})\\&=i_L(\infty)+[i_L(0_+)-i_L(\infty)]\mathrm{e}^{-\frac{1}{\tau}t}\quad(t\geqslant 0)\end{aligned}\tag{7-30}$$

对于 RC 电路有

$$\begin{aligned}u_C(t)&=u_C(0_+)\mathrm{e}^{-\frac{1}{\tau}t}+u_C(\infty)(1-\mathrm{e}^{-\frac{1}{\tau}t})\\&=u_C(\infty)+[u_C(0_+)-u_C(\infty)]\mathrm{e}^{-\frac{1}{\tau}t}\quad(t\geqslant 0)\end{aligned}\tag{7-31}$$

观察式（7-30）和式（7-31），可以发现了一个有趣的现象，两个式子非常相似，而且只与三个因素有关：响应的初始值、稳态值和时间常数。换句话说，只要知道这三个值，一阶电路的全响应可以直接写出，而不必通过求解微分方程得到结论。这就引出了著名的全响应"三要素"求解法。

所谓"三要素法"是指：对于一个一阶动态电路，只要想办法求出电路全响应 $r(t)$ 的初始值 $r(0_+)$、稳态值 $r(\infty)$ 和时间常数 τ，就可以利用公式

$$r(t)=r(\infty)+[r(0_+)-r(\infty)]\mathrm{e}^{-\frac{1}{\tau}t}\quad(t\geqslant 0)\tag{7-32}$$

直接写出该电路的全响应。全响应的波形如图 7-13 所示。

需要说明的是，一阶电路的响应除了上述的电感电流和电容电压外，还可能包括电路中其他电阻上（不包括与电感相串联的电阻和与电容相并联的电阻）的电流和电压。因此，在

利用式(7-32)求响应时,要注意其他响应的初始值必须通过初始状态 $i_L(0_+)$ 和 $u_C(0_+)$ 在 $t=0_+$ 时刻的等效电路中求得。

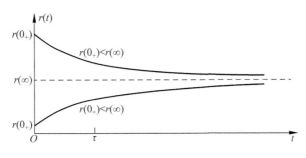

图 7-13　一阶动态电路的全响应

下面给出"三要素法"的具体步骤:

第一步:确定响应的初始值 $r(0_+)$。换路前瞬间 $t=0_-$ 时刻电路已处于稳定状态,电感可视为短路、电容可视为开路,原电路可等效为一个纯电阻电路,利用电阻电路分析方法可以求出换路前电感电流 $i_L(0_-)$ 或电容电压 $u_C(0_-)$。$t=0_+$ 时刻,由换路定律得到电路的初始状态,即 $i_L(0_+)=i_L(0_-)$ 和 $u_C(0_+)=u_C(0_-)$。若需求其他响应的初始值,可将电感用直流电流源 $i_L(0_+)$、电容用直流电压源 $u_C(0_+)$ 替换,得到初始时刻($t=0_+$)的等效电路(纯电阻电路),然后根据 $i_L(0_+)$ 和 $u_C(0_+)$ 求得。

第二步:确定响应的稳态值 $r(\infty)$。画出 $t\to\infty$ 时的等效电路,此时,过渡过程已经结束,电路已经进入新的稳定状态,电感等效为短路、电容等效为开路。然后求得响应的稳态值。

第三步:求时间常数 τ。根据 $\tau=\dfrac{L}{R}$ 和 $\tau=RC$ 确定 RL 或 RC 电路的时间常数。注意, R 为在换路后电路中从电感 L 或电容 C 两端看进去的戴维南等效电阻。求 R 的方法依然可采用电阻的串/并联法、外加电压法或短路电流法。

第四步:求全响应。利用三要素计算公式(7-32)求出全响应。

【例题 7-4】　在图 7-14(a)所示的电路中,开关 S 在位置 1 处于稳态,$t=0$ 时刻把 S 扳到位置 2,求 $t\geqslant 0$ 的 $i(t)$ 和 $i_L(t)$ 并绘出其波形。

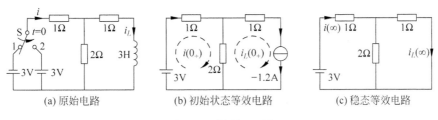

(a) 原始电路　　　　(b) 初始状态等效电路　　　　(c) 稳态等效电路

图 7-14　例题 7-4 图

解:(1) 求 $i_L(0_+)$ 和 $i(0_+)$

换路前,电感相当于短路,根据电阻串/并联关系可得

$$i_L(0_-)=-\frac{3}{1+1//2}\times\frac{2}{1+2}=-1.2\text{A}$$

根据换路定律有

$$i_L(0_+) = i_L(0_-) = -1.2\text{A}$$

换路后,电感相当于-1.2A电流源,等效电路如图 7-14(b)所示。利用网孔电流法有

$$(1+2)i(0_+) - 2i_L(0_+) = 3$$

将 $i_L(0_+) = -1.2\text{A}$ 代入,解出

$$i(0_+) = \frac{3-2.4}{3} = 0.2\text{A}$$

(2) 求 $i_L(\infty)$ 和 $i(\infty)$

$t \to \infty$,电感相当于短路,等效电路如图 7-14(c)所示。由欧姆定律及分流公式可得

$$i(\infty) = \frac{3}{1+1//2} = 1.8\text{A}, \quad i_L(\infty) = \frac{2}{1+2}1.8 = 1.2\text{A}$$

(3) 求时间常数 τ

换路后,戴维南电阻为

$$R = 1 + \frac{1\times2}{1+2} = \frac{5}{3}\Omega, \quad \text{则} \quad \tau = \frac{L}{R} = \frac{3}{5/3} = 1.8\text{s}$$

(4) 全响应为

$$i(t) = 1.8 + (0.2-1.8)\mathrm{e}^{-\frac{t}{1.8}}\text{A} = 1.8 - 1.6\mathrm{e}^{-\frac{t}{1.8}}\text{A} \quad t \geqslant 0$$

$$i_L(t) = 1.2 + (-1.2-1.2)\mathrm{e}^{-\frac{t}{1.8}}\text{A} = 1.2 - 2.4\mathrm{e}^{-\frac{t}{1.8}}\text{A} \quad t \geqslant 0$$

波形如图 7-15 所示。

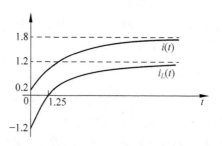

图 7-15　例题 7-4 响应波形图

利用"三要素法"求解全响应的难点在于确定响应的初始值。虽然 $i_L(t)$ 和 $u_C(t)$ 在换路时刻不会突变,但电路中其他电压和电流却可能突变,需要通过计算才能确定初始值。为此,我们用表 7-1 给出换路时刻$(t=0)$和稳定时$(t \to \infty)$的电感和电容的等效图,帮助读者正确计算响应的初始值。

表 7-1　电感和电容在换路和稳态时的等效图

条件 元件	零初始状态 $t=0_+$	非零初始状态 $t=0_+$	直流稳态 $t=0_-, t\to\infty$
─┤├─ C	短路	─○ + − ○─ $u_C(0_+)=u_C(0_-)$	开路
─⌒⌒─ L	开路	─○ ← ◯ ○─ $i_L(0_+)=i_L(0_-)$	短路

7.4 二阶动态电路分析

若网络中有两个独立的动态元件，则称为二阶动态电路。二阶电路的数学模型是常系数线性二阶微分方程。二阶电路可以是 RLL 电路，可以是 RCC 电路，而常见的是 RLC 电路。因此，本节介绍对 RLC 电路的分析方法。

7.4.1 二阶动态电路的零输入响应

图 7-16 是一个典型的二阶 RLC 串联电路。

设开关 S 动作前电容已充电，其电压为 $u_C(0_-) = U_0$，电感无储能，即 $i_L(0_-) = 0$。$t = 0$ 时刻，开关 S 闭合，根据 KVL 可得回路电压方程为

$$-u_C + u_R + u_L = 0 \quad t \geqslant 0_+$$

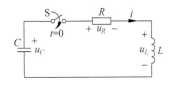

图 7-16 典型 RLC 串联二阶动态电路图

而

$$i = -C\frac{\mathrm{d}u_C}{\mathrm{d}t}, \quad u_R = Ri = -RC\frac{\mathrm{d}u_C}{\mathrm{d}t}, \quad u_L = L\frac{\mathrm{d}i}{\mathrm{d}t} = -LC\frac{\mathrm{d}^2u_C}{\mathrm{d}t^2},$$

则回路电压方程变为

$$LC\frac{\mathrm{d}^2u_C}{\mathrm{d}t^2} + RC\frac{\mathrm{d}u_C}{\mathrm{d}t} + u_C = 0 \quad t \geqslant 0_+ \tag{7-33}$$

这是一个二阶常系数齐次线性微分方程。其特征方程为

$$LC\lambda^2 + RC\lambda + 1 = 0$$

特征根为

$$\begin{cases} \lambda_1 = -\dfrac{R}{2L} + \sqrt{\left(\dfrac{R}{2L}\right)^2 - \dfrac{1}{LC}} = -\alpha + \sqrt{\alpha^2 - \omega_0^2} \\ \lambda_2 = -\dfrac{R}{2L} - \sqrt{\left(\dfrac{R}{2L}\right)^2 - \dfrac{1}{LC}} = -\alpha - \sqrt{\alpha^2 - \omega_0^2} \end{cases} \tag{7-34}$$

其中 $\alpha = \dfrac{R}{2L}$，被称为电路衰减常数或阻尼系数；$\omega_0 = \dfrac{1}{\sqrt{LC}}$，被称为电路固有振荡频率，也就是谐振频率，单位是 rad/s。特征根 λ_1 和 λ_2 只与电路的结构和参数有关，而与外加激励和电路的初始状态无关。特征根是决定动态电路响应变化规律的重要参数，也可称为电路的固有频率或自然频率。

式 (7-33) 的通解（齐次解）为

$$u_C = A_1 \mathrm{e}^{\lambda_1 t} + A_2 \mathrm{e}^{\lambda_2 t} \quad t \geqslant 0_+ \tag{7-35}$$

其中系数 A_1 和 A_2 由初始条件确定

$$u_C(0_+) = u_C(0_-) = U_0$$

$$\left.\frac{\mathrm{d}u_C}{\mathrm{d}t}\right|_{t=0_+} = \frac{i(0_+)}{-C} = 0$$

即有

$$\begin{cases} A_1 + A_2 = U_0 \\ \lambda_1 A_1 + \lambda_2 A_2 = 0 \end{cases}$$

解得

$$\begin{cases} A_1 = \dfrac{\lambda_2}{\lambda_2 - \lambda_1} U_0 \\[3mm] A_2 = \dfrac{-\lambda_1}{\lambda_2 - \lambda_1} U_0 \end{cases} \tag{7-36}$$

把式(7-36)代入式(7-35)即可得到式(7-33)的通解。

当电路中 RLC 的参数取不同值时,特征根有可能是负实数、复数或纯虚数。下面针对特征根这三种不同情况,对 RLC 串联电路的零输入响应的变化规律分别进行讨论。

(1) 当 $\alpha > \omega_0$,即 $R > 2\sqrt{\dfrac{L}{C}}$ 时,特征根 λ_1 和 λ_2 为不相等的负实数。

此时,根据式(7-36)和式(7-35)可得通解为

$$u_C = A_1 e^{\lambda_1 t} + A_2 e^{\lambda_2 t} = \frac{U_0}{\lambda_2 - \lambda_1}(\lambda_2 e^{\lambda_1 t} - \lambda_1 e^{\lambda_2 t}) \quad t \geqslant 0_+ \tag{7-37}$$

考虑到 $\lambda_1 \lambda_2 = \dfrac{1}{LC}$,则回路电流为

$$i(t) = -C\frac{\mathrm{d}u_C}{\mathrm{d}t} = \frac{-U_0}{L(\lambda_2 - \lambda_1)}(e^{\lambda_1 t} - e^{\lambda_2 t}) \quad t \geqslant 0_+ \tag{7-38}$$

电感电压为

$$u_L(t) = L\frac{\mathrm{d}i}{\mathrm{d}t} = \frac{-U_0}{\lambda_2 - \lambda_1}(\lambda_1 e^{\lambda_1 t} - \lambda_2 e^{\lambda_2 t}) \quad t \geqslant 0_+ \tag{7-39}$$

根据式(7-37)、式(7-38)和式(7-39)可画出 $u_C(t)$、$i(t)$ 和 $u_L(t)$ 的曲线如图 7-17 所示。可见,$u_C(t)$ 从 U_0 逐渐衰减到零,表明电容一直在释放电场能量;回路电流 $i(t)$ 从零开始逐渐增大,到达最大值后由逐渐衰减到零,表明电感开始吸收电场能量并以磁场能量形式存储起来,然后又逐渐释放出来;电阻始终消耗能量,直至电路中的原始能量消耗殆尽。图中 t_m 的大小决定于电路参数,令 $u_L(t_m) = 0$ 可解得

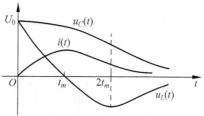

图 7-17 RLC 串联电路非振荡放电过程

$$t_m = \frac{\ln \dfrac{\lambda_2}{\lambda_1}}{\lambda_1 - \lambda_2} \tag{7-40}$$

显然,电路参数的整个变化过程(电容放电过程)是一个非振荡的衰减过程(放电过程),这个过程也被称为"过阻尼情况"。

(2) 当 $\alpha < \omega_0$,即 $R < 2\sqrt{\dfrac{L}{C}}$ 时,特征根 λ_1 和 λ_2 为一对共轭复根。

此时

$$\begin{cases} \lambda_1 = -\dfrac{R}{2L} + \mathrm{j}\sqrt{\dfrac{1}{LC} - \left(\dfrac{R}{2L}\right)^2} = -\alpha + \mathrm{j}\omega \\[4mm] \lambda_2 = -\dfrac{R}{2L} - \mathrm{j}\sqrt{\dfrac{1}{LC} - \left(\dfrac{R}{2L}\right)^2} = -\alpha - \mathrm{j}\omega \end{cases} \tag{7-41}$$

式中,$\alpha = \dfrac{R}{2L}$,$\omega = \sqrt{\dfrac{1}{LC} - \left(\dfrac{R}{2L}\right)^2} = \sqrt{\omega_0^2 - \alpha^2}$ 被称为电路自由振荡频率。

式(7-33)的通解为

$$u_C(t) = Ae^{-\alpha t}\sin(\omega t + \theta) \quad t \geqslant 0_+ \tag{7-42}$$

系数 A 和 θ 可由初始条件确定

$$u_C(0_+) = A\sin\theta = U_0$$

$$\left.\frac{\mathrm{d}u_C}{\mathrm{d}t}\right|_{t=0_+} = A(\omega\cos\theta - \alpha\sin\theta) = 0$$

即有

$$A = \frac{\omega_0}{\omega}U_0, \quad \theta = \arctan\frac{\omega}{\alpha}$$

则有

$$u_C(t) = \frac{\omega_0}{\omega}U_0 e^{-\alpha t}\sin\left(\omega t + \arctan\frac{\omega}{\alpha}\right) \quad t \geqslant 0_+ \tag{7-43}$$

回路电流为

$$i(t) = -C\frac{\mathrm{d}u_C}{\mathrm{d}t} = -C\frac{\omega_0}{\omega}U_0 e^{-\alpha t}\left[\omega\cos(\omega t + \theta) - \alpha\sin(\omega t + \theta)\right] \quad t \geqslant 0_+ \tag{7-44}$$

由于 $\omega_0 = \sqrt{\alpha^2 + \omega^2}$ 和 $\theta = \arctan\dfrac{\omega}{\alpha}$,所以,可知道 ω_0、ω 和 α 三者构成一个以 ω_0 为斜边的直角三角形,如图 7-18(a)所示,且有

$$\frac{\omega}{\omega_0} = \sin\theta, \quad \frac{\alpha}{\omega_0} = \cos\theta$$

这样,(7-44)回路电流可表示为

$$i(t) = \frac{U_0}{\omega L}e^{-\alpha t}\sin\omega t \quad t \geqslant 0_+ \tag{7-45}$$

电感电压为

$$u_L(t) = L\frac{\mathrm{d}i}{\mathrm{d}t} = \frac{U_0}{\omega}e^{-\alpha t}(\omega\cos\omega t - \alpha\sin\omega t) = -\frac{\omega_0 U_0}{\omega}e^{-\alpha t}\sin(\omega t - \theta) \quad t \geqslant 0_+ \tag{7-46}$$

因此,$u_C(t)$、$i(t)$ 和 $u_L(t)$ 的波形如图 7-18(b)所示。可见,$u_C(t)$、$i(t)$ 和 $u_L(t)$ 的振幅都是按指数规律衰减的正弦函数,这种放电过程称为振荡放电。衰减的快慢取决于特征根实部 α 的大小。α 越小,衰减越慢,衰减常数因此得名。振荡周期 $T = \dfrac{2\pi}{\omega}$,其大小取决于特征根虚部 ω 的大小,ω 越大,振荡越快,振荡周期越小。

振荡放电现象的出现,是因为电阻 R 较小,耗能较慢,以至于电感和电容之间可以进行往复的能量交换,这种现象也被称为欠阻尼情况。

若电路中的电阻 $R = 0$,则有

$$\alpha = \frac{R}{2L} = 0, \quad \omega = \sqrt{\frac{1}{LC} - \left(\frac{R}{2L}\right)^2} = \sqrt{\omega_0^2 - \alpha^2} = \omega_0 = \frac{1}{\sqrt{LC}}, \quad \theta = \frac{\pi}{2}$$

此时特征根为一对共轭虚根

$$\lambda_1 = \mathrm{j}\omega_0, \quad \lambda_2 = -\mathrm{j}\omega_0$$

则 $u_C(t)$、$i(t)$ 和 $u_L(t)$ 的表达式变为

$$u_C(t) = U_0 \sin\left(\omega_0 t + \frac{\pi}{2}\right) \quad t \geqslant 0_+ \tag{7-47}$$

$$i(t) = \frac{U_0}{\omega_0 L}\sin\omega_0 t = U_0\sqrt{\frac{C}{L}}\sin\omega_0 t \quad t \geqslant 0_+ \tag{7-48}$$

$$u_L(t) = -U_0\sin\left(\omega_0 t - \frac{\pi}{2}\right) = U_0\sin\left(\omega_0 t + \frac{\pi}{2}\right) = u_C(t) \quad t \geqslant 0_+ \tag{7-49}$$

可见，这时的 $u_C(t)$、$i(t)$ 和 $u_L(t)$ 都是无衰减的等幅正弦波，自由振荡频率 ω 与电路固有振荡频率 ω_0 相等。这种等幅放电现象被称为无阻尼情况。

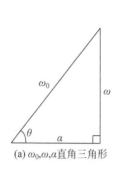

(a) ω_0,ω,α 直角三角形

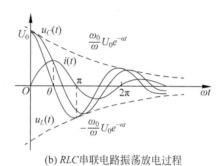

(b) RLC 串联电路振荡放电过程

图 7-18 　ω_0,ω,α 三角形及 RLC 串联电路振荡放电过程

（3）当 $\alpha = \omega_0$，即 $R = 2\sqrt{\dfrac{L}{C}}$ 时，特征根 λ_1 和 λ_2 为一对重根。

此时

$$\lambda_1 = \lambda_2 = -\frac{R}{2L} = -\alpha \tag{7-50}$$

则式（7-33）的通解为

$$u_C(t) = (A_3 + A_4 t)e^{-\alpha t} \quad t \geqslant 0_+ \tag{7-51}$$

系数 A_3 和 A_4 可由初始条件确定

$$u_C(0_+) = A_3 = U_0$$

$$\frac{\mathrm{d}u_C}{\mathrm{d}t}\bigg|_{t=0_+} = -\alpha A_3 + A_4 = 0$$

即有

$$A_3 = U_0, \quad A_4 = \alpha U_0$$

则这时的

$$u_C(t) = U_0(1 + \alpha t)e^{-\alpha t} \quad t \geqslant 0_+ \tag{7-52}$$

$$i(t) = -C\frac{\mathrm{d}u_C}{\mathrm{d}t} = \frac{U_0}{L}te^{-\alpha t} \quad t \geqslant 0_+ \tag{7-53}$$

$$u_L(t) = L\frac{\mathrm{d}i}{\mathrm{d}t} = U_0(1 - \alpha t)e^{-\alpha t} \quad t \geqslant 0_+ \tag{7-54}$$

从式（7-52）、式（7-53）和式（7-54）可见，电路仍处于非振荡放电状态，各电压和电流的波形与过阻尼情况类似，但这种放电状态处于振荡与非振荡的分界点，因此，被称为临界放电状态或临界阻尼情况。此时的电阻 R 被称为临界电阻。

至此,可得出以下结论:

(1) 当 $\alpha>\omega_0$ 时,二阶电路处于过阻尼状态,其响应(放电过程)是非振荡衰减过程。

(2) 当 $\alpha<\omega_0$ 时,二阶电路处于欠阻尼状态,其响应(放电过程)是振荡衰减过程。特殊地,若 $R=0$,则二阶电路处于无阻尼状态,其响应(放电过程)是等幅振荡过程。

(3) 当 $\alpha=\omega_0$ 时,二阶电路处于临界状态,其响应(放电过程)是非振荡衰减过程,类似过阻尼情况。

从以上分析可知,RLC 串联电路的零输入响应会随着电阻 R 从大到小的变化,经历过阻尼、临界阻尼和欠阻尼三种形态。

只要求出 RLC 串联电路的衰减常数 α 和谐振角频率 ω_0,就可判断电路零输入响应的性质:过阻尼和临界阻尼时为非振荡放电,欠阻尼时为衰减振荡放电,无阻尼时为等幅振荡。实际中,可以通过改变 R、L 或 C 的值,使得电路发生振荡或不振荡。

上述根据特征根三种不同情况得到 RLC 串联电路零输入响应的方法可推广到一般二阶电路的分析中:

(1) $\lambda_1\neq\lambda_2$(不等的负实根)时

$$零输入响应 = A_1 e^{-\lambda_1 t} + A_2 e^{-\lambda_2 t} \tag{7-55}$$

(2) $\lambda_1=\lambda_2^*$,即 $\lambda_{1,2}=-\alpha\pm j\omega$(共轭复根)时

$$零输入响应 = A e^{-\alpha t}\sin(\omega t+\theta) \tag{7-56}$$

(2) $\lambda_1=\lambda_2=\lambda$(重根)时

$$零输入响应 = (A_1+A_2 t)e^{\lambda t} \tag{7-57}$$

综上所述,二阶电路的零输入响应模式仅取决于电路的固有振荡频率,与电路初始条件无关。此结论可以推广到任意高阶电路。

【例题 7-5】　在图 7-19 所示电路中,$R=6\Omega$,$L=1H$,$C=1/16F$,$t<0$ 时开关 S 处于位置 1,且电路已处于稳态,电感的储能为 0。$t=0$ 时开关拨到位置 2。

(1) 求 $t\geq0$ 时的 $u_C(t)$ 和 $i_L(t)$;

(2) 若 L 和 C 不变,欲使电路在过阻尼情况下放电,问电阻 R 应为多少?

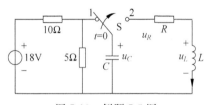

图 7-19　例题 7-5 图

解:(1) 在 $t=0$ 时刻,电路已处于稳态,所以电容相当于开路,则

$$u_C(0_+)=u_C(0_-)=\frac{5}{10+5}18=6V$$

又因电感无储能,有

$$i_L(0_+)=i_L(0_-)=0$$

而

$$\alpha=\frac{R}{2L}=\frac{6}{2\times1}=3rad,\quad \omega_0=\frac{1}{\sqrt{LC}}=\frac{1}{\sqrt{1\times1/16}}=4rad/s$$

可见,$\alpha < \omega_0$,是欠阻尼状态,零输入响应为衰减振荡放电。

又因

$$\omega = \sqrt{\omega_0^2 - \alpha^2} = \sqrt{4^2 - 3^2} = \sqrt{7}\, \text{rad/s}, \quad \theta = \arctan \frac{\omega}{\alpha} = \arctan \frac{\sqrt{7}}{3} = 41.41°$$

则零输入响应为

$$u_C(t) = \frac{U_0 \omega_0}{\omega} e^{-\alpha t} \sin(\omega t + \theta) = 9.07 e^{-3t} \sin(\sqrt{7}\,t + 41.41°)\, \text{V}, \quad t \geq 0$$

$$i_L(t) = \frac{U_0}{\omega L} e^{-\alpha t} \sin \omega t = 2.27 e^{-3t} \sin \sqrt{7}\, t\, \text{A}, \quad t \geq 0$$

(2) 欲使电路在过阻尼情况下放电,则需 $\alpha > \omega_0$,即

$$\frac{R}{2L} > \frac{1}{\sqrt{LC}}$$

则有

$$R > \frac{2L}{\sqrt{LC}} = 8\Omega$$

【例题 7-6】 在图 7-20 所示电路中,$L = 5\text{H}, C = 0.1\text{F}, t < 0$ 时电路已处于稳态,$t = 0$ 时开关打开,求 $t \geq 0$ 时的 $u_C(t)$。

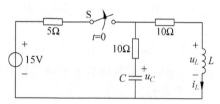

图 7-20 例题 7-6 图

解: $t < 0$ 时电路已处于稳态,所以把电容当开路处理,把电感当短路处理,并由换路定律得电路的初始状态

$$i_L(0_+) = i_L(0_-) = \frac{15}{10+5} = 1\text{A}, \quad u_C(0_+) = u_C(0_-) = 10 i_L(0_-) = 10\text{V}$$

当 $t \geq 0$ 时,开关打开,这时的电路相当于零输入的 RLC 串联电路,其中 $R = 10 + 10 = 20\Omega, L = 5\text{H}, C = 0.1\text{F}$,则

$$\alpha = \frac{R}{2L} = \frac{20}{2 \times 5} = 2\text{rad}, \quad \omega_0 = \frac{1}{\sqrt{LC}} = \frac{1}{\sqrt{5 \times 0.1}} = 1.414\text{rad/s}$$

可见 $\alpha > \omega_0$ 时,是过阻尼状态,零输入响应为非振荡放电,特征根为

$$\begin{cases} \lambda_1 = -\alpha + \sqrt{\alpha^2 - \omega_0^2} = -0.586 \\ \lambda_2 = -\alpha - \sqrt{\alpha^2 - \omega_0^2} = -3.414 \end{cases}$$

故

$$u_C(t) = A_1 e^{\lambda_1 t} + A_2 e^{\lambda_2 t} = A_1 e^{-0.586t} + A_2 e^{-3.414t}\, \text{V}, \quad t \geq 0$$

$$i_L(t) = -C \frac{\text{d}u_C(t)}{\text{d}t} = -C(A_1 \lambda_1 e^{\lambda_1 t} + A_2 \lambda_2 e^{\lambda_2 t})$$

$$= 0.0586 A_1 e^{-0.586t} + 0.3414 A_2 e^{-3.414t}\, \text{A}$$

由初始条件
$$u_C(0_+) = A_1 + A_2 = 10\text{V}, \quad i_L(0_+) = 0.0586A_1 + 0.3414A_2 = 1\text{A},$$
解出
$$A_1 = 8.586\text{V}, A_2 = 1.464\text{V}$$
则有
$$u_C(t) = 8.586e^{-0.586t} + 1.464e^{-3.414t}\text{V}, \quad t \geqslant 0$$

7.4.2 二阶动态电路的零状态响应和全响应

在图 7-21 中,设动态元件初始无储能,即 $u_C(0_+) = u_C(0_-) = 0, i_L(0_+) = i_L(0_-) = 0$,
$t=0$ 时开关 S 闭合。

则根据 KVL 可得
$$LC\frac{\mathrm{d}^2 u_C}{\mathrm{d}t^2} + RC\frac{\mathrm{d}u_C}{\mathrm{d}t} + u_C = U_S \quad t \geqslant 0_+$$

$$(7\text{-}58)$$

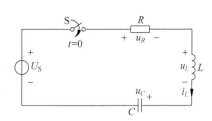

这是一个非齐次二阶常系数微分方程,根据"高等
数学"知识,其全解 u_C 由通解(齐次解)u_{Cc} 和特解 u_{Cp}
构成,即

图 7-21 二阶电路零状态响应示意图

$$u_C = u_{Cc} + u_{Cp} \qquad (7\text{-}59)$$

特解 u_{Cp} 与激励形式相同,此时为电路稳态值(直流),设为常数 A,代入式(7-58)可得
$$u_{Cp} = A = U_S \qquad (7\text{-}60)$$
而齐次微分方程的通解 u_{Cc} 实际上就是 7.4.1 节中的零输入响应,即
$$u_{Cc} = A_1 e^{\lambda_1 t} + A_2 e^{\lambda_2 t} \quad t \geqslant 0_+ \qquad (7\text{-}61)$$
其中特征根

$$\lambda_{1,2} = -\frac{R}{2L} \pm \sqrt{\left(\frac{R}{2L}\right)^2 - \frac{1}{LC}}$$

(1) 在过阻尼情况下,特征根为两个不等的负实数 $\lambda_{1,2} = -\dfrac{R}{2L} \pm \sqrt{\left(\dfrac{R}{2L}\right)^2 - \dfrac{1}{LC}}$。

通解为
$$u_{Cc} = A_1 e^{\lambda_1 t} + A_2 e^{\lambda_2 t}$$
全解为
$$u_C = u_{Cc} + u_{Cp} = A_1 e^{\lambda_1 t} + A_2 e^{\lambda_2 t} + U_S \qquad (7\text{-}62)$$
全解波形为非振荡衰减。

(2) 在欠阻尼情况下,特征根为一对共轭复数 $\lambda_{1,2} = -\dfrac{R}{2L} \pm \mathrm{j}\sqrt{\dfrac{1}{LC} - \left(\dfrac{R}{2L}\right)^2}$。

通解为
$$u_{Cc} = Ae^{-\alpha t}\sin(\omega t + \theta)$$
全解为
$$u_C = u_{Cc} + u_{Cp} = Ae^{-\alpha t}\sin(\omega t + \theta) + U_S \qquad (7\text{-}63)$$
全解波形为振荡衰减。

（3）在临界阻尼情况下，特征根为两个相等的负实数 $\lambda_{1,2}=-\dfrac{R}{2L}=\lambda$。

通解为

$$u_{Cc}=(A_3+A_4t)e^{\lambda t}$$

全解为

$$u_C=u_{Cc}+u_{Cp}=(A_3+A_4t)e^{\lambda t}+U_S \qquad (7\text{-}64)$$

全解波形为临界非振荡衰减。

在上述三种情况下，各有两个待定系数，即 A_1 和 A_2，A 和 θ，A_3 和 A_4，其大小根据初始条件和激励来确定。

当初始条件为零时，即 $u_C(0_+)=u_C(0_-)=0$，$i_L(0_+)=i_L(0_-)=0$，此时的全解即为零状态响应，即式（7-62）、式（7-63）式（7-64）就是欲求的零状态响应。

若初始条件不为零，则全解就是全响应，式（7-62）、式（7-63）和式（7-64）就是欲求的全响应，即：

$$\text{全响应＝零输入响应＋零状态响应}$$

换句话说，对于式（7-62）、式（7-63）和式（7-64）而言，在不同的初始条件下，它们分别代表电路的零状态响应或全响应。两种响应的求解方法相同，区别在于初始条件和待定系数不同。

当然，因为是线性电路（系统），所以全响应也可以由分别求出的零输入响应和零状态响应叠加而成。

【例题 7-7】 在图 7-21 所示的电路中，已知 $U_S=6\text{V}$，$R=4\Omega$，$L=1\text{H}$，$C=0.25\text{F}$，$u_C(0_-)=0$，$i_L(0_-)=0$。$t=0$ 时刻把开关 S 闭合，求 $t\geqslant 0_+$ 的 $u_C(t)$、$u_L(t)$ 和 $i_L(t)$。

解： 由式（7-57）可得电路方程为

$$0.25\,\frac{\mathrm{d}^2 u_C}{\mathrm{d}t^2}+\frac{\mathrm{d}u_C}{\mathrm{d}t}+u_C=6,\quad t\geqslant 0_+$$

则

$$u_C=u_{Cc}+u_{Cp}$$

其中特解 u_{Cp} 为

$$u_{Cp}=A=U_S=6\text{V}$$

特征方程为

$$0.35\lambda^2+\lambda+1=0$$

特征根为一对负实根

$$\lambda_{1,2}=-\frac{1}{2\times 0.25}\pm\frac{\sqrt{1-4\times 0.25}}{2\times 0.25}=-2$$

电路处于临界状态，通解 u_{Cc} 为

$$u_{Cc}=(A_3+A_4t)e^{-2t}$$

全解（零状态响应）为

$$u_C=u_{Cc}+u_{Cp}=(A_3+A_4t)e^{-2t}+6,\quad t\geqslant 0_+$$

根据初始条件确定系数 A_3 和 A_4，有

$$\begin{cases} u_C(0_+) = 6 + A_3 = 0 \\ i_L(0_+) = C \left. \dfrac{\mathrm{d}u_C}{\mathrm{d}t} \right|_{t=0_+} = 0.25(-2A_3 + A_4) = 0 \end{cases}$$

解得

$$A_3 = -6, \quad A_4 = -12$$

则零状态响应为

$$u_C(t) = (-6 - 12t)e^{-2t} + 6\mathrm{V}, \quad t \geqslant 0_+$$

$$i_L(t) = C \frac{\mathrm{d}u_C}{\mathrm{d}t} = 6te^{-2t}\mathrm{A}, \quad t \geqslant 0_+$$

$$u_L(t) = L \frac{\mathrm{d}i_L}{\mathrm{d}t} = 6(1 - 2t)e^{-2t}\mathrm{V}, \quad t \geqslant 0_+$$

需要提醒注意的是,在求解任意零状态响应 $y_+(t)$ 时,若初始条件在 $t=0$ 时刻不跳变,则零状态响应就可以从 $t \geqslant 0$ 开始;若初始条件在 $t=0$ 时刻有突变,即 $y(0_-) \neq y(0_+)$,则零状态响应就应该从 $t \geqslant 0_+$ 开始。本例题的响应可以从 $t \geqslant 0$ 开始。显然,"$t \geqslant 0_+$"更具一般性。

本章讨论的一阶和二阶动态电路响应求解问题具有一个共性,即电路的激励都是直流信号。其实激励信号除了直流信号外还有很多种,比如方波信号、指数信号、斜坡信号和冲激信号等。那么,人们自然会问:动态电路在这些信号的激励下,响应是什么样子呢?响应如何求得呢?另外,对于三阶、四阶或更高阶电路的响应求解问题又该如何解决呢?通常这些问题不在本课程范畴,而是"信号与系统"课程讨论的内容,显然,本章的内容是"信号与系统"课程的基础或是"信号与系统"中低阶电路在激励为直流信号时的特例。实际上,有些"电路"教材,尤其是国外教材就将傅氏变换、拉氏变换等通常是"信号与系统"课程中的微分方程求解方法包含其中。因此,对读者而言,了解"电路分析"与"信号与系统"课程之间的异同点或关系,对这两门课程的学习会大有裨益。

通过本章的学习可以发现,动态电路主要处理的就是脉冲或跳变(直流)信号,也就是说,动态电路分析主要讲述的就是分析和求解 RLC 电路在脉冲或跳变信号作用下的电路变量或在脉冲或跳变信号激励下的系统响应。因此,在这个意义下,"动态电路"也可以理解为"脉冲电路"。另外,由于动态元件的"动态"特性,动态电路响应与激励的波形通常有很大差别,而稳态电路都是同频正弦波形,所以,动态电路在实际中主要用于"信号变换"或"波形变换"。

综上所述,本章的主要概念及内容可用图 7-22 概括。

图 7-22 第 7 章主要概念及内容应示意图

7.5　小知识——高压输电

生活中,人们经常会在城市和乡村看到架设在铁塔上连绵不断的高压输电线,尤其是每个铁塔下面常常会有一块画有闪电符号并写有"高压危险"的警示牌让人不寒而栗,如图 7-23 所示。那么为什么要用高压输电呢?

如图 7-24(a)所示的电路,设交流电源电压有效值为 $U=220\text{V}$,输出电流有效值为 $I=100\text{A}$,即输出功率为 $P_{出}=UI=220\times100=22\text{kVA}$。若要将这 22 000VA 的电能传送到 10km 外的负载上,假设单根导线线阻为 0.5Ω,则回路总线阻为 1Ω,那么,传输线上损耗的功率为 $P_{线}=R_{线}\times I^2=1\times100^2=10\text{kW}$,可见,最后负载只能得到 $P_{负}=P_{出}-P_{线}=22-10=12\text{kW}$,电能的传输效率才 55%。显然,这是因为线路上电流或线阻太大,而导致线路损耗过大。

图 7-23　警示牌

为了提高传输效率,只能减少线阻或减小电流。由于采用加大线径的方法来减少线阻的效果有限,且成本过高,所以只能通过减小电流来提高传输效率。假设电源输出功率不变 $P_{出}=UI=22\text{kVA}$,输出电流变为 $I=1\text{A}$,则输出电压要变为 $U=22000\text{V}=22\text{kV}$。这时,再看线路损耗功率 $P_{线}=R_{线}\times I^2=1\times1^2=1\text{W}$,负载得到的功率为 $P_{负}=P_{出}-P_{线}=22\,000-1\approx22\text{kW}$,传输效率近似为 100%!同时,因为线路电流小,就可以采用小线径导线,从而也节省了线材。这就是采用高压输电的原因。

通常,电厂先用升压变压器提高输出电压,通过线路送到目的地后再用降压变压器将电压降低供用户使用,如图 7-24(b)所示。

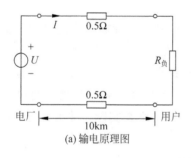

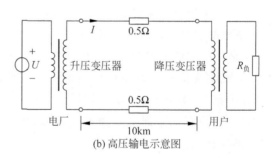

图 7-24　高压输电原理图

在我国,根据输送电能距离的远近,采用不同的高电压。送电距离在 200~300km 时采用 220kV(千伏)的电压输电;在 100km 左右时采用 110kV;50km 左右采用 35kV 或者 66kV;在 15~20km 时采用 10kV、12kV,有的则用 6300V。输电电压为 110kV 或 220kV 的线路,称为高压输电线路,输电电压是 330kV、550kV 以及 750kV 的线路,称为超高压输电线路,而输电电压为 1000kV 的线路,称为特高压输电线路,如图 7-25 所示。

图 7-25 高压输电线路

7.6 习题

7-1 设有两个如图 7-26 所示的一阶 RC 电路,它们的时常数不同。

若 $\tau_1 > \tau_2$,那么它们的电容电压增长到同一电压值所需的时间必然是 $t_1 > t_2$,与稳态电压的大小无关,对不对?

若 $\tau_1 > \tau_2$,那么它们的电容电压增长到各自稳态电压同一百分比值所需的时间必须是 $t_1 > t_2$,对不对?

若 $\tau_1 = \tau_2$,稳态电容电压不同,那么它们的电容电压增长到同一电压值所需的时间必然是 $t_1 = t_2$,对不对?

7-2 电路如图 7-27 所示,开关 S 在 $t = 0$ 时刻打开,试导出 u_C 到达指定值 U_0 所需时间 t_0 的计算公式。$\left(t_0 = -RC\ln\left(1 - \dfrac{U_0}{RI_S}\right) \right)$

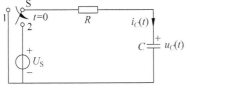

图 7-26 习题 7-1 图

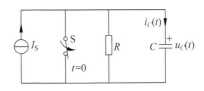

图 7-27 习题 7-2 图

7-3 电路如图 7-28 所示,初始无储能,开关 S 在 $t = 0$ 时刻闭合。求 $t \geqslant 0$ 的 $u_L(t)$ 和 $i_L(t)$。$(i_L(t) = 1.6(1 - e^{-10t})\,\text{A})$

7-4 电路如图 7-29 所示,初始无储能,开关 S 在 $t = 0$ 时刻闭合。求 $t \geqslant 0$ 的 $u_C(t)$ 和 $i_C(t)$。

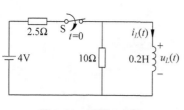

图 7-28 习题 7-3 图

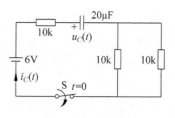

图 7-29 习题 7-4 图

7-5 电路如图 7-30 所示,开关 S 在 $t=0$ 时刻打开,打开前一瞬间,电容电压为 6V。求 $t \geqslant 0$ 时 3Ω 电阻上的电流 $i(t)$。($2e^{-\frac{t}{3}}$ A)

7-6 电路如图 7-31 所示,开关 S 在 $t=0$ 时刻由 a 转到 b,转换前一瞬间,电感电流为 1A。求 $t \geqslant 0$ 时的电感上的电流 $i_L(t)$。(e^{-10t} A)

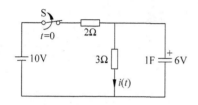

图 7-30 习题 7-5 图

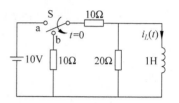

图 7-31 习题 7-6 图

7-7 电路如图 7-32 所示,求 $t \geqslant 0$ 时的响应 $u_C(t)$。

(1) $i_S(t)=2A, u_C(0)=1V$。

(2) $i_S(t)=3A, u_C(0)=1V$。

(2) $i_S(t)=5A, u_C(0)=1V$。核对结果是否为(1)、(2)之和。

($2-e^{-t}$ V;$3-2e^{-t}$ V;$5-4e^{-t}$ V)

7-8 电路如图 7-33 所示,开关 S 闭合前电路处于稳态,在 $t=0$ 时刻开关 S 闭合,求 $t \geqslant 0$ 时的响应 $u_C(t)$。若 12V 电源改为 24V,再求 $u_C(t)$。($27+5e^{-\frac{t}{0.15}}$ V;$27+7e^{-\frac{t}{0.15}}$ V)

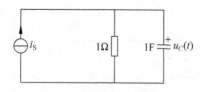

图 7-32 习题 7-7 图

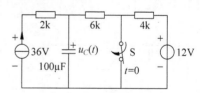

图 7-33 习题 7-8 图

7-9 电路如图 7-34(a)所示,若电压源 u_S 的波形如图 7-34(b)所示,求 $u_C(t)$ 和 $i(t)$。若 u_S 的波形如图 7-34(c)所示,再求 $u_C(t)$ 和 $i(t)$。($20-30e^{-t}$ V;$10-20e^{-t}$ V)

7-10 电路如图 7-35 所示,已知 $t \geqslant 0$ 时,1V 电压源作用于电路,$i_L(t)=(0.001+0.005e^{-at})$A,求若电压源为 2V 时的 $i_L(t)$。($i_L(t)=(2+4e^{-at})$ mA)

7-11 如图 7-36 所示电路,已知当 $u_S=1V, i_S=0$ 时,$u_C=(0.5+2e^{-2t})$V,$t \geqslant 0$;当 $i_S=1A, u_S=0$ 时,$u_C=(2+0.5e^{-2t})$V,$t \geqslant 0$。求(1)R_1、R_2、C。(2)$u_S=1V$ 和 $i_S=1A$ 同时作用下的 $u_C(t)$。(4Ω,4Ω,0.25F)

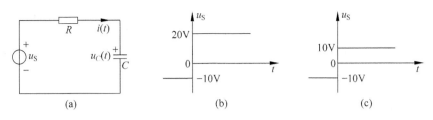

图 7-34 习题 7-9 图

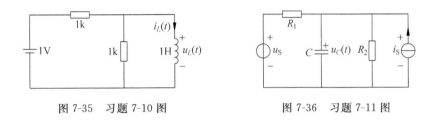

图 7-35 习题 7-10 图   图 7-36 习题 7-11 图

7-12 电路如图 7-37 所示,已知开关闭合前电路达到稳态,求 $u(0_+)$ 和 $i(0_+)$。
(50V,12.5mA; 20V,−2A)

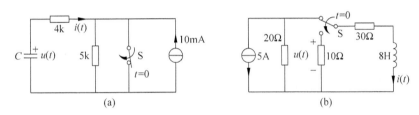

图 7-37 习题 7-12 图

7-13 电路如图 7-38 所示,$t=0$ 时刻开关 S 闭合。已知 $u_C(0_-)=0$,问电容电压 $u_C(t)$ 上升到 4V 需要多长时间? (1.61s)

7-14 电路如图 7-39 所示,$t=0$ 时刻开关 S 由 1 位拨到 2 位。求电容电流 $i_C(t)$。
$\left(i_C(t)=-\dfrac{10}{3}e^{-\frac{100}{3}t}\text{mA}\right)$

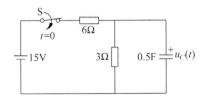

图 7-38 习题 7-13 图

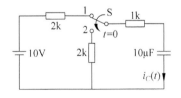

图 7-39 习题 7-14 图

7-15 电路如图 7-40 所示,已知 $u_C(0_-)=6V$,$C=0.25\mu F$,$t=0$ 时刻开关 S 闭合。求 $t>0$ 时的电流 $i(t)$。 $(-6\times10^{-3}e^{-4\times10^3 t}\text{A})$

7-16 电路如图 7-41 所示,开关 S 闭合前已处于稳态。已知 $R_1=R_2=R_3=4\Omega$,$L=0.5H$,$U_S=32V$。求 $t>0$ 时的 $u(t)$。 $(19.2-1.2e^{-10t}\text{V})$

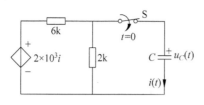

图 7-40　习题 7-15 图

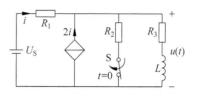

图 7-41　习题 7-16 图

7-17　电路如图 7-42 所示，开关动作前已处于稳态。$t=0$ 时刻开关 S_1 闭合，$t=1s$ 时开关 S_2 闭合。已知 $u_C(0_-)=0$，$R_1=R_2=20k\Omega$，$C=50\mu F$，$U_S=10V$。求 $t>0$ 时的 $u_C(t)$，并粗略画出其波形。（$5+1.32e^{-2(t-1)}$ V $t>1s$）

7-18　电路如图 7-43 所示，开关动作前已处于稳态。已知 $R_1=R_2=10\Omega$，$L=1H$，$C=1F$，$I_S=2A$，求 $t>0$ 时的 $u(t)$。提示：分为两个一阶电路。（$20(1+e^{-10t}-e^{-0.1t})$ V $t>0$）

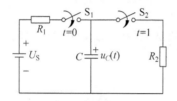

图 7-42　习题 7-17 图

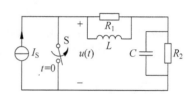

图 7-43　习题 7-18 图

7-19　电路如图 7-44 所示，若电路处于临界阻尼状态，求电感 L 的大小。（1H）

7-20　电路如图 7-45 所示，换路前电路处于稳态，$t=0$ 时刻开关 S 从 1 位拨到 2 位。求

（1）$t\geqslant 0$ 时的 $u_C(t)$ 和 $i_L(t)$。

（2）$i_L(t)$ 在何时达到最大值？最大值为多少？

（$u_C(t)=5.05e^{-50t}-0.05e^{-4950t}$ V，$i_L(t)=0.5(e^{-50t}-0.05e^{-4950t})$ mA，$0.938ms$，$0.47mA$）

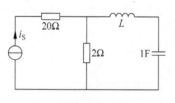

图 7-44　习题 7-19 图

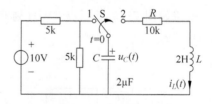

图 7-45　习题 7-20 图

7-21　电路如图 7-46 所示，$L=10mH$，$C=1\mu F$，R 是可变电阻，$u_C(0_-)=0$，$i_L(0_-)=80mA$。

（1）R 为何值时，特征根为 $-8000\pm j6000$？

（2）求 $t\geqslant 0$ 时的 $u_C(t)$。

（62.5Ω，$u_C(t)=-13.3e^{-8000t}\sin6000t$ V）

7-22　电路如图 7-47 所示，换路前电路处于稳态，$t=0$ 时刻开关 S 从 1 位拨到 2 位。求 $t\geqslant 0$ 时的 $u(t)$。（$u(t)=200e^{-80t}\sin60t+300e^{-80t}\cos60t$ V）

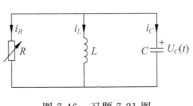
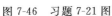

图 7-46 习题 7-21 图

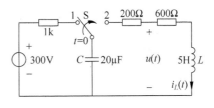

图 7-47 习题 7-22 图

7-23 电路如图 7-48 所示，$t=0$ 时刻开关 S 打开。

(1) 求 $u_C(t)$ 和 $i_L(t)$ 的初始值。

(2) 判断 $t \geqslant 0$ 时，$i_L(t)$ 是振荡型还是非振荡型？

（$i_L(0_+)=1$A，$u_C(0_+)=9$V，临界阻尼）

7-24 电路如图 7-49 所示，换路前电路处于稳态，$t=0$ 时刻开关 S 从 1 位拨到 2 位。求 $t \geqslant 0$ 时的 $u_C(t)$。（$u_C(t)=6.4e^{-253.4t}-0.41e^{-3946.6t}$V）

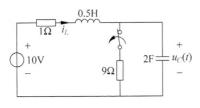

图 7-48 习题 7-23 图

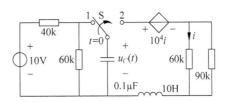

图 7-49 习题 7-24 图

第 8 章

电路方程的矩阵形式

从第 1 章中知道,"图"是以线段与节点的集合来描述电路结构的。因此,对于一个电路的图,支路与节点、支路与回路和支路与割集的关系非常重要,这三个关系反映了电路的点线结构,直接影响到电路 KCL 和 KVL 方程的列写。

随着科学技术的发展,实际研究中遇到的电路规模日趋庞大、结构也更加复杂,换句话说,就是电路模型的方程个数大大增加。显然,若能够利用先进的计算机技术分析电路,将大大减轻人们的劳动强度,提高工作效率。根据线性代数的知识,矩阵是分析大规模方程组的有力工具,因此,若能够利用矩阵描述电路方程组,则可以使电路的分析变得简单、有效和直观。为了实现这个目的,本章首先给出能够反映上述拓扑图三个重要关系的三个基本矩阵,即关联矩阵 A、回路矩阵 B 和割集矩阵 Q。然后,介绍根据这三个矩阵得出的回路电流矩阵方程式、节点电压矩阵方程式和割集电压矩阵方程式。

8.1 电路的基本矩阵

8.1.1 关联矩阵

在一个图中,若一个支路连接了一个节点,则称这个支路与这个节点相关联。设有向图 G 的节点数为 n、支路数为 b,则节点和支路的关联性可用一个 $n \times b$ 阶矩阵表示,这种能够描述拓扑图中支路和节点关联情况的矩阵被称为关联矩阵,通常记为 A_a。A_a 的行对应图的节点、列对应支路,其第 i 行第 j 列元素 a_{ij} 定义为

$$a_{ij} = \begin{cases} 1 & \text{支路 } j \text{ 与节点 } i \text{ 关联且支路方向背离节点} \\ -1 & \text{支路 } j \text{ 与节点 } i \text{ 关联且支路方向指向节点} \\ 0 & \text{支路 } j \text{ 与节点 } i \text{ 不关联} \end{cases} \tag{8-1}$$

可见,通过"1"、"-1"和"0"三个值,关联矩阵的行反映了一个节点与全部支路的关联情况;而关联矩阵的列给出了一条支路跨接在哪两个节点上。

设有一电路如图 8-1(a)所示,其拓扑图见图 8-1(b),通常,把这种标有支路电流方向的图称为"有向图"。对于图 8-1(b)所示的有向图 G,其关联矩阵为

$$
A_a = \begin{array}{c} \text{支路} \\ \\ \\ \\ \\ \end{array}
\begin{array}{cccccc}
1 & 2 & 3 & 4 & 5 & 6 \\
\end{array}
\begin{bmatrix}
1 & 1 & 0 & 0 & 0 & 1 \\
0 & -1 & 1 & -1 & 0 & 0 \\
0 & 0 & 0 & 1 & -1 & -1 \\
-1 & 0 & -1 & 0 & 1 & 0
\end{bmatrix}
\begin{array}{c} \text{节点} \\ ① \\ ② \\ ③ \\ ④ \end{array}
$$

可以看出，A_a 每一行表明了该节点上连有哪些支路，以及各支路的方向是指向或背离该节点；A_a 的每一列表明了各支路联接在哪两个节点之间，因此每一列必然只有一个"1"（背离）和一个"-1"（指向）两个非零元素。

把矩阵 A_a 的所有行元素按列相加，则会得到一个全零行，这说明该矩阵的所有行彼此不独立，存在冗余行。如果删去 A_a 的任意一行，将得到一个 $(n-1)×b$ 阶矩阵，称之为降阶关联矩阵，一般用 A 表示。A_a 中被删去的那一行所对应的节点可看作参考节点。比如，在图 8-1 中，若删去 A_a 的第 4 行，也就是将节点④作为参考节点，则降阶关联矩阵 A 为

$$支路\ 1\quad 2\quad 3\quad 4\quad 5\quad 6\quad 节点$$
$$A = \begin{bmatrix} 1 & 1 & 0 & 0 & 0 & 1 \\ 0 & -1 & 1 & -1 & 0 & 0 \\ 0 & 0 & 0 & 1 & -1 & -1 \end{bmatrix} \begin{matrix} ① \\ ② \\ ③ \end{matrix}$$

由于支路的方向背离一个节点，必然指向另一个节点，所以可以从降阶关联矩阵 A 推导出 A_a。

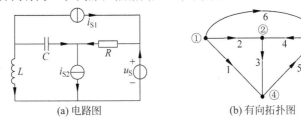

(a) 电路图   (b) 有向拓扑图

图 8-1 电路图及其拓扑图

为方便计，常把降阶关联矩阵简称为关联矩阵。A 和 A_a 一样，完全表明了图的支路和节点的关联关系，显然，可以由有向图 G 写出其关联矩阵 A，也可由关联矩阵 A 作出对应的有向图 G。

既然关联矩阵 A 表明了支路和节点的关联情况，则电路的 KCL 和 KVL 方程必然和关联矩阵 A 有关，即支路电流、支路电压可以用关联矩阵 A 表示。

1. KCL 方程的矩阵形式

设某电路含有 b 条支路、n 个节点，若支路电流和支路电压取关联参考方向，可画出其有向图 G，其支路的方向代表该支路的电流和电压的参考方向。不妨设支路电流列向量为 $i = \begin{bmatrix} i_1 & i_2 & \cdots & i_b \end{bmatrix}^T$，支路电压列向量为 $u = \begin{bmatrix} u_1 & u_2 & \cdots & u_b \end{bmatrix}^T$，节点电压列向量 $u_n = \begin{bmatrix} u_{n1} & u_{n2} & \cdots & u_{n(n-1)} \end{bmatrix}^T$，关联矩阵为 A，则电路的 KCL 方程矩阵形式可表示为

$$Ai = 0 \tag{8-2}$$

关联矩阵 A 的行对应 $n-1$ 个节点，列对应 b 条支路，组成 $(n-1)×b$ 阶矩阵，而电流列向量为 $b×1$ 阶矩阵，根据矩阵乘法规则可知，所得乘积恰好等于汇集于相应节点上的支路电流的代数和，也就是节点的 KCL 方程 $\sum\limits_{节点k} i = 0$。以图 8-1(b) 为例，有

$$Ai = \begin{bmatrix} 1 & 1 & 0 & 0 & 0 & 1 \\ 0 & -1 & 1 & -1 & 0 & 0 \\ 0 & 0 & 0 & 1 & -1 & -1 \end{bmatrix} \begin{bmatrix} i_1 \\ i_2 \\ i_3 \\ i_4 \\ i_5 \\ i_6 \end{bmatrix} = \begin{bmatrix} i_1 + i_2 + i_6 \\ -i_2 + i_3 - i_4 \\ i_4 - i_5 - i_6 \end{bmatrix} = \begin{bmatrix} 0 \\ 0 \\ 0 \end{bmatrix}$$

可以看出，$i_1+i_2+i_6$、$-i_2+i_3-i_4$、$i_4-i_5-i_6$ 正好是节点①、②、③上的电流代数和。

2. KVL 方程的矩阵形式

由于关联矩阵 $\boldsymbol{A}$ 表示节点和支路的关联情况，则 $\boldsymbol{A}$ 的转置矩阵 $\boldsymbol{A}^{\mathrm{T}}$ 表示的是 b 条支路和 $n-1$ 个节点的关联情况，用 $\boldsymbol{A}^{\mathrm{T}}$ 乘以节点电压列向量 $\boldsymbol{u}_n$，所乘结果是一个 b 维的列向量，其中每行的元素正好是该行对应支路的节点电压代数和，即用节点电压表示的相关支路电压情况，用矩阵表示为

$$\boldsymbol{u} = \boldsymbol{A}^{\mathrm{T}}\boldsymbol{u}_n \tag{8-3}$$

仍以图 8-1(b)为例，有

$$\begin{bmatrix} u_1 \\ u_2 \\ u_3 \\ u_4 \\ u_5 \\ u_6 \end{bmatrix} = \begin{bmatrix} 1 & 0 & 0 \\ 1 & -1 & 0 \\ 0 & 1 & 0 \\ 0 & -1 & 1 \\ 0 & 0 & -1 \\ 1 & 0 & -1 \end{bmatrix} \begin{bmatrix} u_{n1} \\ u_{n2} \\ u_{n3} \end{bmatrix} = \begin{bmatrix} u_{n1} \\ u_{n1} - u_{n2} \\ u_{n2} \\ -u_{n2} + u_{n3} \\ -u_{n3} \\ u_{n1} - u_{n3} \end{bmatrix}$$

可见，支路电压 u_1 就等于节点电压 u_{n1}，支路电压 u_2 就等于节点电压 $u_{n1}-u_{n2}$ 等。因为 $\boldsymbol{A}^{\mathrm{T}}$ 的行最多只有两个非零元素，所以任一个支路电压只与两个节点电压有关。

8.1.2　回路矩阵

如果一个回路包含某一条支路，则称此回路与该支路相关联。回路与支路的关联性也可用矩阵来描述。在有向图 G 中，任选一组独立回路，并规定回路的方向，则根据支路和回路的关联情况，回路矩阵的元素 b_{ij} 定义为

$$b_{ij} = \begin{cases} 1 & \text{支路 } j \text{ 与回路 } i \text{ 关联且它们的方向一致} \\ -1 & \text{支路 } j \text{ 与回路 } i \text{ 关联且它们的方向相反} \\ 0 & \text{支路 } j \text{ 与回路 } i \text{ 不关联} \end{cases} \tag{8-4}$$

由此定义构成的矩阵称为独立回路矩阵 $\boldsymbol{B}$，简称回路矩阵。其行对应选定的回路，列对应图 G 的支路。与 $\boldsymbol{A}$ 类似，$\boldsymbol{B}$ 矩阵通过取值"0"、"1"和"-1"表示支路与回路的关联情况，即哪条支路属于哪个回路或哪个回路包含哪条支路的情况。例如，对于图 8-2(a)而言，选定回路为 l_1、l_2、l_3，则回路矩阵为

$$\boldsymbol{B} = \begin{bmatrix} 1 & -1 & -1 & 0 & 0 & 0 \\ 0 & 1 & 0 & -1 & 0 & -1 \\ 0 & 0 & -1 & -1 & -1 & 0 \end{bmatrix}$$

由于一个图中通常有多个回路可选，所以，除了网孔外，需要借助树才能选择一组独立的回路，也称为基本回路。那么，能够体现支路和基本回路关联特性的矩阵就被称为基本回路矩阵，用 $\boldsymbol{B}_{\mathrm{f}}$ 表示（下标 f 表示"基本"）。列写 $\boldsymbol{B}_{\mathrm{f}}$ 时，先选定一个树，通常按"先连支后树支"或"先树支后连支"的顺序排列"列元素"，且以连支方向为对应回路的绕行方向。在这种情况下，$\boldsymbol{B}_{\mathrm{f}}$ 中会出现一个单位子阵，即

$$\boldsymbol{B}_{\mathrm{f}} = \begin{bmatrix} \boldsymbol{I}_{\mathrm{b}} & \boldsymbol{B}_{\mathrm{t}} \end{bmatrix} \tag{8-5}$$

式中的下标 b 表示连支,t 表示树支。如果选取支路 2、3、5 为树支,则 1、4、6 为对应回路的连支,如图 8-2(b)所示,按"先连支后树支"的顺序排列"列元素",则构成的基本回路矩阵为

支路 1 4 6 2 3 5 回路

$$
\boldsymbol{B}_{\mathrm{f}} = \begin{bmatrix} 1 & 0 & 0 & -1 & -1 & 0 \\ 0 & 1 & 0 & 0 & 1 & 1 \\ 0 & 0 & 1 & -1 & -1 & -1 \end{bmatrix} \begin{matrix} l_1 \\ l_2 \\ l_3 \end{matrix}
$$

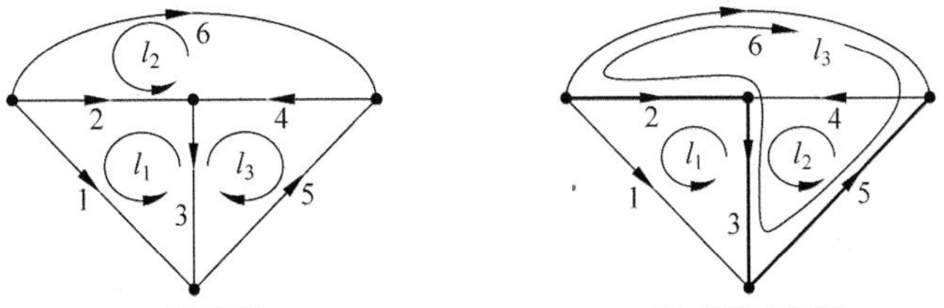

(a) 回路图   (b) 单连支回路

图 8-2 回路示意图

显然,每个基本回路只包含一个连支,因此,基本回路也是单连支回路。比如,在图 8-2(a)中,若选支路 2、3、4 为树支,则对应的三个回路(网孔)也是单连支回路。

回路矩阵左乘支路电压列向量,所得乘积是一个 l 阶的列向量。由于矩阵 $\boldsymbol{B}$ 的每一行表示每一对应回路与支路的关联情况,由矩阵的乘法规则可知所得乘积列向量中每一元素将等于每一对应回路中各支路电压的代数和,即

$$
\boldsymbol{Bu} = \begin{bmatrix} \text{回路 1 中的} \sum u \\ \text{回路 2 中的} \sum u \\ \vdots \\ \text{回路 } l \text{ 中的} \sum u \end{bmatrix}
$$

根据基尔霍夫电压定律(KVL),故有

$$
\boldsymbol{Bu} = \boldsymbol{0} \tag{8-6}
$$

式(8-6)就是用 $\boldsymbol{B}$ 矩阵表示的 KVL 方程矩阵形式。例如,对于图 8-2(a),矩阵形式的 KVL 方程为

$$
\boldsymbol{Bu} = \begin{bmatrix} 1 & -1 & -1 & 0 & 0 & 0 \\ 0 & 1 & 0 & -1 & 0 & -1 \\ 0 & 0 & -1 & -1 & -1 & 0 \end{bmatrix} \begin{bmatrix} u_1 \\ u_2 \\ u_3 \\ u_4 \\ u_5 \\ u_6 \end{bmatrix} = \begin{bmatrix} u_1 - u_2 - u_3 \\ u_2 - u_4 - u_6 \\ -u_3 - u_4 - u_5 \end{bmatrix} = \begin{bmatrix} 0 \\ 0 \\ 0 \end{bmatrix}
$$

设 l 个回路电流的列向量为

$$
\boldsymbol{i}_l = \begin{bmatrix} i_{l1} & i_{l2} & \cdots & i_{ll} \end{bmatrix}^{\mathrm{T}}
$$

由于矩阵 $\boldsymbol{B}$ 的每一列对应矩阵 $\boldsymbol{B}^{\mathrm{T}}$ 的每一行,表示每一对应支路与回路的关联情况,所以按矩阵的乘法规则可知,所有支路电流与回路电流满足

$$
\boldsymbol{i} = \boldsymbol{B}^{\mathrm{T}} \boldsymbol{i}_l \tag{8-7}
$$

比如,对图 8-2(a)有

$$\begin{bmatrix} i_1 \\ i_2 \\ i_3 \\ i_4 \\ i_5 \\ i_6 \end{bmatrix} = \begin{bmatrix} 1 & 0 & 0 \\ -1 & 1 & 0 \\ -1 & 0 & -1 \\ 0 & -1 & -1 \\ 0 & 0 & -1 \\ 0 & -1 & 0 \end{bmatrix} \begin{bmatrix} i_{l1} \\ i_{l2} \\ i_{l3} \end{bmatrix} = \begin{bmatrix} i_{l1} \\ -i_{l1} + i_{l2} \\ -i_{l1} - i_{l3} \\ -i_{l2} - i_{l3} \\ -i_{l3} \\ -i_{l2} \end{bmatrix}$$

式(8-7)是用矩阵 $\boldsymbol{B}$ 表示的 KCL 的矩阵形式。它表明电路中各支路电流可以用与该支路关联的回路电流表示,这正是回路电流法的基本思想。值得一提的是,如果采用基本回路矩阵 $\boldsymbol{B}_{\mathrm{f}}$ 表示 KVL、KCL 的矩阵形式时,支路电压、支路电流的支路顺序要与基本回路矩阵 $\boldsymbol{B}_{\mathrm{f}}$ 的支路顺序相同。

【例题 8-1】 电路如图 8-3(a)所示,选定树支见粗线,写出用 $\boldsymbol{B}_{\mathrm{f}}$ 表示的 KCL 和 KVL 方程。

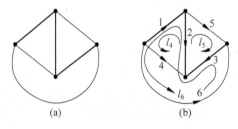

(a)　　　　　　(b)

图 8-3　例题 8-1 图

解:按"先树支后连支"顺序标出支路号,并设定参考方向如图 8-3(b)所示。选基本回路为 $l_4(4,2,1)$、$l_5(5,3,2)$、$l_6(6,3,2,1)$,回路号的下标为该回路的连支号。设回路电流与该回路连支电流相同,则有

$$\boldsymbol{B}_{\mathrm{f}} = \begin{bmatrix} -1 & -1 & 0 & 1 & 0 & 0 \\ 0 & -1 & 1 & 0 & 1 & 0 \\ -1 & -1 & 1 & 0 & 0 & 1 \end{bmatrix}$$

设支路电压列向量为 $\boldsymbol{u} = \begin{bmatrix} u_1 & u_2 & \cdots & u_6 \end{bmatrix}^{\mathrm{T}}$,则根据式(8-6)得 KVL 方程为

$$\boldsymbol{B}_{\mathrm{f}}\boldsymbol{u} = \begin{bmatrix} -1 & -1 & 0 & 1 & 0 & 0 \\ 0 & -1 & 1 & 0 & 1 & 0 \\ -1 & -1 & 1 & 0 & 0 & 1 \end{bmatrix} \begin{bmatrix} u_1 \\ u_2 \\ u_3 \\ u_4 \\ u_5 \\ u_6 \end{bmatrix} = \begin{bmatrix} -u_1 - u_2 + u_4 \\ -u_2 + u_3 + u_5 \\ -u_1 - u_2 + u_3 + u_6 \end{bmatrix} = \begin{bmatrix} 0 \\ 0 \\ 0 \end{bmatrix}$$

设支路电流列向量为 $\boldsymbol{i} = \begin{bmatrix} i_1 & i_2 & \cdots & i_6 \end{bmatrix}^{\mathrm{T}}$,根据式(8-7)的 KCL 方程为

$$\begin{bmatrix} i_1 \\ i_2 \\ i_3 \\ i_4 \\ i_5 \\ i_6 \end{bmatrix} = \begin{bmatrix} -1 & 0 & -1 \\ -1 & -1 & -1 \\ 0 & 1 & 1 \\ 1 & 0 & 0 \\ 0 & 1 & 0 \\ 0 & 0 & 1 \end{bmatrix} \begin{bmatrix} i_4 \\ i_5 \\ i_6 \end{bmatrix} = \begin{bmatrix} -i_4 - i_6 \\ -i_4 - i_5 - i_6 \\ i_5 + i_6 \\ i_4 \\ i_5 \\ i_6 \end{bmatrix}$$

其中 $\begin{bmatrix} i_4 \\ i_5 \\ i_6 \end{bmatrix} = \begin{bmatrix} i_{l4} \\ i_{l5} \\ i_{l6} \end{bmatrix}$，即回路电流与该回路连支电流相等。

8.1.3　割集矩阵

设一个割集由某些支路组成，则称这些支路与该割集关联。支路与割集的关联性可用割集矩阵描述。设有向图 G 的节点数为 n、支路数为 b，则该图的独立割集数为 $n-1$。对每个割集编号，并指定割集方向，则割集矩阵为一个 $(n-1) \times b$ 阶矩阵，其行对应割集，列对应支路，通常用 $\boldsymbol{Q}$ 表示。$\boldsymbol{Q}$ 的任一元素 q_{ij} 定义为

$$q_{ij} = \begin{cases} 1 & \text{支路 } j \text{ 与割集 } i \text{ 关联且它们的方向一致} \\ -1 & \text{支路 } j \text{ 与割集 } i \text{ 关联且它们的方向相反} \\ 0 & \text{支路 } j \text{ 与割集 } i \text{ 不关联} \end{cases} \tag{8-8}$$

如果选的割集为单树支割集，则这组割集为独立割集，其矩阵被称为基本割集矩阵，通常用 $\boldsymbol{Q}_f$ 表示。列写 $\boldsymbol{Q}_f$ 时，先选定一个树，则矩阵的列通常按"先树支后连支"或"先连支后树支"的顺序排列，矩阵的行按照单树支对应割集的顺序且割集方向与相应树支方向一致。在这种情况下，$\boldsymbol{Q}_f$ 中会出现一个单位子阵，即

$$\boldsymbol{Q}_f = \begin{bmatrix} \boldsymbol{I}_t & \boldsymbol{Q}_b \end{bmatrix} \tag{8-9}$$

式中，下标 t 和 b 分别表示对应的树支和连支部分。例如对于图 8-4(a)，如果选取支路 1、3、4 为树支(如图 8-4(b))，则对应的单树支割集分别为 $q_1(1,2,6)$、$q_2(2,3,5,6)$、$q_3(4,5,6)$，则构成的基本割集矩阵为

$$\begin{array}{ccccccccc} \text{支路} & 1 & 3 & 4 & 2 & 5 & 6 & \text{割集} \\ \boldsymbol{Q}_f = & \begin{bmatrix} 1 & 0 & 0 & 1 & 0 & 1 \\ 0 & 1 & 0 & -1 & -1 & -1 \\ 0 & 0 & 1 & 0 & -1 & -1 \end{bmatrix} & & & & & & \begin{matrix} q_1 \\ q_2 \\ q_3 \end{matrix} \end{array}$$

用割集矩阵乘以支路电流列向量，根据矩阵的乘法规则所得结果为汇集在每个割集支路电流的代数和，由 KCL 和割集的概念可得

$$\boldsymbol{Q}i = \boldsymbol{0} \tag{8-10}$$

式(8-10)就是用 $\boldsymbol{Q}$ 矩阵表示的 KCL 方程矩阵形式。

注意：若用基本割集(单树支割集)矩阵 $\boldsymbol{Q}_f$ 乘以支路电流列向量时，支路电流的排列顺序要与单树支割集支路顺序一致。

比如，对图 8-4(a)所示的有向图和对应的割集，则有

$$\boldsymbol{Q}i = \begin{bmatrix} 1 & 1 & 0 & 0 & 0 & 1 \\ 0 & -1 & 1 & -1 & 0 & 0 \\ 0 & 0 & 0 & 1 & -1 & -1 \end{bmatrix} \begin{bmatrix} i_1 \\ i_2 \\ i_3 \\ i_4 \\ i_5 \\ i_6 \end{bmatrix} = \begin{bmatrix} i_1 + i_2 + i_6 \\ -i_2 + i_3 - i_4 \\ i_4 - i_5 - i_6 \end{bmatrix} = \begin{bmatrix} 0 \\ 0 \\ 0 \end{bmatrix}$$

而若用基本割集 $\boldsymbol{Q}_f$ 的话，即对图 8-4(b)所示的有向图和对应的割集，则有

$$\boldsymbol{Q}_\mathrm{f}\boldsymbol{i} = \begin{bmatrix} 1 & 0 & 0 & 1 & 0 & 1 \\ 0 & 1 & 0 & -1 & -1 & -1 \\ 0 & 0 & 1 & 0 & -1 & -1 \end{bmatrix} \begin{bmatrix} i_1 \\ i_2 \\ i_3 \\ i_4 \\ i_5 \\ i_6 \end{bmatrix} = \begin{bmatrix} i_1+i_2+i_6 \\ i_3-i_2-i_5-i_6 \\ i_4-i_5-i_6 \end{bmatrix} = \begin{bmatrix} 0 \\ 0 \\ 0 \end{bmatrix}$$

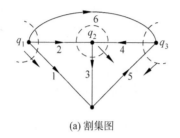 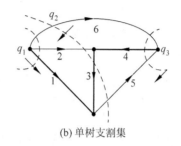

(a) 割集图   (b) 单树支割集

图 8-4　割集示意图

若把树支支路的电压称为树支电压,连支支路的电压称为连支电压的话,则由于基本割集中只含有一个树支,所以,通常就把树支电压定义为该基本割集的电压,称为基本割集电压。又因树支数为 $n-1$,故共有 $n-1$ 个树支电压,而其余的支路电压则为连支电压。根据 KVL,全部的支路电压都可用 $n-1$ 个树支电压的组合来表示。因此,树支电压可以作为网络分析的一组独立变量。

将电路中 $n-1$ 个树支电压用 $n-1$ 阶列向量表示,即

$$\boldsymbol{u}_t = \begin{bmatrix} u_{t1} & u_{t2} & \cdots & u_{t(n-1)} \end{bmatrix}^\mathrm{T}$$

由于 $\boldsymbol{Q}_\mathrm{f}$ 的每一列就是 $\boldsymbol{Q}_\mathrm{f}^\mathrm{T}$ 的每一行,表示的是一条支路与割集的关联情况,按矩阵相乘的规则,所以可得全部支路电压与树支电压的关系为

$$\boldsymbol{u} = \boldsymbol{Q}_\mathrm{f}^\mathrm{T}\boldsymbol{u}_t \tag{8-11}$$

式(8-11)就是用矩阵 $\boldsymbol{Q}_\mathrm{f}$ 表示的 KVL 方程矩阵形式。

比如,对图 8-4(b)所示有向图,选取 1、3、4 为树支,其树支电压分别为 u_{t1}、u_{t2} 和 u_{t3},则有

$$\begin{bmatrix} u_1 \\ u_2 \\ u_3 \\ u_4 \\ u_5 \\ u_6 \end{bmatrix} = \begin{bmatrix} 1 & 0 & 0 \\ 0 & 1 & 0 \\ 0 & 0 & 1 \\ 1 & -1 & 0 \\ 0 & -1 & -1 \\ 1 & -1 & -1 \end{bmatrix} \begin{bmatrix} u_{t1} \\ u_{t2} \\ u_{t3} \end{bmatrix} = \begin{bmatrix} u_{t1} \\ u_{t2} \\ u_{t3} \\ u_{t1}-u_{t2} \\ -u_{t2}-u_{t3} \\ u_{t1}-u_{t2}-u_{t3} \end{bmatrix}$$

注意:式中,u_1 为支路 1 电压,u_2 为支路 3 电压,u_3 为支路 4 电压,u_4 为支路 2 电压,u_5 为支路 5 电压,u_6 为支路 6 电压。

在求解电路时,选取不同的独立变量就形成了不同的方法。下面几节将介绍选用连支(回路)电流 i_l、节点电压 u_n、树支电压 u_t 作为独立变量所对应的回路法、节点法和割集法。

8.2　回路电流方程的矩阵形式

回路电流法和网孔电流法是分别以回路电流和网孔电流作为电路独立变量,列写回路和网孔的回路(网孔)电流方程进行求解的一种分析方法。注意:回路(网孔)电流方程的实质是 KVL 方程。

由于描述支路与回路关联性质的是回路矩阵 $\boldsymbol{B}$,所以可以用以回路矩阵 $\boldsymbol{B}$ 表示的 KCL 和 KVL 方程推导出回路电流方程的矩阵形式。为了更具有一般性,可以直接根据电流电压的相量模型进行研究。

在列写方程分析电路时,除了依据 KCL、KVL 外,还要了解每一条支路所包含的元件及其特性,即要知道支路电压和电流的约束关系。若定义一种典型支路作为通用的电路模型则可以简化分析,这种支路称为“复合支路”。对于回路法或网孔法,通常采用图 8-5(a) 所示的复合支路进行分析,其中下标 k 表示第 k 条支路,以 $\dot{U}_{Sk}$ 和 $\dot{I}_{Sk}$ 分别表示独立电压源和独立电流源;Z_k 表示阻抗,且规定它只能是单一的电阻、电感或电容,不允许是它们的组合;支路电压 $\dot{U}_k$ 和支路电流 $\dot{I}_k$ 取关联参考方向;独立电源 $\dot{U}_{Sk}$ 和 $\dot{I}_{Sk}$ 的参考方向和支路方向相反,而阻抗元件 Z_k 的电压、电流参考方向与支路方向相同(阻抗上电压电流取关联参考方向)。在此种情况下,该复合支路可抽象为图 8-5(b)。

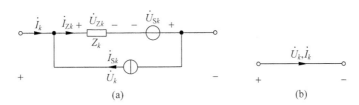

图 8-5　回路电流方程复合支路

对于第 k 条支路,支路电压和支路电流的关系为

$$\dot{U}_k = \dot{U}_{Zk} - \dot{U}_{Sk} = Z_k(\dot{I}_k + \dot{I}_{Sk}) - \dot{U}_{Sk} \tag{8-12}$$

式(8-12)就是典型支路(复合支路)的支路方程。方程中 $\dot{U}_{Sk}=0$ 和 $\dot{I}_{Sk}=0$ 都是可以的。若设:

支路电流列向量为 $\dot{I}=\begin{bmatrix}\dot{I}_1 & \dot{I}_2 & \cdots & \dot{I}_b\end{bmatrix}^T$。

支路电压列向量为 $\dot{U}=\begin{bmatrix}\dot{U}_1 & \dot{U}_2 & \cdots & \dot{U}_b\end{bmatrix}^T$。

支路电流源列向量为 $\dot{I}_S=\begin{bmatrix}\dot{I}_{S1} & \dot{I}_{S2} & \cdots & \dot{I}_{Sb}\end{bmatrix}^T$。

支路电压源列向量为 $\dot{U}_S=\begin{bmatrix}\dot{U}_{S1} & \dot{U}_{S2} & \cdots & \dot{U}_{Sb}\end{bmatrix}^T$。

则按式(8-12),可分别写出整个电路的 b 条支路方程,并整理成矩阵形式

$$\begin{bmatrix} \dot{U}_1 \\ \dot{U}_2 \\ \vdots \\ \dot{U}_b \end{bmatrix} = \begin{bmatrix} Z_1 & & & 0 \\ & Z_2 & & \\ & & \ddots & \\ 0 & & & Z_b \end{bmatrix} \begin{bmatrix} \dot{I}_1 + \dot{I}_{S1} \\ \dot{I}_2 + \dot{I}_{S2} \\ \vdots \\ \dot{I}_b + \dot{I}_{Sb} \end{bmatrix} - \begin{bmatrix} \dot{U}_{S1} \\ \dot{U}_{S2} \\ \vdots \\ \dot{U}_{Sb} \end{bmatrix}$$

$$\dot{U} = Z(\dot{I} + \dot{I}_S) - \dot{U}_S \tag{8-13}$$

式(8-13)被称为支路电压方程矩阵。其中 Z 称为支路阻抗矩阵,是一个对角阵,其对角线元素是每条支路的支路阻抗。

已知电路满足的基本方程分别为

KCL

$$\dot{I} = B^T \dot{I}_l \tag{8-14}$$

KVL

$$B\dot{U} = 0 \tag{8-15}$$

把式(8-13)代入式(8-15),可得

$$B[Z(\dot{I} + \dot{I}_S) - \dot{U}_S] = 0$$

$$BZ\dot{I} + BZ\dot{I}_S - B\dot{U}_S = 0 \tag{8-16}$$

再把式(8-14)代入式(8-16)可得

$$BZB^T \dot{I}_l = B\dot{U}_S - BZ\dot{I}_S \tag{8-17}$$

式(8-17)即为待解电路的回路电流方程矩阵形式。若设 $Z_l = BZB^T$,可知它是一个 l 阶的方阵,称为回路阻抗矩阵,其对角线元素即为自阻抗,非对角线元素为互阻抗。此时,式(8-17)变为

$$Z_l \dot{I}_l = B\dot{U}_S - BZ\dot{I}_S \tag{8-18}$$

【例题 8-2】 试列写如图 8-6(a)所示电路的回路电流方程相量矩阵形式。

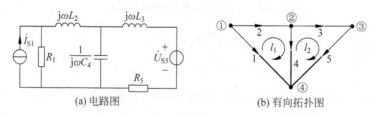

(a) 电路图　　　　　　　　(b) 有向拓扑图

图 8-6　例题 8-2 图

解： 作出原电路有向图如图 8-6(b)所示。选支路 1、4、5 为树支,按"先连支后树支"的顺序排"列元素",则基本回路矩阵为

$$B = \begin{bmatrix} 1 & 0 & -1 & 1 & 0 \\ 0 & 1 & 0 & -1 & 1 \end{bmatrix}$$

支路阻抗矩阵为

$$Z = \text{diag}\begin{bmatrix} j\omega L_2 & j\omega L_3 & R_1 & \dfrac{1}{j\omega C_4} & R_5 \end{bmatrix}$$

电压源列向量为

$$\dot{\boldsymbol{U}}_S = \begin{bmatrix} 0 & 0 & 0 & 0 & -\dot{U}_{S5} \end{bmatrix}^T$$

电流源列向量为

$$\dot{\boldsymbol{I}}_S = \begin{bmatrix} 0 & 0 & \dot{I}_{S1} & 0 & 0 \end{bmatrix}^T$$

上述两个列向量的支路顺序为$(2,3,1,4,5)$，与 $\boldsymbol{B}$ 矩阵排序一致。

将以上各式代入式(8-17)可得

$$\begin{bmatrix} R_1 + \mathrm{j}\omega L_2 + \dfrac{1}{\mathrm{j}\omega C_4} & -\dfrac{1}{\mathrm{j}\omega C_4} \\ -\dfrac{1}{\mathrm{j}\omega C_4} & R_5 + \mathrm{j}\omega L_3 + \dfrac{1}{\mathrm{j}\omega C_4} \end{bmatrix} \begin{bmatrix} \dot{I}_{l1} \\ \dot{I}_{l2} \end{bmatrix} = \begin{bmatrix} R_1 \dot{I}_{S1} \\ -\dot{U}_{S5} \end{bmatrix}$$

注意：回路电流等于连支电流，即 $\begin{bmatrix} \dot{I}_{l1} \\ \dot{I}_{l2} \end{bmatrix} = \begin{bmatrix} \dot{I}_2 \\ \dot{I}_3 \end{bmatrix}$，由此可得 $\dot{I}_4 = \dot{I}_2 - \dot{I}_3$，$\dot{I}_5 = \dot{I}_3$，$\dot{I}_1 = -\dot{I}_2$，而 $\dot{I}_1$ 不是电阻 R_1 的电流，是 R_1 与 $\dot{I}_{S1}$ 构成的复合支路电流。可见，利用回路电流可求得所有支路电流。另外，从电路上看，不应该有节点③，但根据复合支路的定义不允许有组合阻抗，因此只能用节点③将 $\mathrm{j}\omega L_3$ 和 R_5 分成两个支路。

若电路中含互感和受控源，则回路电流方程矩阵形式不变，都是式(8-17)。

(1) 若第 k 条支路和第 j 条支路之间有互感。此时的阻抗矩阵会发生变化，其对角线元素不变，依然是各支路自阻抗，而非对角线元素的第 k 行、第 j 列和第 j 行、第 k 列两个元素是两条支路的互阻抗，若电流流入同名端，则互阻抗取正值；反之，互阻抗取负值。阻抗矩阵 $\boldsymbol{Z}$ 不再是对角阵。

(2) 若第 k 条支路含有受控电压源，控制量是第 j 条支路无源元件的电压或电流。此时的阻抗矩阵会发生变化，其对角线元素不变，依然是各支路自阻抗，而非对角线的第 k 行、第 j 列的元素的大小为 CCVS 的控制系数 γ_{kj}，若受控电压源的方向与图 8-7(a)中一致，则该系数取正值，反之，取负值。若受控源为 VCVS，则第 k 行、第 j 列的元素的大小为 VCVS 的控制系数和第 j 个自阻抗之积 $\mu_{kj} Z_j$，其正负号的选择与 CCVS 相同。在此种情况下，该复合支路可抽象为图 8-7(b)。

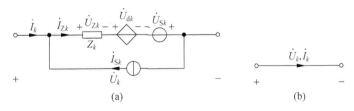

图 8-7　回路电流方程含受控源复合支路

限于大纲要求，有关电路中含互感和受控源时，回路电流方程矩阵形式的详细内容本书不再赘述，有兴趣的读者可参阅其他教材。

8.3 节点电压方程的矩阵形式

根据之前的知识可知,节点电压法是以节点电压为电路的独立变量,列写的是电路的 KCL 方程。由于描述支路和节点关联性的是关联矩阵 $\boldsymbol{A}$,因此可以用以 $\boldsymbol{A}$ 表示的 KCL 和 KVL 推导出节点电压方程的矩阵形式。已知

KCL

$$\boldsymbol{A}\dot{\boldsymbol{I}} = \boldsymbol{0} \qquad (8\text{-}19)$$

KVL

$$\dot{\boldsymbol{U}} = \boldsymbol{A}^{\mathrm{T}}\dot{\boldsymbol{U}}_n \qquad (8\text{-}20)$$

与 8.2 节类似,除了 KCL 和 KVL 方程外,还需知道每一条支路的电压和电流约束关系。对于节点电压法,一般可采用图 8-8(a)所示的复合支路。其中,下标 k 表示第 k 条支路,$\dot{U}_{Sk}$ 和 $\dot{I}_{Sk}$ 分别表示独立电压源和独立电流源,Y_k 表示这条支路的导纳;支路电压 $\dot{U}_k$ 和支路电流 $\dot{I}_k$ 取关联参考方向,独立电源 $\dot{U}_{Sk}$ 和 $\dot{I}_{Sk}$ 的参考方向和支路方向相反,而导纳 Y_k 上电压电流的参考方向与支路方向相同(导纳上电压电流取关联参考方向)。在此种情况下,该复合支路可抽象为图 8-8(b)。

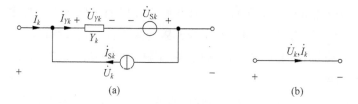

图 8-8　节点电压方程复合支路

对于第 k 条支路,有

$$\dot{I}_k = Y_k(\dot{U}_k + \dot{U}_{Sk}) - \dot{I}_{Sk}$$

则对整个电路,有

$$\begin{bmatrix} \dot{I}_1 \\ \dot{I}_2 \\ \vdots \\ \dot{I}_b \end{bmatrix} = \begin{bmatrix} Y_1 & & & 0 \\ & Y_2 & & \\ & & \ddots & \\ 0 & & & Y_b \end{bmatrix} \begin{bmatrix} \dot{U}_1 + \dot{U}_{S1} \\ \dot{U}_2 + \dot{U}_{S2} \\ \vdots \\ \dot{U}_b + \dot{U}_{Sb} \end{bmatrix} - \begin{bmatrix} \dot{I}_{S1} \\ \dot{I}_{S2} \\ \vdots \\ \dot{I}_{Sb} \end{bmatrix}$$

或写成

$$\dot{\boldsymbol{I}} = \boldsymbol{Y}(\dot{\boldsymbol{U}} + \dot{\boldsymbol{U}}_S) - \dot{\boldsymbol{I}}_S \qquad (8\text{-}21)$$

式(8-21)称为支路电流方程矩阵,其中 $\boldsymbol{Y}$ 称为支路导纳矩阵,它是一个 $b \times b$ 的对角阵,对角线上的每个元素分别是各支路的导纳。支路导纳阵 $\boldsymbol{Y}$ 和支路阻抗阵 $\boldsymbol{Z}$ 互逆,即满足 $\boldsymbol{Y} = \boldsymbol{Z}^{-1}$。

将式(8-21)代入式(8-19)可得

$$B = \begin{bmatrix} -1 & 1 & 0 & -1 & 0 & 0 & 0 & 0 \\ 0 & -1 & -1 & 0 & -1 & 0 & 0 & 0 \\ 0 & 0 & 0 & 1 & 0 & 1 & 0 & 1 \\ 0 & 0 & 0 & 0 & 1 & -1 & 1 & 0 \end{bmatrix}$$

8-4 如图 8-16 所示的有向图,选支路 1、2、3 为树支,试写 A、B_f 和 Q_f。

$$\left\{ A = \begin{bmatrix} 1 & 0 & 0 & -1 & 1 & 0 \\ -1 & 1 & 0 & 0 & 0 & 1 \\ 0 & -1 & 1 & 0 & -1 & 0 \end{bmatrix}, \quad B_f = \begin{bmatrix} 1 & 1 & 1 & 1 & 0 & 0 \\ -1 & -1 & 0 & 0 & 1 & 0 \\ 0 & -1 & -1 & 0 & 0 & 1 \end{bmatrix}, \right.$$

$$Q_f = \begin{bmatrix} 1 & 0 & 0 & -1 & 1 & 0 \\ 0 & 1 & 0 & -1 & 1 & 1 \\ 0 & 0 & 1 & -1 & 0 & 1 \end{bmatrix}$$

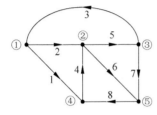

图 8-15 习题 8-3 图

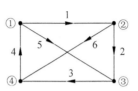

图 8-16 习题 8-4 图

8-5 某有向图的非降阶关联矩阵 A_a 如下,试画出其对应的拓扑图。

$$A_a = \begin{bmatrix} 1 & 0 & 1 & 0 & -1 \\ 0 & 1 & 0 & 0 & 1 \\ -1 & -1 & 0 & -1 & 0 \\ 0 & 0 & -1 & 1 & 0 \end{bmatrix}$$

8-6 写出如图 8-17 所示的电路的回路电流方程矩阵形式。

$$\left\{ \begin{bmatrix} R_1 + \dfrac{1}{j\omega C_3} & \dfrac{-1}{j\omega C_3} \\ \dfrac{-1}{j\omega C_3} & R_2 + \dfrac{1}{j\omega C_3} + j\omega L_4 \end{bmatrix} \begin{bmatrix} \dot{I}_{l1} \\ \dot{I}_{l2} \end{bmatrix} = \begin{bmatrix} \dot{U}_{S1} \\ -R_2\dot{I}_{S2} \end{bmatrix}, \right.$$

$$\begin{bmatrix} R_1 + \dfrac{1}{j\omega C_3} + \dfrac{1}{j\omega C_4} + j\omega L_6 & R_1 + \dfrac{1}{j\omega C_3} & -\left(\dfrac{1}{j\omega C_3} + \dfrac{1}{j\omega C_4}\right) \\ R_1 + \dfrac{1}{j\omega C_3} & R_1 + R_2 + \dfrac{1}{j\omega C_3} & -\dfrac{1}{j\omega C_3} \\ -\left(\dfrac{1}{j\omega C_3} + \dfrac{1}{j\omega C_4}\right) & -\dfrac{1}{j\omega C_3} & \dfrac{1}{j\omega C_3} + \dfrac{1}{j\omega C_4} + R_5 \end{bmatrix} \begin{bmatrix} \dot{I}_{l1} \\ \dot{I}_{l2} \\ \dot{I}_{l3} \end{bmatrix} = \begin{bmatrix} R_1\dot{I}_{S1} \\ R_1\dot{I}_{S1} \\ -R_5\dot{I}_{S5} \end{bmatrix}$$

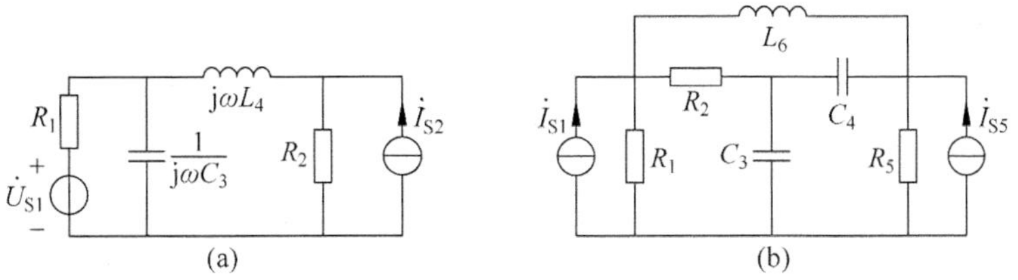

图 8-17 习题 8-6 图

8-7　如图 8-18 所示的电路,写出其 A、B_f 和 Q_f。

$$\left\{ A = \begin{bmatrix} 1 & 1 & 0 & 1 & 0 & 0 \\ 0 & -1 & 1 & 0 & 1 & 0 \\ 0 & 0 & -1 & -1 & 0 & 1 \end{bmatrix}, \quad B_f = \begin{bmatrix} 0 & -1 & -1 & 1 & 0 & 0 \\ -1 & 1 & 0 & 0 & 1 & 0 \\ -1 & 1 & 1 & 0 & 0 & 1 \end{bmatrix} \right.$$

$$Q_f = \begin{bmatrix} 1 & 0 & 0 & 0 & 1 & 1 \\ 0 & 1 & 0 & 1 & -1 & -1 \\ 0 & 0 & 1 & 1 & 0 & -1 \end{bmatrix}$$

8-8　如图 8-19 所示的电路,写出其 B_f 和 Q_f。

$$\left\{ \text{选 1、3 为树支。} B_f = \begin{bmatrix} 1 & 0 & 0 & 1 & 0 \\ 0 & 1 & 0 & 0 & -1 \\ 0 & 0 & 1 & -1 & 1 \end{bmatrix}, \quad Q_f = \begin{bmatrix} -1 & 0 & 1 & 1 & 0 \\ 0 & 1 & -1 & 0 & 1 \end{bmatrix} \right.$$

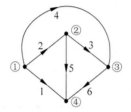

图 8-18　习题 8-7 图

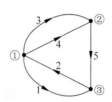

图 8-19　习题 8-8 图

8-9　如图 8-20 所示的电路,写出用关联矩阵表示的 KCL 和 KVL 矩阵方程。

$$\left(\begin{bmatrix} 1 & 0 & 0 & 0 & -1 & 1 & -1 \\ -1 & 1 & 0 & 1 & 0 & 0 & 0 \\ 0 & -1 & 1 & 0 & 0 & 0 & 1 \end{bmatrix} \begin{bmatrix} \dot{I}_1 \\ \dot{I}_2 \\ \dot{I}_3 \\ \dot{I}_4 \\ \dot{I}_5 \\ \dot{I}_6 \\ \dot{I}_7 \end{bmatrix} = 0, \quad \begin{bmatrix} \dot{U}_1 \\ \dot{U}_2 \\ \dot{U}_3 \\ \dot{U}_4 \\ \dot{U}_5 \\ \dot{U}_6 \\ \dot{U}_7 \end{bmatrix} = \begin{bmatrix} 1 & -1 & 0 \\ 0 & 1 & -1 \\ 0 & 0 & 1 \\ 0 & 1 & 0 \\ -1 & 0 & 0 \\ 1 & 0 & 0 \\ -1 & 0 & 1 \end{bmatrix} \begin{bmatrix} \dot{U}_{n1} \\ \dot{U}_{n2} \\ \dot{U}_{n3} \end{bmatrix} \right)$$

8-10　如图 8-21 所示的有向图,选支路 1、2、3 为树,写出用 Q_f 表示的 KCL 和 KVL 矩阵方程。

$$\left(\begin{bmatrix} 1 & 0 & 0 & 0 & -1 & -1 \\ 0 & 1 & 0 & -1 & 1 & 0 \\ 0 & 0 & 1 & -1 & 0 & 1 \end{bmatrix} \begin{bmatrix} i_1 \\ i_2 \\ i_3 \\ i_4 \\ i_5 \\ i_6 \end{bmatrix} = 0, \quad \begin{bmatrix} u_1 \\ u_2 \\ u_3 \\ u_4 \\ u_5 \\ u_6 \end{bmatrix} = \begin{bmatrix} 1 & 0 & 0 \\ 0 & 1 & 0 \\ 0 & 0 & 1 \\ 0 & -1 & -1 \\ -1 & 1 & 0 \\ -1 & 0 & 1 \end{bmatrix} \begin{bmatrix} u_{t1} \\ u_{t2} \\ u_{t3} \end{bmatrix} = \begin{bmatrix} u_{t1} \\ u_{t2} \\ u_{t3} \\ -u_{t2} - u_{t3} \\ -u_{t1} + u_{t2} \\ -u_{t1} + u_{t3} \end{bmatrix} \right)$$

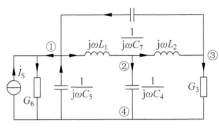

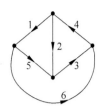

图 8-20 习题 8-9 图   图 8-21 习题 8-10 图

8-11 如图 8-22 所示的电路,用节点电压法求各支路电流。(-4.4A;-4.4A;9A;4.6A)

8-12 如图 8-23 所示的电路,写出节点电压方程的矩阵形式。

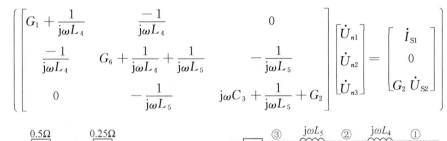

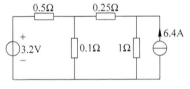

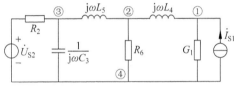

图 8-22 习题 8-11 图   图 8-23 习题 8-12 图

第 9 章

双端口网络

在前面的电路分析中，如果仔细观察就会发现，无论是直流电路还是交流电路，大都可以将"激励"和"响应"从电路（网络）中拉出来，形成一个"激励源＋网络＋负载"的"三块"结构图。其中的"网络"有一个"入口"（接入激励）和一个"出口"（输出响应）。由于这种具有两个端口的电路（网络）具有普遍性，所以，通常把它称为"双端口网络"，并专门加以研究。

9.1 双端口网络的概念

9.1.1 双端口网络概述

对于一个信号处理电路一般需要给其输入一个待处理信号，即需要一个信号源，同时还需要给处理电路接一个负载，将处理后的信号通过负载表现出来，比如图 9-1 所示的放大电路和滤波电路。显然，一个处理电路通常需要两个端口：一个接信号源，一个接负载。为了使电路更具一般性和便于研究，人们把这种具有两个端口的处理电路称为"双端口网络"或"二端口网络"，简称"双口网络"。

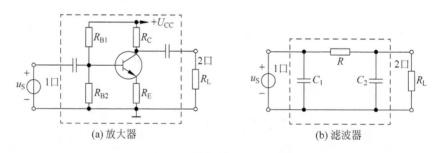

图 9-1　典型的信号处理电路

虽然"网络"可以认为是"电路"的别称，但它们在概念上还是有所不同。一般而言，"电路"强调电路的"实现功能"，比如"放大电路"、"滤波电路"、"振荡电路"等；"网络"则强调电路的外在形式或"结构图形"，比如"单端口网络"、"双端口网络"和"多端口网络"。因此，可以这样理解"网络"：网络就是由一些电子元器件互联而成的图形结构。

实际工作中，常把一些"基本处理电路"封装在一起形成一个"大电路"或"网络"，对外部只引出若干连线或端口与其他电路（网络）或电源或负载相连接。对于这样的网络，人们往往只关注它的外部特性,而对其内部情况并不感兴趣。比如,人们非常熟悉的手机充电器,对外引出两条线(封装成两条的 4 根线),一条接电源,一条接手机,如图 9-2 所示。用户并不关心充电器内部的具体结构,而只关心它输入电压/电流的大小以及输出电压/电流的大小。因此,充电器可以看成是一个对电源进行"降压-整流"处理的双口网络。

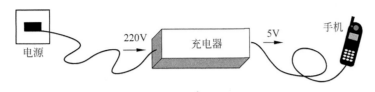

图 9-2 手机充电器

一般来讲,若网络 N 有 n 个端子,如图 9-3(a)所示,则称为 n 端子网络;若网络的外部端子中,两两成对构成端口,如图 9-3(b)所示的网络有 n 个端口,则称为 n 端口网络。对于 n 端口网络,其构成端口的一对端子中流过的电流是同一电流。也就是说,在任意时间 t 流入端口一端子的电流,等于流出该端口的另一端子的电流。如图 9-3(b)中,$i_1 = i_1'$,$i_2 = i_2'$,$\cdots$,$i_n = i_n'$。

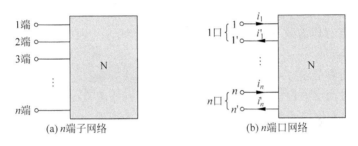

图 9-3 网络示意图

在电子技术中,多端子网络与多端口网络都有应用,但单口网络和双端口网络的应用最为普遍。单口网络比较简单,任何一个二端子元件都是最简单的单口网络。双端口网络的模型如图 9-4 所示。一个双端口网络也可以看作是一个"系统"。这里的"系统"可以认为是一个对信号起处理或变换作用的电路或算法的统称。

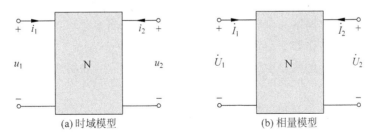

图 9-4 双端口网络模型

9.1.2 研究双端口网络的意义

一个实际应用电路(系统)多是由若干个分电路(子系统)按照一定的规则相互连接而

成,而一个系统或子系统最常见的形式就是双端口网络,因此,一个双端口网络可以看成是一个具有一个输入端和一个输出端的信号处理(变换)系统。显然,为了分析研究全电路(全系统)的特性,必须首先了解各分电路(子系统)的功能特性,然后才能研究两个或多个子系统之间的相互关系或影响程度(比如两个子系统串联、并联或级联后的特性如何等),从而得到全电路(全系统)的功能特性。

因此,研究双端口网络的意义在于:

(1) 普通双端口网络是复杂网络的构成要素,要想了解复杂网络的特性,必须以双端口网络特性的研究为基础。

(2) 即便是复杂网络,大多数也可以等效为一个双端口网络,因此,对普通双端口网络的研究方法和结论也适用于对复杂和大型网络的分析研究。

9.1.3　研究双端口网络的方法

要在理论上对一个物理系统进行研究分析,就必须找到可以表征该系统的数学表达式,也就是系统的数学模型。双端口网络既然可以作为一个信号处理系统,那么对它的研究也必须从系统模型开始。

由于人们主要关心双端口网络的外部特性,所以,常常用能够反映两个端口电流和电压之间关系的网络方程作为数学模型对双端口网络进行研究。因此,对于双端口网络的研究方法一般分为以下三步:

第一步:找到两个端口电流和电压之间满足的网络方程。

第二步:通过网络方程找出能够反映网络特性的网络参数。

第三步:通过对网络参数的分析,了解、研究网络的特性。

对双端口网络的研究方法流程如图 9-5 所示。

图 9-5　双端口网研究流程示意图

在具体介绍双端口网络的研究分析方法,也就是讨论网络方程和网络参数之前,需要先对所涉及的双端口网络作如下约定:

(1) 双端口网络 N 的端口电压和电流的参考方向相关联,如图 9-4 所示。为方便计,采用正弦稳态相量模型。

(2) 双端口网络 N 中只包含线性非时变元件,如有动态元件(指电容器或电感器)其起始状态为零,且在网络 N 中不含任何独立电源。

(3) 双端口网络的一个端口可以接输入信号(称为输入端口),另一端口可以接负载(称为输出端口),输入端口的各相量及参数用下脚标"1"表示,输出端口的各相量及参数用下脚标"2"表示。

严格地讲,网络参数不算是什么高深理论,只不过是取网络两个端口电压和电流进行不同组合,得到几组不同的比值参数罢了。但这些参数与外部无关,完全由网络内部的结构和元器件参数决定,可以从不同的角度全面反映网络的对外特性,比如输出电压与输入电压的比值(电压放大倍数)可以反映网络对电压信号的放大或衰减的程度,而输入电压与输入电流的比值(输入阻抗)却可以描述该网络对前一级网络的影响大小。另外,不同的网络可以有相同的网络参数,而一套网络参数也可以对应不同的网络(网络参数和网络具有"多对多"的关系)。因此,网络参数可以认为是人们了解网络特性的一扇窗户或研究网络性能的一个抓手,其实用价值很高。

9.2 双端口网络的方程与参数

图 9-4 所示的双端口网络模型是根据实际情况总结抽象出来的,具有一般性。因此,可以以该电路模型研究其数学模型和相关参数。

需要说明的是,输出口的电流方向按正常理解应该是从里向外流供负载使用,但为了研究分析方便,并更具代表性(比如输出口也接电源的时候),因此规定输出口电流从外向里流。如果实际情况是从里向外流,则给电流添加负号即可。

从图 9-4 可见,双端口网络的外在表现共有 4 个参量,即输入口的电流、电压和输出口的电流、电压。根据约定,这 4 个参量可用端口相量表示,即 $\dot{I}_1$、$\dot{U}_1$、$\dot{I}_2$、$\dot{U}_2$。若其中任意两个作自变量(系统中称为"激励"),另外两个作因变量(系统中称为"响应"),则可构成 6 组不同形式的组合或方程,每组方程都有一组被称为"网络参数"的方程参数,如表 9-1 所示。

表 9-1 双端口网络方程及其参数

方程	Z 方程	Y 方程	A 方程	H 方程	G 方程	A' 方程
参数	Z 参数	Y 参数	A 参数	H 参数	G 参数	A' 参数

根据实用情况和教学要求,本节主要讨论常用的 4 组方程及其网络参数,即 Z 方程和 Z 参数,Y 方程和 Y 参数,A 方程和 A 参数以及 H 方程和 H 参数。

9.2.1 Z 方程与 Z 参数

如果以电流 $\dot{I}_1$ 和 $\dot{I}_2$ 作为等效电流源对双端口网络进行激励,则它们的响应为 $\dot{U}_1$ 和 $\dot{U}_2$,如图 9-6 所示。

因为是线性网络,所以根据电路叠加原理可知,入口端(1 端口)电压 $\dot{U}_1$ 和出口端(2 端口)电压 $\dot{U}_2$ 都应是 $\dot{I}_1$ 和 $\dot{I}_2$ 共同作用的结果。先设 $\dot{I}_2 = 0$(即 2 端口开路),则此时 $\dot{I}_1$ 在 1 端口产生的电压 $\dot{U}_{11}$ 可表示为 $\dot{I}_1$ 与 1 端口看进去的等效阻抗 Z_{11} 的乘积,$\dot{I}_1$ 在 2 端口产生的电压 $\dot{U}_{21}$ 可表示为 $\dot{I}_1$ 与 2 端口看进去的等效阻抗 Z_{21} 的乘积(相当于一个受控电压源);再设 $\dot{I}_1 = 0$(即 1 端口开路),则此时 $\dot{I}_2$ 在 2 端口产

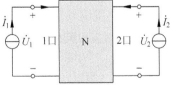

图 9-6 双端口网络 Z 方程模型

生的电压$\dot{U}_{22}$可表示为$\dot{I}_2$与2端口看进去的等效阻抗Z_{22}的乘积,$\dot{I}_2$在1端口产生的电压$\dot{U}_{12}$可表示为$\dot{I}_2$与1端口看进去的等效阻抗Z_{12}的乘积(相当于一个受控电压源)。这样,根据叠加定理即可得到二端口网络的电压方程为

$$\begin{cases} \dot{U}_1 = \dot{U}_{11} + \dot{U}_{12} \\ \dot{U}_2 = \dot{U}_{21} + \dot{U}_{22} \end{cases}$$

即

$$\begin{cases} \dot{U}_1 = Z_{11}\,\dot{I}_1 + Z_{12}\,\dot{I}_2 \\ \dot{U}_2 = Z_{21}\,\dot{I}_1 + Z_{22}\,\dot{I}_2 \end{cases} \tag{9-1}$$

分别令式(9-1)中$\dot{I}_2=0$和$\dot{I}_1=0$,则有

$$Z_{11} = \left.\frac{\dot{U}_1}{\dot{I}_1}\right|_{\dot{I}_2=0} \tag{9-2a}$$

$$Z_{21} = \left.\frac{\dot{U}_2}{\dot{I}_1}\right|_{\dot{I}_2=0} \tag{9-2b}$$

$$Z_{12} = \left.\frac{\dot{U}_1}{\dot{I}_2}\right|_{\dot{I}_1=0} \tag{9-2c}$$

$$Z_{22} = \left.\frac{\dot{U}_2}{\dot{I}_2}\right|_{\dot{I}_1=0} \tag{9-2d}$$

可见,方程的4个系数$Z_{ij}(i,j=1,2)$都可以表示成电压与电流值之比,也就是阻抗定义形式并具有欧姆量纲,因此称之为双端口网络的Z参数,式(9-1)也就被称为双端口网络的Z方程。

Z参数的物理意义是这样的:Z_{11}表示输出端口开路时输入端口的电压相量与电流相量之比,即输出端口开路时的输入阻抗。Z_{21}表示输出端口开路时的传输阻抗。Z_{12}表示输入端口开路时的传输阻抗。Z_{22}表示输入端口开路时的输出阻抗。由于4个Z参数都是在某端口开路情况下定义的,所以Z参数又叫开路阻抗参数。

显然,如果知道网络的内部结构,根据式(9-2)即可计算出Z参数。而式(9-2)既表明了Z参数的物理意义,又给出了Z参数的具体求解方法。当然,这组参数也可以用实验方法测得。

常见的双端口网络大多属于无源、线性非时变网络。对于这类网络来说,它们满足互易特性,即满足

$$\left.\frac{\dot{U}_1}{\dot{I}_2}\right|_{\dot{I}_1=0} = \left.\frac{\dot{U}_2}{\dot{I}_1}\right|_{\dot{I}_2=0} \tag{9-3}$$

将式(9-3)与式(9-2)比较,可得

$$Z_{12} = Z_{21} \tag{9-4}$$

满足互易特性的网络称为互易双端口网络或可逆双端口网络。从式(9-4)可见,4个参

数中只有 3 个参数是相互独立的。这里所谓"互易"就是"互换",即参数可以互换之意(Z_{12} 与 Z_{21} 互换)。

如果将双端口网络的输入端口与输出端口对调后,其各端口电流、电压均不改变,则称其为对称双端口网络。这种网络从连接结构看也是对称的。若双端口网络是互易的,且又是对称的,则有

$$\begin{cases} Z_{12} = Z_{21} \\ Z_{11} = Z_{22} \end{cases} \tag{9-5}$$

在这种情况下,4 个 Z 参数中只有两个是相互独立的。

将 Z 方程写为矩阵形式

$$\begin{bmatrix} \dot{U}_1 \\ \dot{U}_2 \end{bmatrix} = \begin{bmatrix} Z_{11} & Z_{12} \\ Z_{21} & Z_{22} \end{bmatrix} \begin{bmatrix} \dot{I}_1 \\ \dot{I}_2 \end{bmatrix} \tag{9-6}$$

式(9-6)可简记为

$$\dot{U} = \mathbf{Z}\dot{I} \tag{9-7}$$

式中,$\dot{U}$ 和 $\dot{I}$ 都是列向量,$\mathbf{Z}$ 称为 Z 参数矩阵

$$\mathbf{Z} = \begin{bmatrix} Z_{11} & Z_{12} \\ Z_{21} & Z_{22} \end{bmatrix} \tag{9-8}$$

求出或得到二端口网络 Z 参数的意义是:可以不管该网络的内部结构,用 Z 参数即可求得该网络的端口电流和电压。

下面,通过例题说明 Z 参数的求法。

【例题 9-1】 求如图 9-7 所示 T 形网络的 Z 参数矩阵。

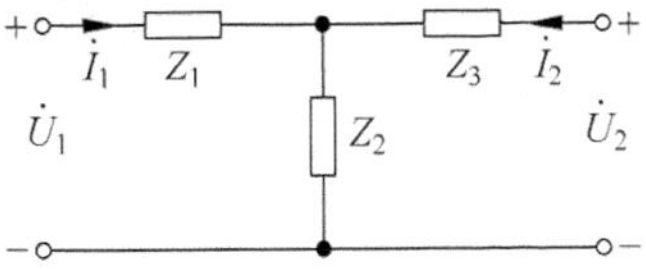

解:根据式(9-2),分别令 $\dot{I}_1 = 0$ 和 $\dot{I}_2 = 0$,则有

$$Z_{11} = \frac{\dot{U}_1}{\dot{I}_1}\bigg|_{i_2=0} = Z_1 + Z_2, \quad Z_{21} = \frac{\dot{U}_2}{\dot{I}_1}\bigg|_{i_2=0} = Z_2$$

$$Z_{12} = \frac{\dot{U}_1}{\dot{I}_2}\bigg|_{i_1=0} = Z_2, \quad Z_{22} = \frac{\dot{U}_2}{\dot{I}_2}\bigg|_{i_1=0} = Z_2 + Z_3$$

图 9-7 例题 9-1 图

则其 Z 参数矩阵为

$$\mathbf{Z} = \begin{bmatrix} Z_1 + Z_2 & Z_2 \\ Z_2 & Z_2 + Z_3 \end{bmatrix}$$

可见,该网络的 $Z_{12} = Z_{21} = Z_2$,满足互易特性,是线性、时不变网络。

【例题 9-2】 如图 9-8 所示的双端口网络的 Z 参数矩阵为 $\mathbf{Z} = \begin{bmatrix} 6 & 3 \\ 3 & 6 \end{bmatrix}\Omega$,并已知 $R_1 = 2\Omega$,求网络中各电阻的阻值。

解:从 Z 参数矩阵中可知

$$Z_{11} = Z_{22} = 6\Omega, \quad Z_{12} = Z_{21} = 3\Omega$$

显然,该网络为互易对称网络,只有两个参数独立。根据式(9-2),有

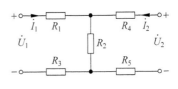

图 9-8 例题 9-2 图

$$Z_{11} = R_1 + R_2 + R_3 = 6\Omega, \quad Z_{22} = R_4 + R_2 + R_5 = 6\Omega, \quad Z_{12} = Z_{21} = R_2 = 3\Omega$$

则

$$R_3 = 1\Omega$$

又因为是对称网络,所以

$$R_4 = 2\Omega, \quad R_5 = 1\Omega。$$

【例题 9-3】 求如图 9-9 所示的双端口网络的 Z 参数矩阵。

解:由图 9-9 可知

$$\dot{U}_1 = R_b \dot{I}_1 + R_e(\dot{I}_1 + \dot{I}_2)$$

$$\dot{U}_2 = R_c(\dot{I}_2 - \beta\dot{I}_1) + R_e(\dot{I}_1 + \dot{I}_2)$$

化简可得

$$\dot{U}_1 = (R_b + R_e)\dot{I}_1 + R_e\dot{I}_2$$

$$\dot{U}_2 = (R_e - \beta R_c)\dot{I}_1 + (R_c + R_e)\dot{I}_2$$

所以,该网络的 Z 参数矩阵为

$$\mathbf{Z} = \begin{bmatrix} R_b + R_e & R_e \\ R_e - \beta R_c & R_c + R_e \end{bmatrix}$$

【例题 9-4】 求如图 9-10 所示的双端口网络的 Z 参数矩阵。

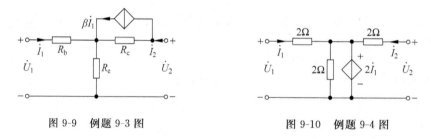

图 9-9　例题 9-3 图　　　　　　图 9-10　例题 9-4 图

解:根据图 9-10 可写出电路的 Z 方程为

$$\dot{U}_1 = 2\dot{I}_1 + 2\dot{I}_1 = 4\dot{I}_1$$

$$\dot{U}_2 = 2\dot{I}_1 + 2\dot{I}_2$$

则 Z 参数矩阵为

$$\mathbf{Z} = \begin{bmatrix} 4 & 0 \\ 2 & 2 \end{bmatrix}\Omega$$

当然,Z 参数也可用式(9-2)求得。读者不妨一试。

9.2.2　Y 方程与 Y 参数

把图 9-6 中的电流源换成电压源就构成图 9-11 所示的电路,这是推导 Y 参数方程的图示。

若电压 $\dot{U}_1$、$\dot{U}_2$ 为激励,电流 $\dot{I}_1$、$\dot{I}_2$ 作为响应,根据电路叠加原理可知,入口端电流 $\dot{I}_1$ 和出口端电流 $\dot{I}_2$ 都应是 $\dot{U}_1$ 和 $\dot{U}_2$ 共同作用的结果。与 Z 方程的分析类似,先设 $\dot{U}_2 = 0$(即 2 端

口短路),则此时 $\dot{U}_1$ 在 1 端口产生的电压 $\dot{I}_{11}$ 可表示为 $\dot{U}_1$ 与 1 端口看进去的等效复导纳 Y_{11} 的乘积,$\dot{U}_1$ 在 2 端口产生的电流 $\dot{I}_{21}$ 可表示为 $\dot{U}_1$ 与 2 端口看进去的等效复导纳 Y_{21} 的乘积

(相当于一个受控电流源);再设 $\dot{U}_1=0$(即 1 端口短路),则此时 $\dot{U}_2$ 在 2 端口产生的电流 $\dot{I}_{22}$ 可表示为 $\dot{U}_2$ 与 2 端口看进去的等效复导纳 Y_{22} 的乘积,$\dot{U}_2$ 在 1 端口产生的电流 $\dot{I}_{12}$ 可表示为 $\dot{U}_2$ 与 1 端口看进去的等效复导纳 Y_{12} 的乘积(相当于一个受控电流源)。这样,根据叠加定理即可得到二端口网络的电流方程为

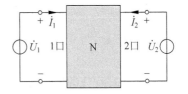

图 9-11　双端口网络 Y 方程模型

$$\begin{cases} \dot{I}_1 = \dot{I}_{11} + \dot{I}_{12} \\ \dot{I}_2 = \dot{I}_{21} + \dot{I}_{22} \end{cases}$$

即有

$$\begin{cases} \dot{I}_1 = Y_{11}\dot{U}_1 + Y_{12}\dot{U}_2 \\ \dot{I}_2 = Y_{21}\dot{U}_1 + Y_{22}\dot{U}_2 \end{cases} \tag{9-9}$$

如果分别令式(9-9)中 $\dot{U}_1=0$ 和 $\dot{U}_2=0$,则有

$$Y_{11} = \left.\frac{\dot{I}_1}{\dot{U}_1}\right|_{\dot{U}_2=0} \tag{9-10a}$$

$$Y_{21} = \left.\frac{\dot{I}_2}{\dot{U}_1}\right|_{\dot{U}_2=0} \tag{9-10b}$$

$$Y_{12} = \left.\frac{\dot{I}_1}{\dot{U}_2}\right|_{\dot{U}_1=0} \tag{9-10c}$$

$$Y_{22} = \left.\frac{\dot{I}_2}{\dot{U}_2}\right|_{\dot{U}_1=0} \tag{9-10d}$$

$Z_{ij}(i,j=1,2)$ 都可以表示成电压与电流值之比,具有阻抗量纲,因此称之为双端口网络的 Z 参数,式(9-1)也就被称为二端口网络的 Z 方程。

可见,方程的 4 个系数 $Y_{ij}(i,j=1,2)$ 都可以表示成电流与电压之比并具有欧姆或西门子量纲,所以称之为双端口网络的 Y 参数。式(9-9)也就被称为二端口网络的 Y 方程。根据 Y 方程,可以得到二端口网络的 Y 参数等效网络。

Y 参数的物理意义是这样的:Y_{11} 表示输出端口短路时输入端口的电流相量与电压相量之比,即输出端口短路时的输入导纳。Y_{21} 表示输出端口短路时的传输导纳。Y_{12} 表示输入端口短路时的传输导纳。Y_{22} 表示输入端口短路时的输出导纳。4 个 Y 参数都是在某端口短路情况下定义的,所以 Y 参数又叫短路导纳参数。

显然,如果知道网络的内部结构,根据式(9-10)即可计算出 Y 参数。而式(9-10)既表明了 Y 参数的物理意义,又给出了 Y 参数的具体求解方法。当然,这组参数也可以用实验

方法测得。

若网络是互易的,则满足

$$\left.\frac{\dot{I}_1}{\dot{U}_2}\right|_{\dot{U}_1=0} = \left.\frac{\dot{I}_2}{\dot{U}_1}\right|_{\dot{U}_2=0} \tag{9-11}$$

将式(9-11)与式(9-10)比较,可得

$$Y_{12} = Y_{21} \tag{9-12}$$

满足互易特性的网络称为互易双端口网络或可逆双端口网络。从式(9-12)可见,4 个参数中只有 3 个参数是相互独立的。

若双端口网络是互易且又是对称的,则有

$$\begin{cases} Y_{12} = Y_{21} \\ Y_{11} = Y_{22} \end{cases} \tag{9-13}$$

在这种情况下,4 个 Y 参数中只有两个是相互独立的。

将 Y 方程写为矩阵形式

$$\begin{bmatrix} \dot{I}_1 \\ \dot{I}_2 \end{bmatrix} = \begin{bmatrix} Y_{11} & Y_{12} \\ Y_{21} & Y_{22} \end{bmatrix} \begin{bmatrix} \dot{U}_1 \\ \dot{U}_2 \end{bmatrix} \tag{9-14}$$

式(9-14)可简记为

$$\dot{\boldsymbol{I}} = \boldsymbol{Y}\dot{\boldsymbol{U}} \tag{9-15}$$

式中,$\dot{\boldsymbol{I}}$ 和 $\dot{\boldsymbol{U}}$ 都是列向量,$\boldsymbol{Y}$ 称为 Y 参数矩阵

$$\boldsymbol{Y} = \begin{bmatrix} Y_{11} & Y_{12} \\ Y_{21} & Y_{22} \end{bmatrix} \tag{9-16}$$

求出或得到二端口网络 Y 参数的意义是:可以不管该网络的内部结构,用 Y 参数即可求得该网络的端口电流和电压。

通过 Z、Y 两组参数的求解方法可以发现它们都要用到"叠加定理",分别令两个端口的电源为零,然后求得相应的代数和。但是如果网络中有独立电源的话,由于在网络外面无法令其为零,所以也就不能通过叠加定理求得网络参数,而如果网络中含有受控源,则可通过网络外面的电源进行控制,因此仍能用叠加定理求得网络参数,这就是为什么在前面要约定网络中不能含有独立电源的原因。

【例题 9-5】 求如图 9-12 所示的 Π 形网络的 Y 参数矩阵。

解:根据 KCL 可得

$$\dot{I}_1 = Y_1\dot{U}_1 + Y_2(\dot{U}_1 - \dot{U}_2)$$

$$\dot{I}_2 = Y_3\dot{U}_2 + Y_2(\dot{U}_2 - \dot{U}_1)$$

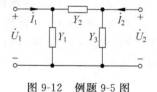

图 9-12 例题 9-5 图

整理得

$$\dot{I}_1 = (Y_1 + Y_2)\dot{U}_1 - Y_2\dot{U}_2$$

$$\dot{I}_2 = -Y_2\dot{U}_1 + (Y_2 + Y_3)\dot{U}_2$$

则有,Π 形网络的 Y 参数矩阵

$$Y = \begin{bmatrix} Y_1 + Y_2 & -Y_2 \\ -Y_2 & Y_2 + Y_3 \end{bmatrix}$$

【例题 9-6】 在图 9-13 所示的网络中，N 的 Y 参数矩阵为 $Y = \begin{bmatrix} 2 & -1 \\ -1 & 3 \end{bmatrix}$ S，求复合网络的导纳参数 Y_{11}。

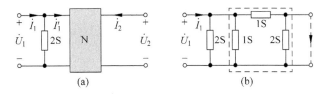

图 9-13 例题 9-6 图

解：写出 N 的 Y 参数方程为

$$\begin{cases} \dot{I}_1' = 2\dot{U}_1 - \dot{U}_2 \\ \dot{I}_2 = -1\dot{U}_1 + 3\dot{U}_2 \end{cases} \tag{1}$$

复合网络的 Y 参数方程为

$$\begin{cases} \dot{I}_1 = Y_{11}\dot{U}_1 + Y_{12}\dot{U}_2 \\ \dot{I}_2 = Y_{21}\dot{U}_1 + Y_{22}\dot{U}_2 \end{cases} \tag{2}$$

根据图 9-13(a)，由 KCL 可得

$$\dot{I}_1 = \frac{\dot{U}_1}{0.5} + \dot{I}_1' = 2\dot{U}_1 + \dot{I}_1' \tag{3}$$

将式(1)中的第一行代入式(3)，可得

$$\dot{I}_1 = 2\dot{U}_1 + (2\dot{U}_1 - \dot{U}_2) = 4\dot{U}_1 - \dot{U}_2 \tag{4}$$

比较式(2)中的第一行和式(4)，可知

$$Y_{11} = 4\text{S}$$

本题还可将 N 的 Ⅱ 等效电路画出，如图 9-13(b)所示，然后按 Y 参数的定义将输出端口短路，即可求出 $Y_{11} = 2+1+1 = 4$S。有关双端口网络等效的内容，详见 9.4 节。

9.2.3 A 方程与 A 参数

在上述的 Z、Y 两组方程中，可以发现 Z 方程描述的是某个端口电压和本端口或另一端口电流之间的关系；Y 方程描述的是某个端口电流与本端口或另一端口电压之间的关系。而如果要关心输入端口的电压或电流与输出端口的电压和电流的关系的话，显然 Z 和 Y 两组方程都不适合。为此，给出另外一组方程，即 A 参数方程。需要注意的是，在有些书上，A 参数也叫 T 参数或传输参数。

根据图 9-14 可定义

$$\begin{cases} \dot{U}_1 = A_{11}\dot{U}_2 + A_{12}(-\dot{I}_2) \\ \dot{I}_1 = A_{21}\dot{U}_2 + A_{22}(-\dot{I}_2) \end{cases} \tag{9-17}$$

式中电流 $\dot{I}_2$ 的符号之所以为负,是因为网络输出口一般是接负载的,网络向负载提供电流,这正好与前面假设的正方向相反。

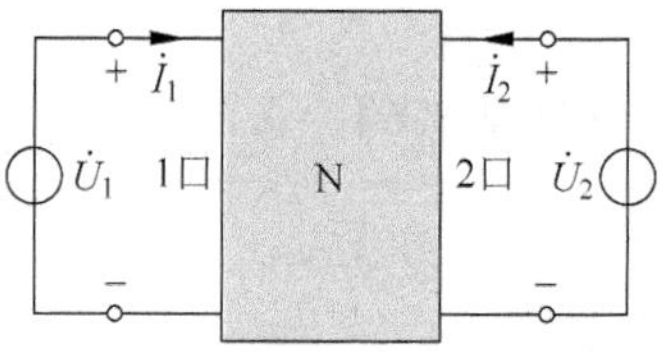

$A_{ij}(i,j=1,2)$ 称为双端口网络的 A 参数,它们有的有量纲,有的则没有。各自的物理意义可以从下式中得到说明。

图 9-14 双端口网络 A 方程模型

$$A_{11} = \frac{\dot{U}_1}{\dot{U}_2}\bigg|_{(-\dot{I}_2)=0} \tag{9-18a}$$

$$A_{21} = \frac{\dot{I}_1}{\dot{U}_2}\bigg|_{(-\dot{I}_2)=0} \tag{9-18b}$$

$$A_{12} = \frac{\dot{U}_1}{(-\dot{I}_2)}\bigg|_{\dot{U}_2=0} \tag{9-18c}$$

$$A_{22} = \frac{\dot{I}_1}{(-\dot{I}_2)}\bigg|_{\dot{U}_2=0} \tag{9-18d}$$

可见,A_{11} 是无量纲数,表示输出端口开路时两个端口的电压传输比;A_{21} 的量纲为西门子(S),表示输出端口开路时输入端口的电流与输出端口的电压比,即传输导纳;A_{12} 的量纲为欧(Ω),表示输出端口短路时输入端口的电压与输出端口的电流比,即传输阻抗;A_{22} 是无量纲数,表示输出端口短路时两个端口的电流传输比。

若网络是互易的,则可得

$$|A| = 1 \tag{9-19}$$

若双端口网络是互易且又是对称的,则有

$$\begin{cases} |A| = 1 \\ A_{12} = -A_{21} \end{cases} \tag{9-20}$$

将 A 参数写成矩阵形式

$$\boldsymbol{A} = \begin{bmatrix} A_{11} & A_{12} \\ A_{21} & A_{22} \end{bmatrix} \tag{9-21}$$

观察式(9-18)可以发现,A 参数与 Z 和 Y 参数最大的不同是没有同端口比值参数!其四个参数均是入口与出口电压或电流的比值,其含义可以认为是入口电压或电流被某一个 A 参数"传输或变换"到出口,这也就是"传输参数"的由来。显然,Z 和 Y 参数既反映了异端口之间的电流电压关系,也反映了同端口的电流电压关系,而 A 参数只反映异端口电流电压之间的变换关系且内容比 Z 和 Y 参数更全面。

求出或得到二端口网络 A 参数的意义是:可以不管该网络的内部结构,通过 A 参数即可全面了解该网络对信号的处理或变换性能。

【例题 9-7】 图 9-15 所示的网络中 N 的 A 参数矩阵为 $\boldsymbol{A} = \begin{bmatrix} 3 & 5\Omega \\ 1S & 2 \end{bmatrix}$,已知 $I_S = 30A$,求输出端短路电流 I。

解：因输出电流正方向与定义相反，所以该网络的 A 参数方程可写为

$$\begin{cases} \dot{U}_1 = A_{11}\dot{U}_2 + A_{12}\dot{I} \\ \dot{I}_1 = A_{21}\dot{U}_2 + A_{22}\dot{I} \end{cases}$$

将 $I_s = I_1 = 30\text{A}$，$U_2 = 0$ 及 $A_{22} = 2$ 代入上式第 2 行，可得

$$I = \frac{1}{2}I_s = 15\text{A}$$

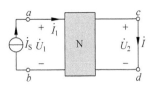

图 9-15　例题 9-7 图

9.2.4　H 方程与 H 参数

晶体三极管是放大电路和数字开关电路等模拟应用中的关键元器件。在设计和分析含有晶体三极管的电路时，常把晶体三极管等效为一个双端口网络，并以 $\dot{I}_1$、$\dot{U}_2$ 为自变量，$\dot{U}_1$、$\dot{I}_2$ 为因变量研究其网络特性。我们把此时的网络方程称为 H 方程或混合参数方程。

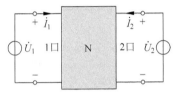

图 9-16　双端口网络 H 方程模型

根据图 9-16 可定义 H 方程为

$$\begin{cases} \dot{U}_1 = H_{11}\dot{I}_1 + H_{12}\dot{U}_2 \\ \dot{I}_2 = H_{21}\dot{I}_1 + H_{22}\dot{U}_2 \end{cases} \tag{9-22}$$

如果分别令式(9-22)中的 $\dot{U}_2 = 0$ 和 $\dot{I}_1 = 0$，则可得到

$$H_{11} = \frac{\dot{U}_1}{\dot{I}_1}\bigg|_{\dot{U}_2=0} \tag{9-23a}$$

$$H_{21} = \frac{\dot{I}_2}{\dot{I}_1}\bigg|_{\dot{U}_2=0} \tag{9-23b}$$

$$H_{12} = \frac{\dot{U}_1}{\dot{U}_2}\bigg|_{\dot{I}_1=0} \tag{9-23c}$$

$$H_{22} = \frac{\dot{I}_2}{\dot{U}_2}\bigg|_{\dot{I}_1=0} \tag{9-23d}$$

$H_{ij}(i,j=1,2)$ 称为双端口网络的 H 参数或混合参数。从式(9-23)中可以看到 H 参数的物理意义：H_{11} 是输出端口短路时的输入阻抗，单位为欧(Ω)。H_{21} 是输出端口短路时的传输电流比，无量纲。H_{12} 是输入端口开路时的传输电压比，无量纲。H_{22} 是输入端口开路时的输出导纳，单位为西门子(S)。

若网络是互易的，则可得

$$H_{12} = -H_{21} \tag{9-24}$$

此时，4 个参数中只有 3 个参数是相互独立的。若双端口网络是互易且又是对称的，则有

$$\begin{cases} H_{12} = -H_{21} \\ |H| = 1 \end{cases} \tag{9-25}$$

在这种情况下,4 个 H 参数中只有两个是相互独立的。

将 H 方程写为矩阵形式

$$\begin{bmatrix} \dot{U}_1 \\ \dot{I}_2 \end{bmatrix} = \begin{bmatrix} H_{11} & H_{12} \\ H_{21} & H_{22} \end{bmatrix} \begin{bmatrix} \dot{I}_1 \\ \dot{U}_2 \end{bmatrix} \tag{9-26}$$

H 参数矩阵为

$$\boldsymbol{H} = \begin{bmatrix} H_{11} & H_{12} \\ H_{21} & H_{22} \end{bmatrix} \tag{9-27}$$

与前面 3 种参数相比,H 参数从结构上类似 Z 和 Y 参数,既有同端口参数也有异端口参数,但它的特点在于异端口参数只反映网络对电流或电压的放大或衰减程度,因此,特别适用于对放大电路和滤波电路(其实质就是一个选频放大或抑制电路)的性能分析。

求出或得到二端口网络 H 参数的意义是:可以不管该网络的内部结构,通过 H 参数即可了解该网络对电流或电压信号的放大或衰减性能。

【**例题 9-8**】 图 9-17(a)是一晶体管放大器,试求它的 H 参数。

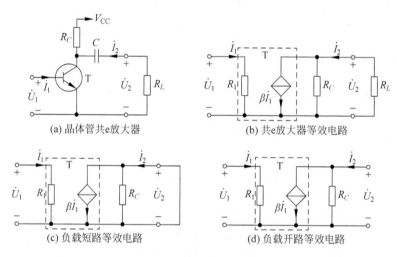

(a) 晶体管共e放大器

(b) 共e放大器等效电路

(c) 负载短路等效电路

(d) 负载开路等效电路

图 9-17 例题 9-8 图

解:根据晶体管电路知识,可将图 9-17(a)画成等效电路图 9-17(b),其中 R_1 是等效输入电阻。将输出端口短路(负载短路),可得图 9-17(c),由此求得

$$H_{11} = \left. \frac{\dot{U}_1}{\dot{I}_1} \right|_{\dot{U}_2=0} = R_1, \quad H_{21} = \left. \frac{\dot{I}_2}{\dot{I}_1} \right|_{\dot{U}_2=0} = \beta$$

将输出端口开路,可得图 9-17(d),由此求得

$$H_{12} = \left. \frac{\dot{U}_1}{\dot{U}_2} \right|_{\dot{i}_1=0} = 0, \quad H_{22} = \left. \frac{\dot{I}_2}{\dot{U}_2} \right|_{\dot{i}_1=0} = \frac{1}{R_C}$$

则 H 参数矩阵为

$$\boldsymbol{H} = \begin{bmatrix} R_1 & 0 \\ \beta & \dfrac{1}{R_C} \end{bmatrix}$$

9.2.5 A' 方程与 G 方程

在 A 方程中，如果把自变量和因变量的位置互换一下，即将 $\dot{U}_2$、$\dot{I}_2$ 作为因变量，$\dot{U}_1$、$\dot{I}_1$ 作为自变量就会得到另外一组方程，我们称为 A' 方程

$$\begin{cases} \dot{U}_2 = A'_{11}\dot{U}_1 + A'_{12}\dot{I}_1 \\ -\dot{I}_2 = A'_{21}\dot{U}_1 + A'_{22}\dot{I}_1 \end{cases} \tag{9-28}$$

将式(9-28)写成矩阵形式

$$\begin{bmatrix} \dot{U}_2 \\ -\dot{I}_2 \end{bmatrix} = \begin{bmatrix} A'_{11} & A'_{12} \\ A'_{21} & A'_{22} \end{bmatrix} \begin{bmatrix} \dot{U}_1 \\ \dot{I}_1 \end{bmatrix} \tag{9-29}$$

则

$$\boldsymbol{A}' = \begin{bmatrix} A'_{11} & A'_{12} \\ A'_{21} & A'_{22} \end{bmatrix} \tag{9-30}$$

A 参数和 A' 参数的关系

$$\boldsymbol{A}' = \boldsymbol{A}^{-1}$$

同样的方法，把 H 方程中的自变量和因变量位置互换一下，即将 $\dot{I}_1$、$\dot{U}_2$ 作为因变量，$\dot{U}_1$、$\dot{I}_2$ 作为自变量就会得到另外一组方程，我们称之为 G 方程

$$\begin{cases} \dot{I}_1 = G_{11}\dot{U}_1 + G_{12}\dot{I}_2 \\ \dot{U}_2 = G_{21}\dot{U}_1 + G_{22}\dot{I}_2 \end{cases} \tag{9-31}$$

将式(9-31)写成矩阵形式

$$\begin{bmatrix} \dot{I}_1 \\ \dot{U}_2 \end{bmatrix} = \begin{bmatrix} G_{11} & G_{12} \\ G_{21} & G_{22} \end{bmatrix} \begin{bmatrix} \dot{U}_1 \\ \dot{I}_2 \end{bmatrix} \tag{9-32}$$

则

$$\boldsymbol{G} = \begin{bmatrix} G_{11} & G_{12} \\ G_{21} & G_{22} \end{bmatrix} \tag{9-33}$$

G 参数和 H 参数的关系

$$\boldsymbol{G} = \boldsymbol{H}^{-1}$$

因为 A' 参数与 A 参数、G 参数与 H 参数的主要区别是自变量与因变量的位置互换，在概念上没有本质上的区别，所以平常很少用 A' 参数和 G 参数。

以上介绍的双端口网络 6 套方程和参数，都可以用来描述同一个双端口网络的特性。不同类型的参数只是因为输入和输出端口 4 个相量在网络方程中位置不同而异。但无论哪一组参数，它们都是仅决定于网络本身内部结构、元件参数及信号源频率的量，与信号源的幅度大小及网络负载大小无关。

既然各组网络参数都可以客观地描述同一个双端口网络的特性，那么对同一个双端口网络来说，只要它的各组参数有定义，它们之间一定可以相互转换。推导参数间相互转换关

系的基本思路是：由已知参数方程解出用已知参数表示的所要转换的参数方程，对照、比较相应的系数，即可得参数间相互转换关系。表 9-2 给出常用四种参数之间的关系。

表 9-2　双端口网络四种参数关系

方程	用 Z 表示		用 Y 表示		用 A 表示		用 H 表示	
Z	Z_{11}　Z_{12}		$Y_{22}/\|Y\|$　$-Y_{12}/\|Y\|$		A_{11}/A_{21}　$\|A\|/A_{21}$		$\|H\|/H_{22}$　H_{12}/H_{22}	
	Z_{21}　Z_{22}		$-Y_{21}/\|Y\|$　$Y_{11}/\|Y\|$		$1/A_{21}$　A_{22}/A_{21}		$-H_{21}/H_{22}$　$1/H_{22}$	
Y	$Z_{22}/\|Z\|$　$-Z_{12}/\|Z\|$	Y_{11}　Y_{12}			A_{22}/A_{12}　$-\|A\|/A_{12}$		$1/H_{11}$　$-H_{12}/H_{11}$	
	$-Z_{21}/\|Z\|$　$Z_{11}/\|Z\|$	Y_{21}　Y_{22}			$-1/A_{12}$　A_{11}/A_{12}		H_{21}/H_{11}　$\|H\|/H_{11}$	
A	Z_{11}/Z_{21}　$\|Z\|/Z_{21}$		$-Y_{22}/Y_{21}$　$-1/Y_{21}$		A_{11}　A_{12}		$-\|H\|/H_{21}$　$-H_{11}/H_{21}$	
	$1/Z_{21}$　Z_{22}/Z_{21}		$-\|Y\|/Y_{21}$　$-Y_{11}/Y_{21}$		A_{21}　A_{22}		$-H_{22}/H_{21}$　$-1/H_{21}$	
H	$\|Z\|/Z_{22}$　Z_{12}/Z_{22}		$1/Y_{11}$　$-Y_{12}/Y_{11}$		A_{12}/A_{22}　$\|A\|/A_{22}$		H_{11}　H_{12}	
	$-Z_{21}/Z_{22}$　$1/Z_{22}$		Y_{21}/Y_{11}　$\|Y\|/Y_{11}$		$-1/A_{22}$　A_{21}/A_{22}		H_{21}　H_{22}	

9.3　双端口网络的网络函数

至此，已经可以知道 6 种网络参数都是表征网络本身性质的参数，它们与接在网络上的负载及激励源（大小）无关。在实际使用双端口网络时，输入端总是接有信号源（激励），输出端也总是接负载的，因此有必要研究一下网络接有信号源和负载时的一些特性。

在正弦稳态电路里，把响应相量（输出量）与激励相量（输入量）之比定义为网络的网络函数，以 $H(j\omega)$ 表示，即

$$H(j\omega) \overset{def}{=} \frac{响应相量}{激励相量} \tag{9-34}$$

式中，激励和响应相量可以是电压相量或电流相量，可以是同端口或不同端口上的相量。

式(9-34)是网络函数的一般定义式，具有普适意义。而在实际电路分析中，由于响应和激励的不同，会出现不同意义的网络函数。

若响应相量与激励相量处于同端口，则称为策动点网络函数，简称策动函数。从电路上看，因为响应与激励只能一个是电压（电流）另一个是电流（电压），所以，策动函数不是策动点阻抗就是策动点导纳。

若响应相量与激励相量处于不同端口，这样定义的网络函数称为传输网络函数，简称传输函数（或转移函数）。从电路含义看，传输函数可以是传输阻抗、传输导纳、传输电压比或传输电流比。"传输"的概念与 A 参数类似。

需要注意的是，网络函数虽然定义为响应与激励之比，但其只与网络本身的结构、元器件参数有关，而与激励源及负载无关。网络函数可以认为是一个能够反映网络特性的数学表达式或能够描述激励与响应关系的数学模型。

9.3.1　策动函数

前面说过，策动函数不是策动点阻抗就是策动点导纳，因策动点阻抗与策动点导纳互为

倒数关系,所以研究一种即可。这里讨论双端口网络的策动点阻抗,即输入阻抗与输出阻抗。

1. 输入阻抗

在图 9-18(a)中,当双端口网络的输出端口接以负载阻抗 Z_L 时,输入端口电压相量 $\dot{U}_1$ 与电流相量 $\dot{I}_1$ 之比,称为网络的输入阻抗,即

$$Z_{\text{in}} \overset{def}{=\!=} \frac{\dot{U}_1}{\dot{I}_1}\bigg|_{\text{输出端接}Z_L} \tag{9-35}$$

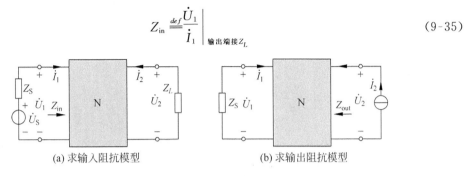

(a) 求输入阻抗模型   (b) 求输出阻抗模型

图 9-18　求输入和输出阻抗等效模型图

下面,给出输入阻抗与网络参数之间的关系。已知 A 参数方程为

$$\begin{cases} \dot{U}_1 = A_{11}\dot{U}_2 + A_{12}(-\dot{I}_2) \\ \dot{I}_1 = A_{21}\dot{U}_2 + A_{22}(-\dot{I}_2) \end{cases}$$

考虑式(9-35),可得

$$Z_{\text{in}} = \frac{\dot{U}_1}{\dot{I}_1} = \frac{A_{11}\dot{U}_2 + A_{12}(-\dot{I}_2)}{A_{21}\dot{U}_2 + A_{22}(-\dot{I}_2)} = \frac{A_{11} + A_{12}\left(-\dfrac{\dot{I}_2}{\dot{U}_2}\right)}{A_{21} + A_{22}\left(-\dfrac{\dot{I}_2}{\dot{U}_2}\right)}$$

因为负载 Z_L 上的电压和电流满足 $\dfrac{1}{Z_L} = -\dfrac{\dot{I}_2}{\dot{U}_2}$,则有

$$Z_{\text{in}} = \frac{A_{11} + A_{12}\dfrac{1}{Z_L}}{A_{21} + A_{22}\dfrac{1}{Z_L}} = \frac{A_{11}Z_L + A_{12}}{A_{21}Z_L + A_{22}} \tag{9-36}$$

可见,网络的输入阻抗只与网络参数、负载和工作(电源)频率有关,而与电源的大小和内阻无关。

2. 输出阻抗

双端口网络的输出阻抗就是当输入端口接具有内阻抗的信号源时,从输出端口向网络看进去的戴维南等效电源的内阻抗,可用图 9-18(b)求得。将原输入端口的理想电压源短路,内阻抗保留,在输出端口加电流源 $\dot{I}_2$,求电压 $\dot{U}_2$,则输出阻抗定义为

$$Z_{out} \stackrel{def}{=} \frac{\dot{U}_2}{\dot{I}_2}\bigg|_{\text{输入端接}Z_S} \qquad (9-37)$$

由 A 参数方程可得

$$\begin{cases} \dot{U}_2 = \dfrac{A_{22}}{|A|}\dot{U}_1 + \dfrac{A_{12}}{|A|}(-\dot{I}_1) \\[3mm] \dot{I}_2 = \dfrac{A_{21}}{|A|}\dot{U}_1 + \dfrac{A_{11}}{|A|}(-\dot{I}_1) \end{cases} \qquad (9-38)$$

其中

$$|A| = A_{11}A_{22} - A_{12}A_{21}$$

则输出阻抗可表示为

$$Z_{out} = \frac{\dot{U}_2}{\dot{I}_2} = \frac{A_{22}\dot{U}_1 + A_{12}(-\dot{I}_1)}{A_{21}\dot{U}_1 + A_{11}(-\dot{I}_1)} \qquad (9-39)$$

因为 $Z_S = -\dfrac{\dot{U}_1}{\dot{I}_1}$，则输出阻抗最终的形式为

$$Z_{out} = \frac{A_{22}Z_S + A_{12}}{A_{21}Z_S + A_{11}} \qquad (9-40)$$

式(9-40)说明网络的输出阻抗只与网络参数、电源内阻抗和电源频率有关，而与网络负载无关。

定义网络的输入、输出阻抗，会给双端口网络的分析带来极大的方便。对于电源 $\dot{U}_S$（或前级网络）而言，可以将网络 N 及负载 Z_L 等效为输入阻抗 Z_{in}，并以 Z_{in} 作为新的负载与激励电源 $\dot{U}_S$ 共同构成一个简单的输入回路；对负载 Z_L（或后级网络）而言，可以将网络 N 及激励电源 $\dot{U}_S$ 等效为输出阻抗 Z_{out} 及电压源 $\dot{U}_{OC}$，与负载 Z_L 共同构成一个简单的输出回路，如图 9-19 所示。

注：$\dot{U}_{OC}$ 是输出端口向左看进去的戴维南等效电源。

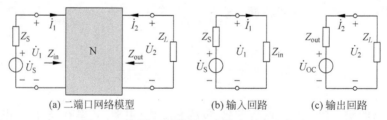

(a) 二端口网络模型　　　　(b) 输入回路　　　(c) 输出回路

图 9-19　双端口网络输入及输出回路示意图

9.3.2　传输函数

在网络输出端口接负载 Z_L、输入端口接具有内阻抗 Z_S 的电压源 $\dot{U}_S$ 的实际应用条件下，可定义双端口网络的传输函数，也就是具体的网络函数。设各端口电压、电流相量的参考方向如图 9-20 所示。根据 4 个端口参数的不同组合，可定义电压传输函数、电流传输函数、传输阻抗和传输导纳四种网络传输函数。

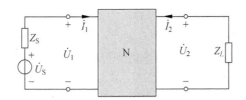

图 9-20 定义双端口网络传输函数用图

1. 电压传输函数

输出端电压与输入端电压之比被定义为电压传输函数,即

$$K_u \overset{def}{=} \frac{\dot{U}_2}{\dot{U}_1} \tag{9-41}$$

将 A 参数方程中的 $\dot{U}_1 = A_{11}\dot{U}_2 + A_{12}(-\dot{I}_2)$ 代入式(9-41)可得

$$K_u = \frac{\dot{U}_2}{\dot{U}_1} = \frac{\dot{U}_2}{A_{11}\dot{U}_2 + A_{12}(-\dot{I}_2)} = \frac{Z_L}{A_{11}Z_L + A_{12}} \tag{9-42}$$

若输出端开路,即 $Z_L = \infty$,应用罗必塔法则可得

$$K_{u\infty} = \frac{1}{A_{11}} \tag{9-43}$$

2. 电流传输函数

输出回路电流与输入回路电流之比被定义为电流传输函数,即

$$K_i \overset{def}{=} \frac{\dot{I}_2}{\dot{I}_1} \tag{9-44}$$

将 A 参数方程中的 $\dot{I}_1 = A_{21}\dot{U}_2 + A_{22}(-\dot{I}_2)$ 代入式(9-44)可得

$$K_i = \frac{\dot{I}_2}{\dot{I}_1} = \frac{\dot{I}_2}{A_{21}\dot{U}_2 + A_{22}(-\dot{I}_2)} = \frac{-1}{A_{21}Z_L + A_{22}} \tag{9-45}$$

若输出端短路,即 $Z_L = 0$,可得输出端口短路时的电流传输函数

$$K_{i0} = -\frac{1}{A_{22}} \tag{9-46}$$

式中的负号是因所设输出端口电流是流入网络而造成的。

3. 传输阻抗

输出端电压与输入端电流之比被定义为传输阻抗,即

$$Z_T \overset{def}{=} \frac{\dot{U}_2}{\dot{I}_1} \tag{9-47}$$

将 A 参数方程中的 $\dot{I}_1 = A_{21}\dot{U}_2 + A_{22}(-\dot{I}_2)$ 代入式(9-47)可得

$$Z_{\mathrm{T}} = \frac{\dot{U}_2}{\dot{I}_1} = \frac{\dot{U}_2}{A_{21}\dot{U}_2 + A_{22}(-\dot{I}_2)} = \frac{Z_L}{A_{21}Z_L + A_{22}} \tag{9-48}$$

若输出端开路，即 $Z_L = \infty$，应用罗必塔法则可得开路传输阻抗

$$Z_{\mathrm{T}\infty} = \frac{1}{A_{21}} \tag{9-49}$$

4. 传输导纳

输出端电流与输入端电压之比被定义为传输导纳，即

$$Y_{\mathrm{T}} \stackrel{def}{=\!=} \frac{\dot{I}_2}{\dot{U}_1} \tag{9-50}$$

将 A 参数方程中的 $\dot{U}_1 = A_{11}\dot{U}_2 + A_{12}(-\dot{I}_2)$ 代入式(9-50)可得

$$Y_{\mathrm{T}} = \frac{\dot{I}_2}{\dot{U}_1} = \frac{\dot{I}_2}{A_{11}\dot{U}_2 + A_{12}(-\dot{I}_2)} = \frac{-1}{A_{11}Z_L + A_{12}} \tag{9-51}$$

若输出端短路，即 $Z_L = 0$，则可得短路传输导纳

$$Y_{\mathrm{T}0} = -\frac{1}{A_{12}} \tag{9-52}$$

需要指出的是：

(1) 传输函数一般是频率的复函数，即各种传输函数的大小与相位值是随频率而变化的。

(2) 这里的传输函数确切含义应是正向传输函数。所谓正向传输，是指由输入端口向输出端口的传输。即定义网络函数的响应相量都是用输出端口的电压或电流相量，激励相量都是用输入端口的电压或电流相量。反之，则称为反向传输函数。通常所说的网络传输函数若不加说明都指正向传输函数，并省略"正向"二字。

因为介绍的几套网络参数彼此之间有联系，所以传输函数除了用 A 参数表示的这种形式之外，也可用网络的其他参数表示，这里不再赘述，有兴趣的读者可通过网络参数相互转换关系式自行导出。

为便于查阅和记忆，将 4 个传输函数一并列在表 9-3 中。

表 9-3　传输函数表

电压传输函数	电流传输函数	传输阻抗	传输导纳
$K_u = \dfrac{\dot{U}_2}{\dot{U}_1} = \dfrac{Z_L}{A_{11}Z_L + A_{12}}$	$K_i = \dfrac{\dot{I}_2}{\dot{I}_1} = \dfrac{-1}{A_{21}Z_L + A_{22}}$	$Z_{\mathrm{T}} = \dfrac{\dot{U}_2}{\dot{I}_1} = \dfrac{Z_L}{A_{21}Z_L + A_{22}}$	$Y_{\mathrm{T}} = \dfrac{\dot{I}_2}{\dot{U}_1} = \dfrac{-1}{A_{11}Z_L + A_{12}}$

【例题 9-9】　在图 9-21(a) 网络中，已知 $\boldsymbol{A} = \begin{bmatrix} 5/3 & 400/3 \\ 1/75 & 5/3 \end{bmatrix}$，$R_S = 100\,\Omega$，$\dot{U}_S = 3\angle 0°\,\mathrm{V}$，

$R_L = 100\,\Omega$。求 Z_{in}、Z_{out}、K_u、K_i、Z_{T}、电流 $\dot{I}_1$ 和 $\dot{I}_2$。

解： 由式(9-36)得

$$Z_{\mathrm{in}} = \frac{A_{11}Z_L + A_{12}}{A_{21}Z_L + A_{22}} = \frac{\dfrac{5}{3} \times 100 + \dfrac{400}{3}}{\dfrac{1}{75} \times 100 + \dfrac{5}{3}} = 100\,\Omega$$

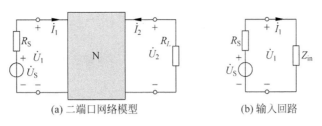

(a) 二端口网络模型　　　　(b) 输入回路

图 9-21　例题 9-9 图

由式(9-40)得

$$Z_{\text{out}} = \frac{A_{22}Z_S + A_{12}}{A_{21}Z_S + A_{11}} = \frac{\dfrac{5}{3} \times 100 + \dfrac{400}{3}}{\dfrac{1}{75} \times 100 + \dfrac{5}{3}} = 100\,\Omega$$

由式(9-42)得

$$K_u = \frac{Z_L}{A_{11}Z_L + A_{12}} = \frac{100}{\dfrac{5}{3} \times 100 + \dfrac{400}{3}} = \frac{1}{3}$$

由式(9-45)得

$$K_i = \frac{-1}{A_{21}Z_L + A_{22}} = \frac{-1}{\dfrac{1}{75} \times 100 + \dfrac{5}{3}} = -\frac{1}{3}$$

由式(9-48)得

$$Z_T = \frac{Z_L}{A_{21}Z_L + A_{22}} = \frac{100}{\dfrac{1}{75} \times 100 + \dfrac{5}{3}} = \frac{100}{3}\,\Omega$$

将图 9-21(a)等效为图 9-21(b)，求得

$$\dot{I}_1 = \frac{\dot{U}_S}{R_S + Z_{\text{in}}} = \frac{3}{100 + 100} = 0.015\,\text{A}$$

由式(9-44)可得

$$\dot{I}_2 = K_i \dot{I}_1 = -\frac{1}{3} \times 0.015 = -0.005\,\text{A}$$

9.4　双端口网络的等效

　　"等效"是一种简化问题的常用方法。在双端口网络的分析中运用"等效"原理可以解决很多看似困难的问题。对于双端口网络而言，所谓等效是指：等效前后网络端口电压和电流保持不变。换句话说，等效不改变双端口网络的参数。可见，如果把双端口网络看作一个"黑匣子"的话，等效可以改变其内部结构，但必须保证外部特性不变。

　　根据等效参数的选择不同，双端口网络有不同形式的等效结果，我们这里只讨论 Z 参数和 Y 参数的等效方法。

9.4.1　Z 参数等效电路

对于图 9-22(a)的双端口网络一般形式而言,其 Z 参数方程为

$$\begin{cases} \dot{U}_1 = Z_{11}\,\dot{I}_1 + Z_{12}\,\dot{I}_2 \\ \dot{U}_2 = Z_{21}\,\dot{I}_1 + Z_{22}\,\dot{I}_2 \end{cases} \tag{9-53}$$

仔细观察可以发现该方程组实际上描述的是两个端口的回路电压方程,因此,利用 KVL 定律,可以将式(9-53)等效为图 9-22(b),形成具有双受控电源的等效电路。

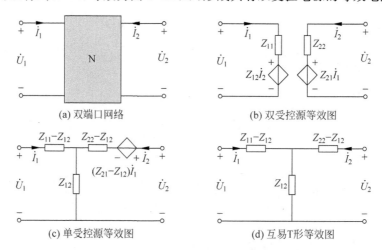

(a) 双端口网络　　　　　　　(b) 双受控源等效图

(c) 单受控源等效图　　　　　　(d) 互易T形等效图

图 9-22　双端口网络 Z 参数等效图

我们对式(9-53)作如下变换

$$\begin{cases} \dot{U}_1 = (Z_{11}-Z_{12})\,\dot{I}_1 + Z_{12}(\dot{I}_1 + \dot{I}_2) \\ \dot{U}_2 = (Z_{22}-Z_{12})\,\dot{I}_2 + Z_{12}(\dot{I}_1 + \dot{I}_2) + (Z_{21}-Z_{12})\,\dot{I}_1 \end{cases} \tag{9-54}$$

根据式(9-54)可画出只含一个受控源的等效电路,如图 9-22(c)所示。若网络为互易网络,即 $Z_{12}=Z_{21}$,则图 9-22(c)中的受控电压源短路,等效图变为图 9-22(d)。

【例题 9-10】　对无源线性对称双口电阻网络 N_R 作如图 9-23(a)和(b)所示的两种测试:当输出端开路,输入端加 16V 电压源时,测得输入端电流为 64mA;当输出端短路,输入端加 16V 电压源时,测得输入端电流为 100mA。若在输入端加 18V 电压源如图 9-23(c)所示,在输出端接 200Ω 负载电阻,求此时负载电流 I_L。

解:由图 9-23(a)可得

$$Z_{11} = \left.\frac{\dot{U}_1}{\dot{I}_1}\right|_{i_2=0} = \frac{16}{64 \times 10^{-3}} = 250\Omega$$

由题意可知

$$Z_{22} = Z_{11} = 250\Omega, \quad Z_{12} = Z_{21}$$

由图 9-23(b)可求得输出端短路时的输入阻抗,即

$$Z_{\text{in}} = \frac{16}{100 \times 10^{-3}} = 160\Omega$$

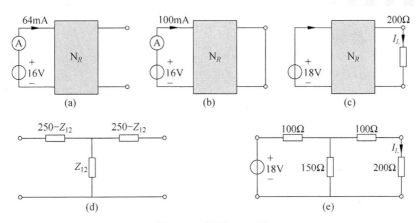

图 9-23 例题 9-10 图

画出网络的 T 型等效图如图 9-23(d)。将输出端短路,并利用上式,写出输入阻抗

$$Z_{\text{in}} = 250 - Z_{12} + \frac{(250 - Z_{12}) \times Z_{12}}{250 - Z_{12} + Z_{12}} = \frac{250^2 - Z_{12}^2}{250} = 160\Omega$$

解得

$$Z_{12} = \sqrt{250^2 - 250 \times 160} = 150\Omega$$

将 $Z_{12} = 150\Omega$ 代入图 9-23(d),并接上电源和负载,可得图 9-23(e)。由此可得负载电流

$$I_L = \frac{18}{100 + 150//(100 + 200)} \times \frac{150}{100 + 200 + 150} = 0.03\text{A}$$

【例题 9-11】 图 9-24(a)所示电路中的双端口网络 N 的 Z 参数矩阵为 $\mathbf{Z} = \begin{bmatrix} j3 & j6 \\ j6 & j6 \end{bmatrix} \Omega$,求负载电阻 R_L 上消耗的平均功率 P_L。

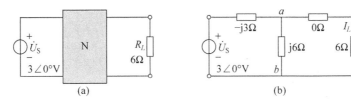

图 9-24 例题 9-11 图

解:从 Z 参数矩阵中可见 N 为互易网络,故得其 T 型等效电路如图 9-24(b)所示。

阻抗

$$Z_{ab} = \frac{6 \times j6}{6 + j6} = 3 + j3\,\Omega$$

则

$$\dot{U}_{ab} = \frac{Z_{ab}}{-j3 + Z_{ab}} \dot{U}_S = \frac{3 + j3}{3} \times 3\angle 0° = 3\sqrt{2}\,\angle 45°\text{V}$$

则负载吸收功率为

$$P_L = \frac{U_{ab}^2}{R_L} = \frac{(3\sqrt{2})^2}{6} = 3\text{W}$$

9.4.2　Y 参数等效电路

图 9-25(a)双端口网络一般形式的 Y 参数方程为

$$\begin{cases} \dot{I}_1 = Y_{11}\,\dot{U}_1 + Y_{12}\,\dot{U}_2 \\ \dot{I}_2 = Y_{21}\,\dot{U}_1 + Y_{22}\,\dot{U}_2 \end{cases} \tag{9-55}$$

仔细观察可以发现该方程组实际上描述的是两个节点的节点电流方程,因此,利用 KCL 定律,可以将上式等效为图 9-25(b),形成具有双受控电流源的等效电路。

对式(9-55)进行数学变换可得

$$\begin{cases} \dot{I}_1 = (Y_{11} + Y_{12})\,\dot{U}_1 - Y_{12}(\dot{U}_1 - \dot{U}_2) \\ \dot{I}_2 = (Y_{22} + Y_{12})\,\dot{U}_2 - Y_{12}(\dot{U}_2 - \dot{U}_1) + (Y_{21} - Y_{12})\,\dot{U}_1 \end{cases} \tag{9-56}$$

由此可得图 9-25(c)。再利用电源互换定律将电流源转换为电压源,可得图 9-25(d)。

若网络为互易网络,即 $Y_{12}=Y_{21}$,则图 9-25(c)中的受控电压源短路,等效图变为图 9-25(e)的简单形式。

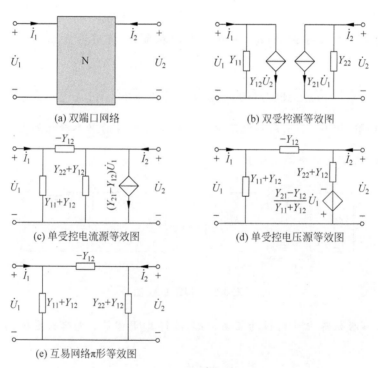

(a) 双端口网络　　　　　(b) 双受控源等效图

(c) 单受控电流源等效图　　　　　(d) 单受控电压源等效图

(e) 互易网络π形等效图

图 9-25　双端口网络 Y 参数等效图

【**例题 9-12**】　如图 9-26(a)所示双口网络 N 的 Y 参数矩阵为 $\boldsymbol{Y}=\begin{bmatrix} 2 & 1 \\ 2 & 2 \end{bmatrix}$S,求 $\dot{U}_1$ 和 $\dot{U}_2$。

解: 因为 $Y_{12}\neq Y_{21}$,所以 N 是不可逆网络。画出 N 的 π 型等效电路如图 9-26(b)所示。列出该图的节点电位方程

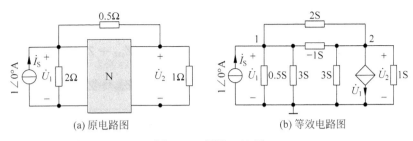

图 9-26　例题 9-12 图

$$\begin{cases} 4.5\dot{U}_1 - \dot{U}_2 = 1 \\ -\dot{U}_1 + 5\dot{U}_2 = -\dot{U}_1 \end{cases}$$

可以解得

$$\dot{U}_2 = 0, \quad \dot{U}_1 = \frac{1}{4.5} = 0.22\mathrm{V}$$

9.5 双端口网络的连接

从 9.1 节中可以知道研究双端口网络的一个主要目的是为了更好地分析和研究由若干个双端口网络构成的复杂电路。那么,在了解了各种网络参数之后,本节将介绍多个双端口网络互联后网络参数的求解方法。

9.5.1 双端口网络的串联

图 9-27 是两个双端口网络的串联连接形式。

两个网络的 Z 参数方程分别为

$$\begin{cases} \dot{U}_{a1} = Z_{a11}\dot{I}_{a1} + Z_{a12}\dot{I}_{a2} \\ \dot{U}_{a2} = Z_{a21}\dot{I}_{a1} + Z_{a22}\dot{I}_{a2} \end{cases} \tag{9-57}$$

$$\begin{cases} \dot{U}_{b1} = Z_{b11}\dot{I}_{b1} + Z_{b12}\dot{I}_{b2} \\ \dot{U}_{b2} = Z_{b21}\dot{I}_{b1} + Z_{b22}\dot{I}_{b2} \end{cases} \tag{9-58}$$

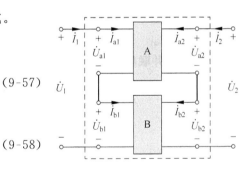

图 9-27　双端口网络的串联

Z 参数为

$$\mathbf{Z}_a = \begin{bmatrix} Z_{a11} & Z_{a12} \\ Z_{a21} & Z_{a22} \end{bmatrix}, \quad \mathbf{Z}_b = \begin{bmatrix} Z_{b11} & Z_{b12} \\ Z_{b21} & Z_{b22} \end{bmatrix}$$

显然,对于串联后的总网络有

$$\begin{cases} \dot{I}_1 = \dot{I}_{a1} = \dot{I}_{b1} \\ \dot{I}_2 = \dot{I}_{a2} = \dot{I}_{b2} \end{cases} \tag{9-59}$$

$$\begin{cases} \dot{U}_1 = \dot{U}_{a1} + \dot{U}_{b1} \\ \dot{U}_2 = \dot{U}_{a2} + \dot{U}_{b2} \end{cases} \tag{9-60}$$

$$\boldsymbol{A}_a = \begin{bmatrix} A_{a11} & A_{a12} \\ A_{a21} & A_{a22} \end{bmatrix}, \quad \boldsymbol{A}_b = \begin{bmatrix} A_{b11} & A_{b12} \\ A_{b21} & A_{b22} \end{bmatrix}$$

显然，对于并联后的总网络有

$$\begin{cases} \dot{U}_1 = \dot{U}_{a1} \\ \dot{I}_1 = \dot{I}_{a1} \end{cases} \tag{9-73}$$

$$\begin{cases} \dot{U}_{a2} = \dot{U}_{b1} \\ -\dot{I}_{a2} = \dot{I}_{b1} \end{cases} \tag{9-74}$$

$$\begin{cases} \dot{U}_2 = \dot{U}_{b2} \\ -\dot{I}_2 = -\dot{I}_{b2} \end{cases} \tag{9-75}$$

将上述各式进行代换，可得

$$\begin{bmatrix} \dot{U}_1 \\ \dot{I}_1 \end{bmatrix} = \begin{bmatrix} \dot{U}_{a1} \\ \dot{I}_{a1} \end{bmatrix} = \boldsymbol{A}_a \begin{bmatrix} \dot{U}_{a2} \\ -\dot{I}_{a2} \end{bmatrix} = \boldsymbol{A}_a \begin{bmatrix} \dot{U}_{b1} \\ \dot{I}_{b1} \end{bmatrix}$$

$$= \boldsymbol{A}_a \boldsymbol{A}_b \begin{bmatrix} \dot{U}_{b2} \\ -\dot{I}_{b2} \end{bmatrix} = \boldsymbol{A}_a \boldsymbol{A}_b \begin{bmatrix} \dot{U}_2 \\ -\dot{I}_2 \end{bmatrix} = \boldsymbol{A} \begin{bmatrix} \dot{U}_2 \\ -\dot{I}_2 \end{bmatrix} \tag{9-76}$$

可见，总网络的 A 参数为

$$\boldsymbol{A} = \boldsymbol{A}_a \boldsymbol{A}_b \tag{9-77}$$

若有 n 个双端口网络级联，则总网络的 A 参数为

$$\boldsymbol{A} = \boldsymbol{A}_1 \boldsymbol{A}_2 \cdots \boldsymbol{A}_n = \prod_{k=1}^{n} \boldsymbol{A}_k \tag{9-78}$$

【例题 9-14】 如图 9-31 所示的双口网络的传输参数矩阵 A。

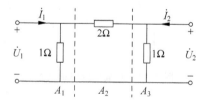

图 9-31 例题 9-14 图

解：该网络可认为是 3 个简单网络 A_1、A_2 和 A_3 级联而成。根据定义可求出

$$\boldsymbol{A}_1 = \begin{bmatrix} 1 & 0 \\ 1 & 1 \end{bmatrix}, \quad \boldsymbol{A}_2 = \begin{bmatrix} 1 & 2 \\ 0 & 1 \end{bmatrix}, \quad \boldsymbol{A}_3 = \begin{bmatrix} 1 & 0 \\ 1 & 1 \end{bmatrix}$$

则

$$\boldsymbol{A} = \boldsymbol{A}_1 \boldsymbol{A}_2 \boldsymbol{A}_3 = \begin{bmatrix} 1 & 0 \\ 1 & 1 \end{bmatrix} \begin{bmatrix} 1 & 2 \\ 0 & 1 \end{bmatrix} \begin{bmatrix} 1 & 0 \\ 1 & 1 \end{bmatrix} = \begin{bmatrix} 3 & 2\Omega \\ 4S & 3 \end{bmatrix}$$

综上所述，本章的主要概念及内容可以用图 9-32 概括。

图 9-32　第 9 章主要概念及内容示意图

9.6　小知识——保险丝

　　在日常的市电电路和各种电器设备中,经常会看到各类的"保险丝或保险管",如图 9-33 所示。所谓"保险丝"就是一种可以对电路或设备起到保护作用的"金属丝"。

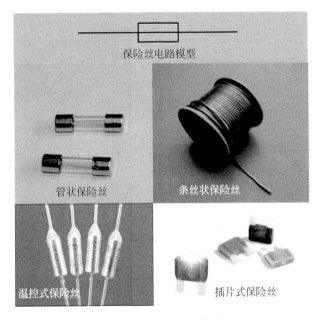

图 9-33　各种类型的保险丝

　　根据功能不同,保险丝主要有温度保险丝和电流保险丝两大类。温度保险丝是防止发热电器或易发热电器温度过高而对电器进行保护的,比如电吹风、电熨斗、电饭锅、电炉、变压器、电动机等等。电流保险丝就是常说的保险丝(也叫限流保险丝)是对用电器进行过流保护的。当电路发生故障或异常时,其工作电流会不断升高,有可能损坏电路中的某些重要或贵重器件,也有可能烧毁用电器甚至造成火灾,因此,需要用保险丝切断电源从而保护用电器(如图 9-34 所示)。常见的家用电流保险丝多用铅锑合金制成。

　　电流保险丝的工作原理是当电流流过保险丝时,因保险丝存在一定的电阻,所以保险丝会发热,且发热量遵循着公式:$Q=0.24I^2Rt$,其中 Q 是发热量,0.24 是常数,I 是流过保险丝的电流,R 是保险丝的电阻,t 是电流流过保险丝的时间。若电流异常升高使得发热量达到一定程度时,保险丝就会熔断,从而切断电流,起到保护电路安全的作用。

　　在 25℃条件下,保险丝正常工作的电流要比电流额定值减少 25%,例如一个电流额定值为 10A 的保险丝在 25℃ 环境温度下的工作电流通常要小于 7.5A。

保险丝主要分类如下：

按保护形式可分为：过流保护与过热保护。

按使用范围可分为：电力保险丝、机床保险丝、电器仪表保险丝、汽车保险丝等。

按额定电压可分为：高压保险丝、低压保险丝和安全电压保险丝等。

按分断能力可分为：高、低分断能力保险丝等。

按形状可分为：条丝状保险丝，管状保险丝、铡刀式保险丝、螺旋式保险丝、插片式保险丝、平板式保险丝、贴片式保险丝等。

按熔断速度可分为：特慢速保险丝、慢速保险丝、中速保险丝、快速保险丝、特快速保险丝等。

图 9-34　保险丝熔断使电路中断

9.7 习题

9-1　求如图 9-35 所示的双口网络的 Z 参数。

$$\left\{ \boldsymbol{Z} = \begin{bmatrix} \dfrac{z_1(z_2+z_3)}{z_1+z_2+z_3} & \dfrac{z_1z_3}{z_1+z_2+z_3} \\ \dfrac{z_1z_3}{z_1+z_2+z_3} & \dfrac{z_3(z_2+z_1)}{z_1+z_2+z_3} \end{bmatrix} \Omega ; \ \boldsymbol{Z} = \begin{bmatrix} 4 & 1 \\ 1+\alpha & 3 \end{bmatrix} \Omega ; \ \boldsymbol{Z} = \begin{bmatrix} Z_1+Z_2 & Z_2 \\ Z_2 & Z_2 \end{bmatrix} \Omega \right\}$$

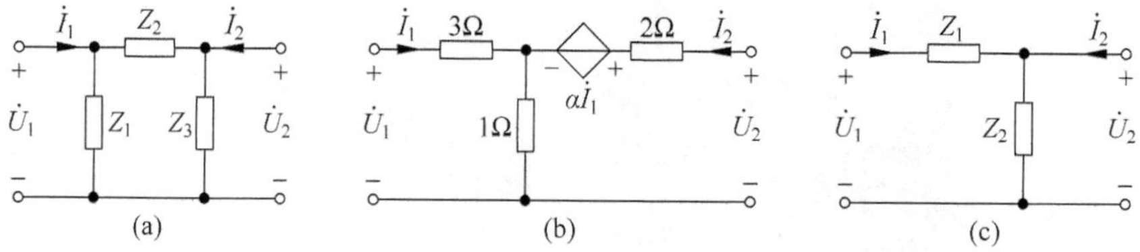

图 9-35　习题 9-1 图

9-2　求如图 9-36 所示的双口网络的 Y 参数。

$$\left\{ \boldsymbol{Y} = \begin{bmatrix} \dfrac{Y_1Y_2}{Y_1+Y_2} & \dfrac{Y_1Y_2}{Y_1+Y_2} \\ \dfrac{Y_1Y_2}{Y_1+Y_2} & \dfrac{Y_1Y_2}{Y_1+Y_2} \end{bmatrix} ; \ \boldsymbol{Y} = \begin{bmatrix} \dfrac{1}{R_1+R_2} & 0 \\ \dfrac{gR_2}{R_1+R_2} & \dfrac{1}{R_3} \end{bmatrix} ; \ \boldsymbol{Y} = \begin{bmatrix} \dfrac{Z_1+Z_2}{2Z_1Z_2} & \dfrac{Z_1-Z_2}{2Z_1Z_2} \\ \dfrac{Z_1-Z_2}{2Z_1Z_2} & \dfrac{Z_1+Z_2}{2Z_1Z_2} \end{bmatrix} \right\}$$

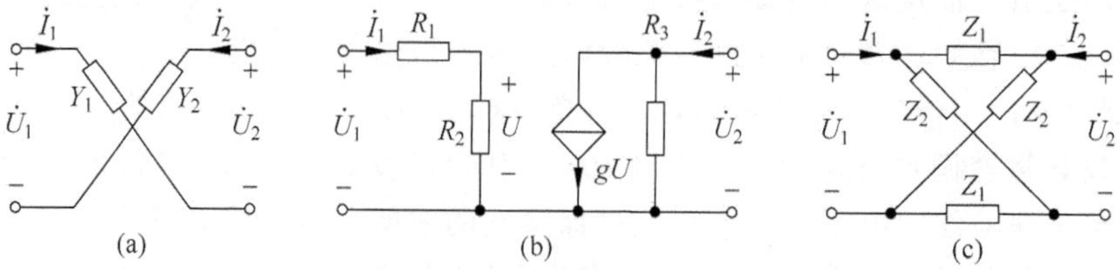

图 9-36　习题 9-2 图

9-3　求如图 9-37 所示的双口网络的 A 参数。

$$\left[A = \begin{bmatrix} n & 0 \\ 0 & \dfrac{1}{n} \end{bmatrix}; \ A = \begin{bmatrix} 1 & 5 \\ \dfrac{1}{3} & 2 \end{bmatrix}; \ A = \begin{bmatrix} \dfrac{Z_1 + Z_2}{Z_2 - Z_1} & \dfrac{2Z_1 Z_2}{Z_2 - Z_1} \\ \dfrac{2}{Z_2 - Z_1} & \dfrac{Z_1 + Z_2}{Z_2 - Z_1} \end{bmatrix}\right]$$

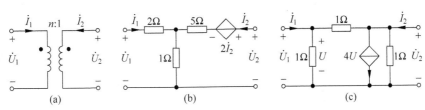

图 9-37　习题 9-3 图

9-4　求如图 9-38 所示的双口网络的 H 参数。

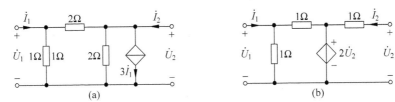

图 9-38　习题 9-4 图

$$\left[H = \begin{bmatrix} R - \mathrm{j}\dfrac{wL}{w^2 LC - 1} & -\dfrac{1}{w^2 LC - 1} \\ \dfrac{1}{w^2 LC - 1} & -\dfrac{\mathrm{j}wC}{w^2 LC - 1} \end{bmatrix}; \ H = \begin{bmatrix} \dfrac{1}{2} & 1 \\ 0 & -1 \end{bmatrix}\right]$$

9-5　在如图 9-39 所示的 π 形双口网络中，输出端接 300Ω 负载电阻，输入端口接内阻为 400Ω 的信号源。试求：Z_{in}、Z_{out}、K_u。（$Z_{in}=73.3\Omega$；$Z_{out}=73.7\Omega$；$K_u=0.273$）

9-6　电路如图 9-40 所示，已知对于角频率为 ω 的信号源，网络 N 的 Z 参数矩阵为

$$Z = \begin{bmatrix} -\mathrm{j}16 & -\mathrm{j}10 \\ -\mathrm{j}10 & -\mathrm{j}4 \end{bmatrix}\Omega$$

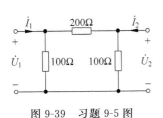

图 9-39　习题 9-5 图

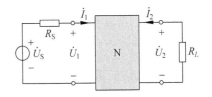

图 9-40　习题 9-6 图

负载电阻 $R_L=3\Omega$，电源内阻 $R_S=12\Omega$、$\dot U_S=12\mathrm{V}$。求：

（1）Z_{in} 和 Z_{out}；

（2）转移函数 K_u、K_i、Z_T、Y_T；

（3）电压 $\dot{U}_1$ 和 $\dot{U}_2$。

$$\begin{cases} Z_{in} = 12\Omega, Z_{out} = 3\Omega; K_u = 0.5\angle -36.9°, K_i = 2\angle 143.1°; \\ Z_T = 6\angle -36.9°(\Omega), Y_T = 0.167\angle 143.1°S; U_1 = 6V, U_2 = 3V \end{cases}$$

9-7 在如图 9-41 所示的双口网络 N 中，已知 $\boldsymbol{Y} = \begin{bmatrix} 4 & -2 \\ -2 & 5 \end{bmatrix}$ S，输入端口电源内阻

$R_S = 0.1\Omega$。求输出电阻 R_{out}。（$R_{out} = 0.212\Omega$）

9-8 如图 9-42 所示为一桥 T 形双口网络，求其 Z 参数和 Y 参数，并作出 Z 参数 T 形

等效电路和 Y 参数Ⅱ型等效电路。$\left[\boldsymbol{Z} = \begin{bmatrix} 7.5 & 6.5 \\ 6.5 & 7.5 \end{bmatrix}\Omega; \boldsymbol{Y} = \begin{bmatrix} 0.536 & -0.464 \\ -0.464 & 0.536 \end{bmatrix}S \right]$

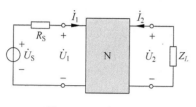

图 9-41 习题 9-7 图

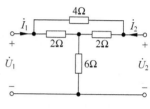

图 9-42 习题 9-8 图

9-9 求如图 9-43 所示的双口网络的 Z 参数和 Y 参数，并作出 Z 参数 T 形等效电路和

Y 参数Ⅱ型等效电路。

$$\left[\boldsymbol{Z} = \begin{bmatrix} 350 & 50 \\ 50 & 350 \end{bmatrix}\Omega; \boldsymbol{Y} = \begin{bmatrix} 0.0029 & -0.004 \\ -0.0004 & 0.0029 \end{bmatrix}S \right]$$

9-10 求如图 9-44 所示的双口网络的 Z 参数和 Y 参数，并作出 T 形或Ⅱ型等效电路。

$$\left[\boldsymbol{Z} = \begin{bmatrix} 30 & 10 \\ 20 & 20 \end{bmatrix}\Omega; \boldsymbol{Y} = \begin{bmatrix} 0.05 & -0.025 \\ -0.05 & 0.075 \end{bmatrix}S \right]$$

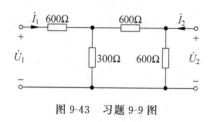

图 9-43 习题 9-9 图

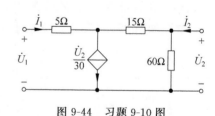

图 9-44 习题 9-10 图

9-11 在如图 9-45 所示的电路中，双口网络 N 的 Y 参数矩阵为 $\boldsymbol{Y} = \begin{bmatrix} 0.6 & -0.4 \\ -0.4 & 0.6 \end{bmatrix}$S，

求开路电压 $\dot{U}_2$。（$\dot{U}_2 = 5I_1 + 1 \times I = 5 \times 0.8 + 2 = 6V$）

9-12 已知线性对称纯电阻双口网络 N 的 Y 参数中的 $Y_{11} = \frac{1}{15}$S，$Y_{21} = -\frac{1}{30}$S，今有一

电阻 R 并联在 N 的输出端口时（如图 9-46(a)所示），其输入电阻 R_{in1} 等于该电阻并联在 N

输入端口时（如图 9-46(b)所示）的输入电阻 R_{in2} 的 6 倍，试求该电阻之数值 R。（$R = 3\Omega$）

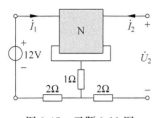

图 9-45　习题 9-11 图

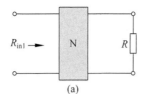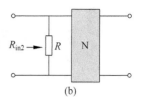

图 9-46　习题 9-12 图

9-13　在如图 9-47 所示的电路中，N 为线性纯电阻双口网络。当如图 9-47(a) 时，电流表读数为 64mA。当如图 9-47(b) 时，电流表读数为 100mA。求当如图 9-47(c) 时的电流 I_2。

$$\left(Z_{12} = 150\Omega, I_2 = \frac{18}{(100 + 200)//150 + 100} \times \frac{150}{150 + 100 + 200} = 30\text{mA} \right)$$

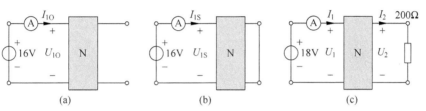

图 9-47　习题 9-13 图

9-14　电路如图 9-48 所示，已知单级 RC 网络的 A 参数为 $\boldsymbol{A} = \begin{bmatrix} 1 + j\omega RC & R \\ j\omega C & 1 \end{bmatrix}$，请导出能使 $\dot{U}_2$ 滞后 $\dot{U}_1$ 180° 时的 ω 值和该频率下的传输电压比 $\dfrac{\dot{U}_2}{\dot{U}_1}$。$\left(\omega = \dfrac{\sqrt{6}}{RC}, \dfrac{\dot{U}_2}{\dot{U}_1} = -\dfrac{1}{29} \right)$

9-15　电路如图 9-49 所示，$\dot{U}_\text{S} = 10\angle 0°\text{V}, R_\text{S} = 1\Omega, n = \dfrac{N_1}{N_2} = 2, \boldsymbol{A}_2 = \begin{bmatrix} 0 & 4\Omega \\ 0.25\text{S} & 0 \end{bmatrix}$，求 R_L 为多少时可获得最大功率？并求此最大功率。$(4\Omega, 25\text{W})$

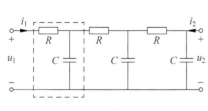

图 9-48　习题 9-14 图

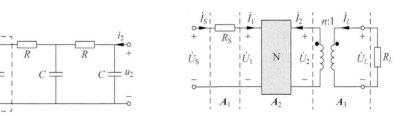

图 9-49　习题 9-15 图

第10章 电路及元器件的测量

在电路的实际应用中,对支路电流、两点间电压、元器件参数的测量及元器件好坏的判断是必不可少的操作技能。那么,用什么仪器仪表能够完成这些任务以及如何完成就是本章要介绍的内容。

10.1　万用表

通常,在测量时会采用模拟式或数字式测量仪表。所谓模拟式测量仪表是指采用动圈式表头(指针表头)作为示数装置的仪表,而数字式是指用数字显示屏示数的仪表。最常见、最方便的测量仪表是"万用表"。

指针式万用表是一种平均值式仪表,其主要特点如下:

(1) 显示直观,形象。因为读数值与指针摆动角度密切相关,且指针摆动的过程比较直观,其摆动速度和幅度有时也能比较客观地反映被测量的大小或元器件的特性。比如电容的充放电过程,热敏电阻阻值随温度变化的规律以及光敏电阻阻值随光照的变化特性等。

(2) 结构简单,成本较低,维护方便。一般只由电阻、二极管、电池、波段开关等组成。

(3) 过流、过压能力较强。

(4) 输出电压较高(通常大于 3V),电流也大(100mA 左右)可以方便地测试可控硅、发光二极管等元器件。

(5) 由于没有放大器,所以内阻不够大,电压测量精度较低。比如 MF-500 型万用表的直流电压灵敏度为 20kΩ/V。

(6) 功能较少。

(7) 读数具有视角误差,准确度较低。

数字式万用表是一种瞬时取样式仪表,其主要特点如下:

(1) 以数字形式显示结果,便于观察。但通常每隔 0.3s 取一次测量样值进行结果显示,会因为抽样值的不同,使得显示结果不断变化。

(2) 内部采用了运放电路,内阻可以做得很大,对被测电路的影响较小,测量精度较高。

(3) 内部采用了多种振荡、放大、分频、保护等电路,因此功能较多,比如可以测量温度、频率、电容、电感等,更高级的还可充当信号发生器等。

(4) 没有视角误差,准确度高。

(5) 结构复杂,维修不便。

（6）输出电压较低（通常不超过 1V），不便于对一些元器件的测试。

图 10-1 所示的是模拟式和数字式万用表实物图。

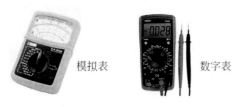

图 10-1　模拟式和数字式万用表

综上所述，模拟表的主要特点是"指示形象，简单，皮实，电池使用时间长"；而数字表的特点是"准确，复杂，易损，需要经常换电池"。

10.2　模拟万用表原理

指针式万用表主要由动圈式表头、转换开关、二极管和电阻构成。表头用于示数，转换开关用于选择量程，二极管用于整流，电阻用于分压、分流以改变量程和测量功能，比如测电流、测电压或测电阻。

10.2.1　动圈式表头

磁电式（动圈式）表头的原理与电动机类似，即基于"通电导体在磁场中受力"的物理现象，其基本结构如图 10-2(a)所示。用一个绕制在可以转动的铝框上的细漆包线线圈作为处于磁场中的导体；铝框的转轴上装有两个扁平的螺旋弹簧（游丝）和一个指针；线圈的两个线头分别接在游丝上并通过游丝引出来作为测量端子；马蹄形磁铁的两端各有一个内壁为柱面的极靴，铝框内有一个圆柱形铁芯。极靴与铁芯的作用就是在它们之间形成均匀分布的磁场。

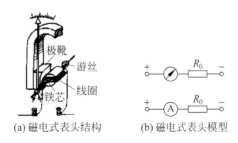

(a)磁电式表头结构　　(b)磁电式表头模型

图 10-2　磁电式表头结构及模型

被测电流通过接线端子进入处于磁场中的线圈，使线圈作顺时针的转动（偏转），偏转的角度大小与电流的大小有关，电流大，则偏转角度大。显然，可以通过指针的偏转角度换算出电流的大小，这就是动圈式表头的基本工作原理。

衡量一个表头的参数主要有满偏电流值、灵敏度和内阻。

（1）满偏电流值是指表针转到刻度盘最大值（偏转角度最大值）时流过线圈的电流值。

（2）灵敏度用满偏电流值的倒数表示，即：灵敏度＝1/满偏电流值。单位是 Ω/V，或 $k\Omega/V$。如满偏电流值为 $50\mu A$ 的电流表头，其灵敏度为 $1/50\times10^{-6}=20k\Omega/V$。灵敏度实际反映的是单位电流使得指针偏转的角度，比如，一个表头通过 $1mA$ 电流，指针偏转 $10°$，而另一个表头通过 $1mA$ 电流，指针偏转 $15°$，则第二个表头灵敏度高。显然，灵敏度越高，说明表头可检测的电流越小，且在测量过程中对被测电路的影响越小，检测结果也就越精确。

（3）内阻指从表头两个测量端子看进去的等效电阻。假设被测电压不变，则内阻越大，电流就越小，即灵敏度越高。显然，表头的端电压＝表头满偏电流值×内阻。这样，通常一个直流电流表头既可以看作是一个检流计，也可以看成是一个电压表。比如，一个满偏电流值为 $50\mu A$，内阻为 $1500k\Omega$ 的电流表头，既是一个检测电流最大值为 $50\mu A$ 的检流计，也是一个检测电压最大值（量程）为 $50\mu A\times1500k\Omega=75mV$ 的电压表。同时，对外电路而言，也是一个阻值为 $1500k\Omega$ 的电阻。

通常，一个直流电流表头在电路模型上可以用一个指针表符号或电流字符与内阻相串联表示，如图 10-2(b)所示。

10.2.2　电流测量原理

高灵敏度的表头因为满偏电流值（满量程）比较小，所以通常不会直接用于测量，而是需要进行量程扩展才能应用。

电流表量程扩展的原理很简单，就是所谓的并联电阻分流原理。也就是给表头并联一个电阻，适当选择其阻值，可以使被测电流的大部分不经过表头而通过电阻分流，从而实现量程的扩展。

【例题 10-1】已知一个满量程 $100\mu A$ 的动圈式表头的内阻 R_0 为 $2k\Omega$，若要将表头量程扩大为 $10mA$ 和 $1A$ 两挡，请给出实现方案。

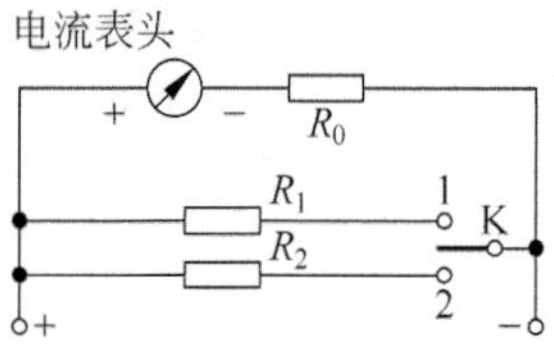

解：满量程指电流表可以流过的最大电流，也就是其内阻能够通过的最大电流。

根据并联电阻可以分流的结论，给出一种可能的电路图如图 10-3 所示。

电流表头

图 10-3　例题 10-1 图

当开关 K 拨在"1"位时，假设可测最大电流为 $10mA$。那么，电阻 R_1 上分得的电流为 $10-0.1=9.9mA$，则根据分流公式可得：$9.9=\dfrac{2}{R_1+2}10$，解出 $R_1=20.2\Omega$。

同理，当开关 K 拨在"2"位时，假设可测最大电流为 $1A$。电阻 R_2 上分得的电流为 $1000-0.1=999.9mA$，则根据分流公式可得：$999.9=\dfrac{2}{R_2+2}1000$，解出 $R_2=0.2\Omega$。

图 10-3 的电路虽然可以实现电流表的量程扩展，但并不在实际中采用，因为若在转换量程时不断开被测电路，则开关转换的瞬间，两个分流电阻都可能与开关触点不连接，从而使分流支路不起作用，被测电流会全部流过表头造成表头过流损坏。因此，实际中常采用图 10-4(a)的艾尔顿（Ayrton）分流电路。该电路的优点是不管开关处在什么位置，分流电阻（支路）始终与表头并接，不会使表头出现过流现象。

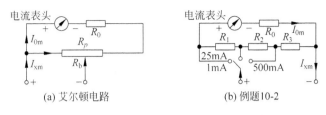

图 10-4　艾尔顿分流电路及例题 10-2 图

设待测电流最大值(额定值)为 I_{xm},表头满量程值为 I_{0m},并联电阻为 R_p,抽头电阻为 R_b,则有

$$R_b = \frac{I_{0m}(R_0 + R_p)}{I_{xm}} \tag{10-1}$$

【例题 10-2】　一个量程为 1mA,25mA 和 500mA 的电流表如图 10-4(b)所示。其中表头内阻为 $R_0 = 100\Omega$,满偏值为 $I_{0m} = 800\mu A$。求 R_1,R_2 和 R_3。

解:在 1mA 挡,$R_p = R_1 + R_2 + R_3 = R_b$,则由式(10-1)可得

$$R_p = \frac{I_{0m}R_0}{I_{xm} - I_{0m}} = \frac{0.8 \times 100}{1 - 0.8} = 400\Omega$$

在 25mA 挡,抽头电阻为 $R_b = R_2 + R_3$,则有

$$R_b = R_2 + R_3 = \frac{I_{0m}(R_0 + R_p)}{I_{xm}} = \frac{0.8(100 + 400)}{25} = 16\Omega$$

在 500mA 挡,抽头电阻为 $R_b = R_3$,则有

$$R_b = R_3 = \frac{I_{0m}(R_0 + R_p)}{I_{xm}} = \frac{0.8(100 + 400)}{500} = 0.8\Omega$$

最后有:$R_3 = 0.8\Omega$,$R_2 = 16 - 0.8 = 15.2\Omega$,$R_1 = 400 - 16 = 384\Omega$。

10.2.3　电压测量原理

虽然一个电流表头也可以直接测量电压,但量程很小。因此,也必须进行量程扩展才可以测量大电压。

电压量程扩展是基于串联电阻分压的原理。也就是给表头串联一个电阻(也称为倍压电阻),适当选择其阻值,可以使被测电压的大部分降在该电阻上,从而实现量程的扩展。

【例题 10-3】　已知一个满量程 $100\mu A$ 的动圈式表头的内阻为 $2k\Omega$,若要把该表头改为量程为 10V 和 100V 两挡的直流电压表,请给出实现方案。

解:根据串联电阻可以分压的原理,可设计电压表如图 10-5 所示。

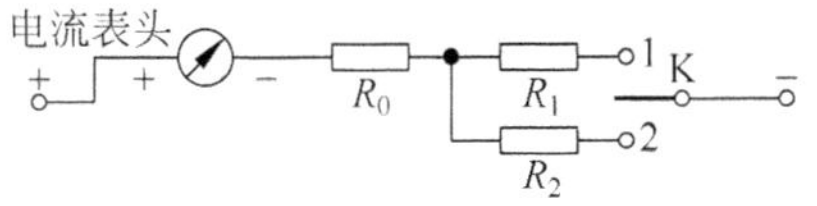

图 10-5　例题 10-3 图

满量程时,该表头的端电压为 $V_0 = R_0 I_m = 2 \times 0.1 = 0.2V$。

假设当开关 K 拨在"1"位时,假设可测最大电压为 10V。电阻 R_1 上分得的电压为

图 10-8(b)所示。假设该次测量挡位为 50V 挡,第二行刻度为 50 小格、5 个大格,则满刻度读数为 50V,每个小格为 1V,每个大格为 10V,那么该电压值为 $V=3.25$V。若此时挡位为 100V,则电压值为 $V=64$V。

对于测量电压而言,因为仪表是并接在电路中的,要想减小仪表对测量结果的影响,需要仪表的内阻(从两个表笔看进去的电阻)越大越好,理想情况为无穷大。另外,普通的模拟电压表可以测量交、直流电压。在测交流电压时,不需要考虑表笔的极性。

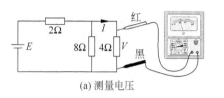

(a) 测量电压　　　　　　　　　　(b) 读取电压

图 10-8　测量电压的方法

10.5　元器件的测量方法

10.5.1　电阻的测量

模拟万用表测量电流和电压的基本原理是基于电阻串并联的分压和分流特性,万用表在测量时等效为一个不含源的电阻网络,通过选择不同的分压分流比使得表头(等效为一个电阻)流过合适的电流从而完成测量任务。

而模拟万用表测量电阻的原理则是利用仪表内部的电压源(电池)给被测电阻加电,根据欧姆定律,将通过被测电阻的电流利用并联分流特性选择合适的比例分给表头,从而根据指针的偏转角度得出相应的电阻值。

测量电阻的基本步骤如下。

(1) 选择合适的挡位(量程)。万用表通常有×1、×10、×100、×1k、×10k 和×100k 六个挡位(量程)。分别表示表盘的示数扩大 1 倍、10 倍、100 倍、1000 倍、1 万倍和 10 万倍。

(2) 校零。将红黑表笔相接,旋转校准旋钮,让表针指向满偏,即电阻为零的刻度。

(3) 将红黑表笔接在被测支路(电阻)两端(不分极性),读出示数,再乘以挡位值即可得到真实阻值。

(4) 如果表针偏转较小,可以降低挡位使之偏转角增大,以提高读数精度。反之,如果偏转角过大,则要增大挡位。

在图 10-9 中,如果是×1 挡,则电阻为 6.9Ω,如果是×10 挡,则电阻为 69Ω,如果是×100 挡,则电阻为 690Ω。

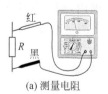

(a) 测量电阻　　　　　　　　(b) 读取电阻

图 10-9　测量电阻的方法

注意：在测电流和电压时，表针摆动越大，说明电流或电压数值越大。而在测电阻时，表针摆动越大，说明电阻数值越小。

10.5.2 电感和电容的测量

在搭建一个应用电路之前，应该对所有待使用的元器件进行测量，以保证电路的可靠性。通常，万用表可以完成对电阻、电感、电容和晶体管等元器件的基本测量。电阻的测量前面已经讲过，本节概要地介绍电感、电容和晶体管的基本测量。

1．电感的测量

通常模拟万用表不能测量电感元件的电感量，但因为电感是由导线绕制而成，所以，只能用万用表大致判断电感的好坏。

如图 10-10 所示，用电阻挡测量电感，如果指针摆动很大，即电感的内部线阻很小，说明电感基本上是好的。之所以不能肯定电感是好的，是因为无法判断电感内部线圈的短路情况。当然，如果有若干个同样的电感，则线阻低于其他电感的那个电感就存在短路问题，其电感量会减小。

 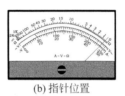

(a) 测量电感   (b) 指针位置

图 10-10 测量电感的方法

2．电容的测量

电容虽然不能导通直流，但可以利用其充放电特性大致判断好坏和容量。如图 10-11 所示的电路中，通常将量程开关放在电阻的最大挡，比如×1k，在表笔接通电容的瞬间，好的电容会使表针有一个摆动，摆动幅度越大，说明电容量越大。摆动完后，表针应该回到起始位置（回零），即电阻为无穷大的位置。如果表针不回零，说明该电容有漏电问题，距离起始位置越远，漏电越严重。测量原理基于电容充电现象。

 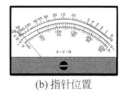

(a) 测量电容   (b) 指针位置

图 10-11 测量电容的方法

注意，对于电解电容，要把黑表笔接电容正极，而红表笔接电容负极。这是因为在模拟万用表内部，电池的正极接的是黑表笔，而电池负极接的是红表笔。另外，电解电容总会有一点漏电流，表针不可能完全归零。

对于小电容，表针的摆动很小，通常看不出来，因此，只要表针在起始位置，则可以判定该电容没有漏电情况。

在×1k 挡,根据经验表针的位置与被测电容的电容量大小有表 10-1 所示的关系。

表 10-1　表针偏转位置与电容量的关系

表针偏转位置/k	200	100	20	2	1
电容量/μF	0.47	1	10	100	220

10.5.3　二极管的测量

将万用表设置在×1k 挡,将红黑表笔搭接在二极管两端,若测出的电阻为几百至几 kΩ,则表明这是二极管的正向电阻,此时,黑表笔接的是二极管正极,红表笔接的是负极; 若测出的电阻为几百 kΩ 以上,说明这是二极管的反向电阻,此时,黑表笔接的是负极,红表 笔接的是正极,如图 10-12 所示。因此,测量二极管必须对调表笔测两次,正反向电阻差别 越大越好,如果两次的结果很接近,说明二极管性能不好,如果两次的阻值都为零,说明二极 管击穿了,若都很大,说明二极管开路了。

通常,用×1 挡测量正向电阻,额定电流在 2A 以下的整流二极管,正向电阻应小于 15Ω,2A 以上的应为 12Ω。

需要说明的是,通常,二极管外部有色环的一端为负极。

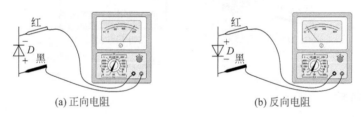

(a) 正向电阻　　　　　　　　　　(b) 反向电阻

图 10-12　测量二极管的方法

10.5.4　变压器的测量

生活中,变压器常用于将市电 220V 降压为 24V 以下的场合,通常称之为电源变压器。 比如各种充电器,各种用电器的适配电源等都有其身影。这类变压器的初级只有 1 个绕组, 次级多是 1 个单绕组或一个带抽头的绕组。其主要外特性是高压绕组(初级绕组,接市电 220V)圈数多,线径细;低压绕组(次级绕组,接负载)圈数少,线径粗。据此,可以用万用表 判断各绕组。通常,对于降压变压器,电阻大的绕组为初级绕组,电阻小的为次级绕组。变 压器的功率越大,绕组的线径就越粗,线阻就越小,体积就越大。

对降压变压器的测量方法如图 10-13 所示。

综上所述,本章的主要概念及内容可以用图 10-14 概括。

最后,我们给出常用的 MF10 型万用表实物图及其电路原理图,如图 10-15 和图 10-16 所示,以帮助读者更好地理解本章内容。

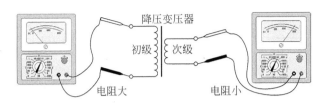

图 10-13 测量降压变压器的方法

图 10-14 第 10 章主要概念及内容示意图

图 10-15 MF10 型万用表实物图

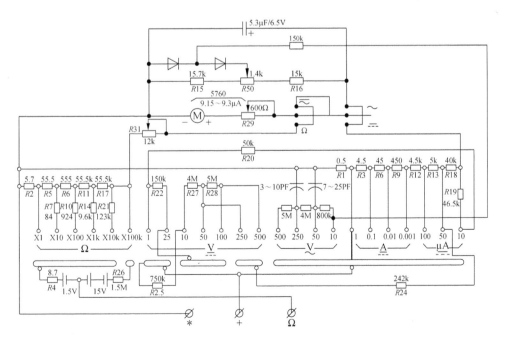

图 10-16 MF10 型万用表原理图

10.6　小知识——市电电压为什么是 220V

所谓市电则泛指城市民用照明交流用电系统。目前全球民用交流电压主要有两大标准：110V-127V 和 220V-240V。

我国内地、我国香港地区(200V)、英国、德国、法国、意大利、澳大利亚、印度、新加坡、泰国、荷兰、西班牙、希腊、奥地利、菲律宾、挪威等约 120 个国家和地区使用的是交流 220V 电压标准；而美国、加拿大、日本(100V)、韩国(100V)、我国台湾省等国家和地区则采用的是 110V 电压标准。还有的国家是两种兼有，如古巴(110V、220V)、沙特(127V、220V)、印尼(127V、240V)、越南(127V、220V)等国家和地区。

最早大量采用交流发电机的是美国。由于当时受发电机绝缘材料的限制，只能造出 110V 的交流发电机，所以，美国最早确立了 110V 标准并建立 110V 电网。

后来随着技术进步，可以造出 220V 的交流发电机(现在由于材料的解决交流发电机可直接发电 1 万 V 电压以上)，因此，后建立交流电网的国家就直接采用了当时最先进的 220V-240V 技术，而已采用 110V-127V 的国家由于全部更换为 220V 电力系统的代价过高，因而他们就只好沿用至今。

从经济角度说，220V 系统要比 110V 的更经济，220V 电压的供电半径(500m)远远大于 110V 电压，这样就可以相对减少中间变压器的台数，从而降低了变压损耗，还可以不用变压器直接从动力电 380V 中分相，比 110V 的更先进。

从安全角度说，美国民用电是 110V，动力电是 220V，发达国家大多是如此。虽然由于电流大、线径大导致成本很高，但安全性也较高，相比较而言很少有人畜触电致死亡的事故发生。而其他国家(如我国)多采 220V(市电)、380V(动力电)电压，虽然节省材料，但安全性低，触电伤亡及人为灾害事故相对较易、较多发生。

另外，交流电是由伟大的塞尔维亚裔美国物理学家、电气工程师、发明家、无线电技术的实际发明者、"交流电之父"——尼古拉·特斯拉(Nikola Tesla，1856—1943)发明。特斯拉以交流电系统这一伟大的发明，于 2006 年被选入世界十大多产发明家。

10.7　习题

10-1　用电流表测电流时，需将电流表串入被测电路中。请解释为什么为了提高测量精度要求电流表内阻越小越好？

10-2　用电压表测电压时，需将电压表并入被测电路中。请解释为什么为了提高测量精度要求电压表内阻越大越好？

10-3　一个直流毫安计(测量电流为毫安级的电流表)，量程为 10mA，内阻为 9.9Ω。若要将它改为量程为 1A 的安培计(测量电流为安培级的电流表)，应加多大的分流电阻。(0.1)

10-4　一个直流微安计，量程为 $500\mu A$，内阻为 200Ω。若要将它改为量程为 10V 的伏特计(测量电压为伏特级的电压表)，应串多大的倍压电阻。($19.8k\Omega$)

10-5 如图 10-17 所示的电路，现有两个内阻分别为 100Ω 和 10Ω 毫安计。若分别用它们测量电路电流，毫安计的读数分别是多少？（5.45，5.94）

10-6 如图 10-18 所示的电路，现有两个内阻分别为 $30k\Omega$ 和 $130k\Omega$ 伏特计。若分别用它们测量 R_2 上的电压，伏特计的读数分别是多少？（5.4，5.85）

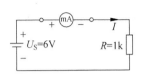

图 10-17 习题 10-5 图

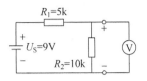

图 10-18 习题 10-6 图

参 考 文 献

[1]　C A 狄苏尔,葛守仁.电路基本理论.北京：人民教育出版社,1980.

[2]　李瀚荪.电路分析基础(第 4 版).北京：高等教育出版社,2008.

[3]　何怡刚.电路导论.长沙：湖南大学出版社,2004.

[4]　朱虹,孙卫真.电路分析.北京：北京航空航天大学出版社,2004.

[5]　张卫钢,张维峰.信号与系统教程.北京：清华大学出版社,2012.

[6]　张卫钢.通信原理与通信技术(第 3 版).西安：西安电子科技大学出版社,2012.

[7]　曹丽娜,张卫钢.通信原理大学教程.北京：电子工业出版社,2012.

[8]　刘长林,刘静,等.电路常见题型解析.北京：国防工业出版社,2008.

[9]　罗玮,袁堃,等.电路出现频率最高的 100 种典型题型精解精练.北京：清华大学出版社,2008.

[10]　张美玉.电路题解 400 例及 3 考研指南.北京：机械工业出版社,2003.

[11]　范世贵.电路全析精解.西安：西北工业大学出版社,2007.

[12]　高岩,杜普选,闻跃.电路分析学习指导及习题精解.北京：清华大学出版社,北京交通大学出版社,2005.

[13]　王昊,李昕,郑凤翼.通用电子元器件的选用与检测.北京：电子工业出版社,2006.

[14]　金玉善,曹应晖,申春.模拟电子技术基础.北京：中国铁道出版社,2010.

[15]　张洪润,廖勇明,王德超.模拟电路与数字电路.北京：清华大学出版社,2009.

[16]　陈俊林,丁永生.音箱设计.北京：人民邮电出版社,1980.

[17]　J R Cogdell.电气工程学概论(第 2 版).贾洪峰,译.北京：清华大学出版社,2003.

[18]　William H. Hayt,等.工程电路分析(第 7 版).周玲玲,蒋乐天,等,译.北京：电子工业出版社,2007.

[19]　James W. Nilsson,Susan A. Riedel.电路(第 8 版).周玉坤,等,译.北京：电子工业出版社,2008.

[20]　Charles K. Alexander,Matthew N. O. Sadiku.电路基础.刘巽亮,倪国强译.北京：电子工业出版社,2003.

[21]　潘双来,邢丽冬,龚余才.电路理论基础(第 2 版).北京：清华大学出版社,2007.

[22]　潘双来,等.电路学习指导与习题精解.北京：清华大学出版社,2004.

[23]　陈晓平,李长杰.电路原理(第 2 版).北京：机械工业出版社,2011.

[24]　朱桂萍,等.电路原理学习指导与习题集(第 2 版).北京：清华大学出版社,2005.

[25]　梁贵书,等.电路复习指导与习题精解.北京：中国电力出版社,2004.

[26]　姚维,姚仲兴.电路解析与精品题集.北京：机械工业出版社,2005.

[27]　刘健.电路分析.北京：电子工业出版社,2008.